基于大数据深入解析 MapReduce 架构 设计与实现原理研究

韦鹏程　黄思行　李　莉　著

中国原子能出版社

China Atomic Energy Press

图书在版编目（CIP）数据

基于大数据深入解析 MapReduce 架构设计与实现原理
研究／韦鹏程，黄思行，李莉著．-- 北京：中国原子
能出版社，2019.11
ISBN 978-7-5221-0219-1

Ⅰ．①基… Ⅱ．①韦… ②黄… ③李… Ⅲ．①软件工
具－程序设计－研究 Ⅳ．① TP311.561

中国版本图书馆 CIP 数据核字（2019）第 271217 号

内容简介

　　《基于大数据深入解析 MapReduce 架构设计与实现原理研究》初步研究了
MapReduce 的设计理念和编程模型，从源代码角度逐步解析 RPC 框架、客户端、
JobTracker、TaskTracker 和 Task 等 MapReduce 运行时环境的架构设计与实现原理，
最后深入研究了 Hadoop 的性能优化、安全机制、多用户作业调度器。希望借助此书，
促进大数据 MapReduce 技术的发展。

基于大数据深入解析 MapReduce 架构设计与实现原理研究

出版发行	中国原子能出版社（北京市海淀区阜成路 43 号　100048）
责任编辑	高树超
装帧设计	河北优盛文化传播有限公司
责任校对	冯莲凤
责任印制	潘玉玲
印　　刷	定州启航印刷有限公司
开　　本	710 mm×1000 mm　1/16
印　　张	20.75
字　　数	380 千字
版　　次	2019 年 11 月第 1 版　　2019 年 11 月第 1 次印刷
书　　号	ISBN 978-7-5221-0219-1
定　　价	88.00 元

发行电话：010-68452845　　　　　版权所有　侵权必究

前言

一些国际领先厂商，尤其是 Facebook、Yahoo! 以及阿里巴巴等互联网巨头的现身说法，使 Hadoop（分布式计算）被看作大数据分析的神器。IDC（互联网数据中心）在对中国未来几年的预测中就专门提到了大数据，其认为未来几年，会有越来越多的企业级用户试水大数据平台和应用，而这之中，Hadoop 将成为最耀眼的明星。

Hadoop 由于在扩展性、容错性和稳定性等方面的诸多优点，已被越来越多的公司采用。而为了减少开发成本，大部分公司在 Hadoop 的基础上进行了二次开发，以打造属于公司内部的 Hadoop 平台。

如果要利用 Hadoop 进行高级应用开发，仅掌握 Hadoop 基本使用方法是远远不够的，必须对 Hadoop 框架的设计原理、架构和运作机制有一定的了解。对于这部分读者而言，本书将带领他们全面了解 Hadoop 的设计和实现原理，加深对 Hadoop 框架的理解，提高开发水平，从而编写出更加高效的 MapReduce 应用程序。

尽管 Hadoop 整个生态系统是开源的，但是由于它包含的软件种类过多，且版本升级过快，大部分公司，尤其是一些中小型公司，难以在有限的时间内快速掌握 Hadoop 蕴含的价值。此外，Hadoop 自身版本的多样化也给很多研发人员带来了很大的学习负担。尽管当前市面上已有很多参考书籍，如 *Hadoop：The Definitive Guide*、*Hadoop in Action*、*Pro Hadoop*、*Hadoop Operations* 等，但至今没有一本书能够深入地剖析 Hadoop 内部的实现细节，如 JobTracker 实现、作业调度器实现等。也正因如此，很多 Hadoop 初学者和研发人员只能参考网络上一些零星的源代码分析的文章，自己一点一点地阅读源代码，缓慢地学习 Hadoop。而本书正是为了解决以上各种问题而编写的，它是国内第一本深入剖析 Hadoop 内部实现细节的书籍。

大数据是 21 世纪初互联网蓬勃发展以来的又一轮新的 IT 工业革命。大数据处理是一个包含和综合大数据存储、计算、分析等多个层面的完整技术栈。2004

1

年，谷歌（Google）提出了 MapReduce 并行计算框架，Hadoop MapReduce 并行计算框架被广泛应用于解决大数据处理问题。近几年，Hadoop MapReduce 越来越多地被使用在查询应用中。为了能够处理大规模数据集，《基于大数据深入解析 MapReduce 架构设计与实现原理研究》初步研究了 MapReduce 的设计理念和编程模型，从源代码角度深入分析了 RPC 框架、客户端、JobTracker、TaskTracker 和 Task 等 MapReduce 运行时环境的架构设计与实现原理，最后深入讲解了 Hadoop 的性能优化、安全机制、多用户作业调度器等高级主题和内容。希望此书能够促进大数据——MapReduce 技术的发展。

该专著是由重庆第二师范学院数学与信息工程学院韦鹏程、黄思行和李莉三位教师共同完成，并得到儿童大数据重庆市工程实验室、交互式教育电子重庆市工程技术研究中心、重庆市计算机科学与技术重点学科、重庆市计算科学与技术一流专业、重庆市高校"儿童教育大数据分析关键技术及其应用研究"创新研究群体、重庆市教育委员会科学技术研究计划重点项目资助（KJZD-K201801601）和教育部学校规划建设发展中心重庆第二师范学院儿童研究院课题项目（CRIKT201902）的支持！

著　者

目 录

第一章　基于大数据 MapReduce 架构概述

MapReduce 是一个分布式计算框架，主要由两部分组成：编程模型和运行时环境。其中，编程模型为用户提供了非常易用的编程接口，用户只需要像编写串行程序一样实现几个简单的函数即可实现一个分布式程序，而其他比较复杂的工作，如节点间的通信、节点失效、数据切分等，全部由 MapReduce 运行时环境完成，用户无须关心这些细节。本章将从设计目标、编程模型和基本架构等方面对MapReduce 框架进行介绍。

第一节　大数据的基本概念

一、大数据的定义

目前，"大数据"没有一个权威的定义，不同的个人和机构对"大数据"有不同的定义。

IBM（国际商业机器公司）在出版的《理解大数据》一书中，将大数据定义为无法使用传统流程或工具处理或分析的信息。麦肯锡公司认为，大数据至少包括两层含义：一是数据集永远处于变化中，并非传统数据库的固定不变；二是不同场景对大数据的"大"有不同的要求，即数据量标准不同，但总之是超出传统数据库软件的处理能力的。世界领先的图书出版企业奥莱利媒体（O'Reilly Media）这样定义大数据：大数据由三个要素组成，一是数据量足够多，二是系统性能足够强大，三是决策依据数据分析结果做出。该定义更注重大数据在辅助决策中的决定作用。被誉为"大数据预言家"的维克托教授指出，与传统数据处理技术相比较，大数据带来了三个转变：一是从抽样到整体；二是从精确到混杂；三是从因果到相关。中国科学院计算技术研究所的李国杰院士认为，大数据是指现有的数据库技术难以处理的数据集合，如可能造成处理时间成本过高、管理难度过大等。

基于对以上定义的研究与分析，本书认为，大数据的定义应该至少包括三层含义：一是数据量达到一定级别，能够满足一定的分析需求；二是传统的方法和技术很难进行有效的分析；三是通过对大数据的分析，可以得出在小数据情况下无法得到的结论。而通常我们所讲的大数据，更多的是指通过对大量数据进行快速分析，在较短的时间内得出有价值的信息。

二、大数据的特点

大数据作为一种新型的信息技术，能够有效采集、存储和分析数据，能够提高数据信息的有效性。对于电子商务的发展而言，大数据提高了销售的针对性和准确度，促进了销售的转化和成交的比例。在人们消费观念普遍转化的今天，以大数据处理模式为基础的电子商务呈现出蓬勃发展的态势。

大数据处理模式是依托信息技术和互联网技术的不断发展而兴起的一种新型技术模式，能够有效地处理大批量的数据信息，并保证信息的安全性和可靠性。大数据处理模式突破了传统意义上的信息搜索和信息存储，可以有效捕捉和管理数据信息，决策力更强，洞察力更优，效率更高，信息更多样化。大数据处理模式改变了传统数据收集的意义。对于数据信息的收集，其意义不在于数据信息的存储，而是对所收集的数据信息进行删选整合等一系列的专业化处理，实现数据信息的转化和升值，为不同行业、不同领域的销售转化提供参考和动力，有效实现产业升级和企业盈利。大数据处理模式与传统的数据库不同，海量的数据只是基础，能够进行复杂有效的数据分析才是大数据处理模式的显著优势。

目前，大数据的"4V"特征得到了比较广泛的认可。

第一，数据规模巨大（volume）。2012年，全世界每天大约产生数据27亿GB，每隔几天的数据量就相当于2000年之前全世界所有存储数据的总和。百度公司每分钟要处理7万多GB的搜索数据，支付宝平均每分钟产生交易7.3万笔。物联网的快速发展将进一步推动大数据进步，交通流量监控系统、视频采集系统随时都在产生巨量的视频数据，温室大棚里的温度传感器、工厂中的各种探测器也是大数据的制造者。可以说如今我们每分每秒产生的数据量，在过去都是无法想象的天量级别。现在，大数据需要处理的数据规模在继续增长，达到了在小数据时代无法想象的数量级。

第二，数据种类繁多（variety）。在大数据时代，除了数据规模在不断增长，人们需要处理的数据类型的量也在增长，各种各样的数据类型极其繁多、千奇百怪，只有极少数能用传统技术处理，绝大部分属于传统技术无法处理的非结构化数据。而且，这一趋势将是长期的，IDC（互联网数据中心）预测指出，未来10年，非结构化数据量将占全部数据量的90%。例如，土豆网的视频库，社交网站上的照片、录音，甚至是RFID（射频识别）信息，移动运营商通话录音，视频监控录像，微博、微信上发布的状态，等等。来源广泛的数据在大小、格式、类型上可能都不相同，现有的数据处理技术毫无用武之地，给数据的大量处理带来了巨大的困难。

第三，价值难以挖掘（value）。通过前两个特征可知，大数据的数据量和数据种类都十分惊人，但是并不代表获取大数据的价值很容易。面对天量的数据，要想挖掘出其中隐藏的"宝藏"，运用性能强大的云计算系统进行分析处理只是其中一方面，甚至不是主要方面。只有根据需求从创新的角度对大数据进行分析，用大数据的思维看待大数据，才能挖掘出令人难以想象的经济价值和社会价值。例如，视频监控系统每天24小时连续产生数据，但是对警察破案而言，也许只有几秒钟的镜头是有用的。谷歌拥有数以亿计的检索记录，但如果不从特定关键词出发，并将结果与政府机构的数据进行比对，就无法预测2009年的甲型H1N1流感爆发。也就是说，只有技术与创新相结合，才能挖掘出大数据的价值，否则再多的数据也没用。

第四，处理速度要求高（velocity）。这是大数据时代区别于小数据时代、概率统计时代最主要的特征。在大数据时代，数据的生成和收集速度极快，数据量每时每刻都在巨量增长，这得益于先进的技术手段，人们可以实时地收集数据，但是大多数场合，如果数据的处理不及时，那么先进的收集整理手段将失去意义，大数据也没有必要存在。例如，IBM提出了"大数据级的流计算"概念，旨在对数据进行实时分析并得出结果，以提高数据的实用价值。因此，对数据进行及时、快速的处理并得出结果，是大数据最为重要的特征。

三、什么是云计算

云计算（Cloud Computing）是基于互联网的相关服务的增加、使用和交付模式，通常涉及通过互联网提供动态易扩展且经常是虚拟化的资源。云是网络、互联网的一种比喻说法。过去在示意图中往往用云来表示电信网，后来也用云来表示互联网和底层基础设施的抽象。

狭义的云计算是指IT基础设施的交付和使用模式，指通过网络以按需、易扩展的方式获得所需资源；广义的云计算是指服务的交付和使用模式，指通过网络以按需、易扩展的方式获得所需服务。这种服务可以是 IT 技术和智能软件，也可以是其他智能服务。它意味着计算能力也可作为一种商品通过互联网进行流通。

目前，"云计算"概念被大量运用到生产环境中，国内的阿里云、云谷公司的XenSystem（一款云主机管理系统）以及在国外已经非常成熟的因特尔和 IBM，各种"云计算"的应用服务范围正日渐扩大，影响力也无可估量。总体来说，云计算具有以下四个特征：以网络为中心，以服务为提供方式，资源的池化与透明化，高扩展、高可靠性。

四、云计算的体系结构

云计算平台是一个强大的"云"网络，连接了大量并发的网络计算和服务，可利用虚拟化技术扩展每个服务器的能力，将各自的资源通过云计算平台结合起来，最终提供超级计算和存储能力。云计算体系结构如图 1-1 所示。

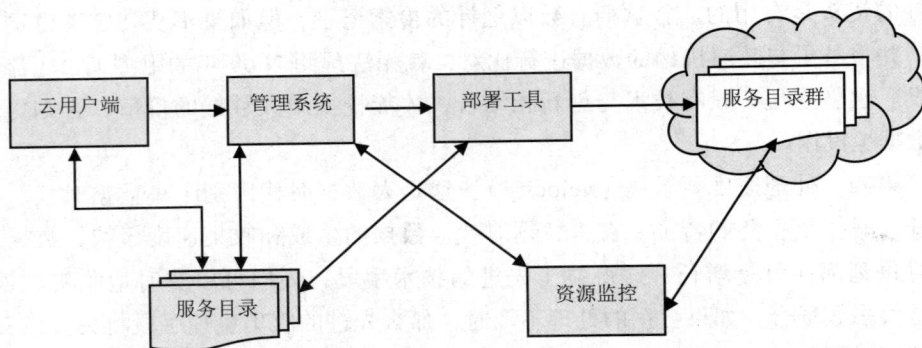

图 1-1　云计算体系结构示意图

云计算体系结构功能如下。

（1）云用户端：为用户提供云请求服务的交互界面，它是用户使用云的入口，用户通过 Web 浏览器可注册账户、登录及定制服务、配置和管理用户。打开应用实例就像本地操作桌面系统一样。

（2）管理系统：主要为用户提供管理和服务，能对用户授权、认证、登录进行管理，还能够管理用户的可用资源和服务。

（3）部署工具：接收用户发送的请求，根据用户请求智能地部署资源和应用，动态地部署配置、回收资源。

（4）服务目录群：管理系统管理的是虚拟的物理服务器，负责高并发量的用户请求处理、大运算量计算处理、用户 Web 应用服务，云数据存储时采用相应数据切割算法，采用并行方式上传和下载大容量数据。

（5）服务目录：云用户通过付费取得相应的权限后可以选择或定制服务列表，也可以对已有服务进行退订操作，在云用户端界面生成相应的图标或列表来展示相关的服务。

（6）资源监控：监控云资源的使用情况，以便做出反应，完成节点同步配置工作，确保资源能够分配给合适的用户。

五、云计算的关键技术

云计算是将动态、易扩展的被虚化资源软件和数据通过网络提供给用户的计算方式，其中的关键技术有以下几种。

（一）虚拟化技术

虚拟化技术可以扩大硬件的容量，简化软件的重新配置过程，减少软件虚拟机相关开销，支持更广泛的操作系统。在云计算中，计算系统虚拟化是一切建立在"云"上的服务与应用的基础。目前，虚拟技术主要应用于服务器、操作系统、中央处理器（CPU）等方面，提高了工作效率。虚拟技术可以实现软件应用与底层硬件的隔离，可以将单个资源划分成多个虚拟资源的分裂模式，也可以将多个资源整合成一个虚拟资源的整合模式。虚拟技术根据应用对象可分为三类：存储虚拟化、计算虚拟化、网络虚拟化。

（二）弹性规模扩展技术

云计算像是一个巨大的资源池，为存储使用提供了空间。但云计算的应用有着不同的负载周期，并根据负载对应的资源进行动态伸缩（高负载时动态扩展资源，低负载时释放多余资源），如此一来可以显著提高资源的利用率，不会出现冗余拥挤的情况。弹性规模扩展技术为不同的应用架构设定不同的集群类型，每一种集群类型都有特定的扩展方式，然后通过监控负载的动态变化，自动为应用集群增加或减少资源。

（三）分布式海量数据存储技术

云计算系统由大量服务器组成，同时为大量用户服务，因此云计算系统采用了分布式存储的方式存储数据，用冗余存储方式（集群计算、数据冗余和分布式存储）保证数据的可靠性。冗余的方式通过任务分解和集群，用低配机器替代超级计算机的性能来保证低成本，这种方式保证了分布式数据的高可用、高可靠和经济性。分布式存储目标是利用云环境中多台服务器的存储资源来满足单台服务器所不能满足的存储需求，使存储资源能够被抽象表示和统一管理。

（四）分布式计算技术

MapReduce 编程模型是云平台最典型的分布式计算模式，MapReduce 将大型任务分成许多细粒度的子任务，这些子任务分布式的在多个计算节点上进行调度和计算，从而在云平台上获得对海量数据的处理能力。

（五）多租户技术

多租户技术的目的在于使大量用户能够共享同一堆栈的软硬件资源，每个用户按需求使用资源，实现软件服务客户化配置。这种技术的核心包括数据隔离、客户化配置、架构扩展和性能定制。

（六）海量数据管理技术

海量数据管理技术必须能够高效地管理大量的数据。谷歌的 BT 数据管理技术和 Hadoop 团队开发的开源数据管理模块 HBase 是计算系统中的数据管理技术，由于云数据存储管理不同于传统的 RDBMS 数据管理方式，云计算数据管理技术必须解决如何在规模巨大的分布式数据中找到特定数据的问题。

（七）编程方式

云计算提供了分布式的计算模式，客观上要求必须有分布式编程模式。云计算采用了一种思想简洁的分布式并行编程模型 Map-Reduce（一种编程模型和任务调度模型，主要用于数据集的并行运算和并行任务的调度处理），用户只需自行编写 Map 函数和 Reduce 函数便可进行并行计算。其中，Map 函数中可定义各节点上分块数据的处理方法，而 Reduce 函数可定义中间结果的保存方法以及最终结果的归纳方法。

六、大数据中的云时代

（一）政府的服务云

我国早在 2004 年就提出了"服务型政府"的概念，要"努力建设服务型政府"，要把"公共服务和社会管理放在更加重要的位置上，努力为人民群众提供方便、快捷、优质和高效的公共服务"。某日报也曾指出政府的服务云的四条路径。

（1）引入政府公共关系，运用传播的手段与社会公众建立互相了解、互相适应的持久联系。

（2）推进公共服务社会化，即把不一定要政府承担或政府无法承担的公共事务交由非政府组织承担和处理。

（3）完善电子政务建设。

（4）推进回应型政府建设，提升政府对社会呼声和突发事件的反应、驾驭和处理的能力，提升各级政府信息部门的反应能力。

（二）政府的服务云架构

政府的服务云架构包括税收、审批等职能它们通过数据交换连接到服务云中，并且通过服务云实现各自的资源共享。非政府组织所提供的公共资源，如世界卫生组织、世界野生动物保护组织等也通过数据交换加入服务云中，与政府各职能部门实现基于角色的信息共享。服务云的另一端则连接着无数个体民众和法人（营利和非营利组织）。他们上网不需要单独与税务局等职能部门打交道，对于他们来说，对象即为一个政府，而这个政府即存在于无所不在的服务云中。

（三）数据平台和创新中心

1. 职能部门间的数据共享

在 Web2.0 时代，正如谷歌哺育了一代由广告养活的中小网站、苹果通过联合庞大的第三方开发者开发各种应用软件而颠覆手机行业游戏规则一样，政府的数据平台应该成为新的创新中心。数据平台整合了各个职能部门的资源，如果每个人都能够接入政府数据，将可能给企业带来新的商业机会。

2. 无缝用户体验与公共服务消费数据的共享

政府云可通过民众的访问和操作获得大量终端用户的行为信息。未来政府的服务云将实现不同终端的一致性接入，民众不仅可通过计算机，还可通过手机、平板电脑等获取端到端的服务。Web 已推动民众间建立起可信的人际关系网络，并日益向真实化的社交社区演进。政府也在利用这个工具加强与民众的沟通，并实时监控，进行前馈性分析，从而提高对突发事件和热点话题的反应速度。白宫将政府信息实时发送到 MySpace、Facebook、Twitter 上。英国政府甚至向机关发文，要求公务员都要学习使用 Twitter，各政府部门都要开 Twitter，每天发布 2 ～ 10 条信息，且间隔不得小于半小时。民众与政府间的围墙正在消失。

同时，英国政府正在推动一个为每个公民设立一个网页的计划，这样学生可与教师间做关于课程的讨论，医生和患者间可以成为保持沟通的朋友，如此多的网页不可能由市民自己想办法建立，而是统一运行在一个云平台上面。相比之前围墙高耸的情况，我们有理由相信，无论政府部门之间还是政府与民众间，当所有的政府数据、民众对公共服务的消费数据、互动数据在同一平台上汇聚时，将引发新一轮商业创新的爆发。

七、大数据技术的研究现状与展望

企业越来越希望能将自己的各类应用程序及基础设施转移到云平台上。就像其他 IT 系统那样，大数据的分析工具和数据库也将走向云计算。

云计算能为大数据带来哪些变化呢？首先，云计算为大数据提供了可以弹性扩展、相对便宜的存储空间和计算资源，使中小企业也可以像亚马逊一样通过云计算来完成大数据分析。其次，云计算 IT 资源庞大、分布较为广泛，是异构系统较多的企业及时准确处理数据的有力方式，甚至是唯一的方式。当然，大数据要走向云计算，还有赖于数据通信带宽的提高和云资源池的建设，需要确保原始数据能迁移到云环境中以及资源池可以弹性扩展。

大数据分析相比于传统的数据仓库应用，具有数据量大、查询分析复杂等特点。为了设计适合大数据分析的数据仓库架构，本节列举了大数据分析平台需要具备的几个重要特性，对当前的主流实现平台——并行数据库、MapReduce 及基于两者的混合架构进行了分析归纳，指出了各自的优势及不足，同时对各个方向的研究现状及大数据分析方面的努力进行了介绍，并展望未来。

（一）研究现状

对于并行数据库来讲，其最大的问题在于有限的扩展能力和待改进的软件级容错能力；MapReduce 的最大问题在于性能，尤其是连接操作的性能；混合式架构的关键是怎样尽可能多地把工作推向合适的执行引擎（并行数据库或MapReduce）。下面对近年来在这些问题上的研究做以下分析和归纳。

1. 并行数据库扩展性和容错性研究

华盛顿大学在文献中提出了可以生成具备容错能力的并行执行计划优化器。该优化器可以依靠输入的并行执行计划、各个操作符的容错策略及查询失败的期望值等，输出一个具备容错能力的并行执行计划。在该计划中，每个操作符都可以采取不同的容错策略，在失败时仅重新执行其子操作符（在某节点上运行的操作符）的任务来避免整个查询的重新执行。

MIT（麻省理工学院）于 2010 年设计的 Osprey 系统基于维表在各个节点全复制、事实表横向切分并冗余备份的数据分布策略，将一星型查询划分为众多独立子查询。每个子查询在执行失败时都可以在其备份节点上重新执行，而不用重做整个查询，使得数据仓库查询获得类似 MapReduce 的容错能力。

2. MapReduce 性能优化研究

MapReduce 的性能优化研究集中于对关系数据库的先进技术和特性的移植上。

Facebook 和美国俄亥俄州立大学合作，将关系数据库的混合式存储模型应用于 Hadoop 平台，提出了 RCFile 存储格式。Hadoop 系统运用了传统数据库的索引技术，并通过分区数据并置（Co-Partition）的方式来提升性能。基于 MapReduce 实现了通过流水线方式在各个操作符间传递数据，从而缩短了任务执行时间；在线聚集（Online Aggregation）的操作模式使用户可以在查询执行过程中看到部分较早返回的结果。两者的不同之处在于前者仍基于 Sort-Merge 方式实现流水线，只是将排序等操作推向了 Reducer，部分情况下仍会出现流水线停顿的情况，而后者利用 Hash 方式来分布数据，能更好地实现并行流水线操作。

3. HadoopDB（混合分布式系统）的改进

HadoopDB 于 2011 年针对其架构提出了两种连接优化技术和两种聚集优化技术。

两种连接优化技术的核心思想都是尽可能地将数据的处理推入数据库层执行。第一种优化方式是根据表与表之间的连接关系，通过数据预分解，使参与连接的数据尽可能分布在同一数据库内，从而实现将连接操作下压进数据库内执行。该算法的缺点是应用场景有限，只适用于链式连接。第二种连接方式是针对广播式连接而设计的，在执行连接前，先在数据库内为每张参与连接的维表建立一张临时表，使连接操作尽可能在数据库内执行。

两种聚集优化技术分别是连接后聚集和连接前聚集。前者是执行完 Reduce 端连接后，直接对符合条件的记录执行聚集操作；后者是将所有数据先在数据库层执行聚集操作，然后基于聚集数据执行连接操作，并将不符合条件的聚集数据做减法操作。该方式适用的条件有限，主要用于参与连接和聚集的列的基数相乘后小于表记录数的情况。

总的来说，HadoopDB 的优化技术大都局限性较强，对于复杂的连接操作（如环形连接等）仍不能下推到数据库层执行，并未从根本上解决其性能问题。

（二）展望研究

当前三个方向的研究都不能完美地解决大数据分析问题，这意味着每个方向都有极具挑战性的工作等待着我们。

对于并行数据库来说，其扩展性近年虽有较大改善，但距离大数据的分析需求仍有较大差距。因此，怎样改善并行数据库的扩展能力是一项非常有挑战性的工作，该项研究将同时涉及数据一致性协议、容错性、性能等数据库领域的诸多方面。

混合式架构方案可以复用已有成果，开发量较小。但只是简单的功能集成似乎并不能有效解决大数据的分析问题，因此该方向还需要更加深入的研究工作，如从数据模型及查询处理模式上进行研究，使两者能较自然地结合起来，这将是一项非常有意义的工作。中国人民大学的 Dumbo 系统即是在深层结合方向上努力的一个例子。

相比于前两者，MapReduce 的性能优化进展迅速，其性能正逐步逼近关系数据库。该方向的研究又分为两个方向：理论界侧重利用关系数据库技术及理论改善 MapReduce 的性能；工业界侧重基于 MapReduce 平台开发高效的应用软件。针对数据仓库领域，可认为如下几个研究方向比较重要，且目前研究还较少涉及。

1. 多维数据的预计算

MapReduce 更多针对的是一次性分析操作。大数据上的分析操作虽然难以预测，但传统的分析如基于报表和多维数据的分析仍占多数。因此，MapReduce 平台也可以利用预计算等手段加快数据分析的速度。基于存储空间的考虑，MOLAP（多维数据库）是不可取的，混合式 OLAP（HOLAP）应该是 MapReduce 平台的优选 OLAP 实现方案。具体研究如下：

（1）基于 MapReduce 框架的高效 Cube 计算算法。

（2）物化视图的选择问题，即选择物体的哪些数据问题。

（3）不同分析的物化手段（如预测分析操作的物化）及怎样基于物化的数据进行复杂分析操作（如数据访问路径的选择问题）。

2. 各种分析操作的并行化实现

大数据分析需要高效的复杂统计分析功能的支持。IBM 将开源统计分析软件 R 集成进 Hadoop 平台，增强了 Hadoop 的统计分析功能。但更具挑战性的问题是，怎样基于 MapReduce 框架设计可并行化的、高效的分析算法。尤其需要强调的是，鉴于移动数据的巨大代价，这些算法应基于移动计算的方式来实现。

3. 查询共享

MapReduce 采用步步物化的处理方式，导致其 I/O 代价及网络传输代价较高。一种有效地降低该代价的方式是在多个查询间共享物化的中间结果，甚至原始数据，以分摊代价并避免重复计算。因此，怎样在多个查询间共享中间结果将是一项非常有实际应用价值的研究。

4. 用户接口

怎样较好地实现数据分析的展示和操作，尤其是复杂分析操作的直观展示。

5. Hadoop 可靠性研究

当前 Hadoop 采用主从结构，由此决定了主节点一旦失效将会出现整个系统失效的局面。因此，怎样在不影响 Hadoop 现有实现条件的前提下提高主节点的可靠性，将是一项切实的研究。

6. 数据压缩

MapReduce 的执行模型决定了其性能取决于 I/O 和网络传输代价，在比较并行数据库和 MapReduce 基于压缩数据的性能时，发现压缩技术并没有改善 Hadoop 的性能。但实际情况是，压缩不仅可以节省空间，节省 I/O 及网络带宽，还可以利用当前 CPU（中央处理器）的多核并行计算能力，平衡 I/O 和 CPU 的处理能力，从而提高性能。例如，并行数据库利用数据压缩后，性能往往可以大幅提升。

7. 多维索引研究

怎样基于 MapReduce 框架实现多维索引，加快多维数据的检索速度。当然，仍有许多其他研究工作，如基于 Hadoop 的实时数据分析、弹性研究、数据一致性研究等，都是非常有挑战和意义的研究。

第二节　MapReduce 设计理念与基本架构

一、Hadoop 发展史

（一）Hadoop 产生

Hadoop 最早起源于 Nutch，Nutch 是一个开源的网络搜索引擎，由 Doug Cutting 于 2002 年创建。Nutch 的设计目标是构建一个大型的全网搜索引擎，包括网页抓取、索引、查询等功能，但随着抓取网页数量的增加，它遇到了严重的可扩展性问题，即不能解决数十亿网页的存储和索引问题。之后，谷歌发表的两篇论文为该问题提供了可行的解决方案。一篇是 2003 年发表的关于谷歌分布式文件系统（GFS）的论文。该论文描述了谷歌搜索引擎网页相关数据的存储架构，该架构可解决 Nutch 遇到的网页抓取和索引过程中产生的超大文件存储需求的问题。但由于谷歌仅开源了思想而未开源代码，Nutch 项目组便根据论文完成了一个开源实现，即 Nutch 的分布式文件系统（NDFS）。另一篇是 2004 年发表的关于谷歌分布式计算框架 MapReduce 的论文。该论文描述了谷歌内部最重要的分布式计算框架 MapReduce 的设计艺术，该框架可用于处理海量网页的索引问题。同样，由于谷歌未开源代码，Nutch 的开发人员完成了一个开源实现。由于 NDFS 和 MapReduce 不仅适用于搜索领域，2006 年年初，开发人员便将其移出 Nutch，成为 Lucene（全文搜索引擎工具包）的一个子项目，称为 Hadoop。大约同一时间，Doug Cutting 加入雅虎公司，且公司同意组织一个专门的团队继续发展 Hadoop。同年 2 月，

Apache Hadoop 项目正式启动以支持 MapReduce 和 HDFS（分布式文件系统）的独立发展。2008 年 1 月，Hadoop 成为 Apache 顶级项目，迎来了它的快速发展期。

（二）Apache Hadoop 新版本的特性

当前 Apache Hadoop 版本非常多，本小节将帮助读者梳理各个版本的特性以及它们之间的联系。在讲解 Hadoop 各版本之前，先要了解 Apache 软件发布方式。对于任何一个 Apache 开源项目，所有的基础特性均被添加到一个称为 Trunk 的主代码线（main codeline）。当需要开发某个重要的特性时，会专门从主代码线中延伸出一个分支（branch），这被称为一个候选发布版（candidate release）。该分支将专注于开发该特性而不再添加其他新的特性，待基本 bug 修复之后，经过相关人士投票便会对外公开成为发布版（release version），并将该特性合并到主代码线中。需要注意的是，多个分支可能会同时进行研发，这样版本高的分支可能先于版本低的分支发布。

由于 Apache 以特性为准延伸新的分支，故我们在介绍 Apache Hadoop 版本之前，先介绍几个独立产生的 Apache Hadoop 新版本的重大特性。

（1）Append：HDFS Append 主要完成追加文件内容的功能，也就是允许用户以 Append 方式修改 HDFS 上的文件。HDFS 最初的一个设计目标是支持 MapReduce 编程模型，而该模型只需要写一次文件，之后仅进行读操作而不需对其修改，这就不需要支持文件追加功能。但随着 HDFS 变得流行，一些具有写需求的应用想以 HDFS 作为存储系统，如有些应用程序需要往 HDFS 上某个文件中追加日志信息，HBase（分布式存储系统）需使用 HDFS 具有的 Append 功能以防止数据丢失，等等。

（2）HDFS RAID：Hadoop RAID 模块在 HDFS 之上构建了一个新的分布式文件系统，即 Distributed Raid FileSystem（DRFS）。该系统采用了 Erasure Codes（擦除码）增强对数据的保护。有了这样的保护，可以采用更少的副本数保持同样的可用性保障，进而为用户节省大量存储空间。

（3）Symlink：让 HDFS 支持符号链接。符号链接是一种特殊的文件，它以绝对或者相对路径的形式指向另外一个文件或者目录（目标文件）。当程序向符号链接中写数据时，相当于直接向目标文件中写数据。

（4）Security：Hadoop 的 HDFS 和 MapReduce 均缺乏相应的安全机制，如在 HDFS 中，用户只要知道某个 block 的 blockID，便可以绕过 NameNode（主节点）直接从 DataNode 上读取该 block，用户可以向任意 DataNode 上写 block；在 MapReduce 中，用户可以修改或者删掉任意其他用户的作业；等等。为了增强

Hadoop 的安全机制，从 2009 年起，Apache 专门组织了一个团队，为 Hadoop 增加基于 Kerberos 和 Deletion Token 的安全认证和授权机制。

（5）MRv1：第一代 MapReduce 计算框架。它由两部分组成：编程模型和运行时环境。它的基本编程模型是将问题抽象成 Map 和 Reduce 两个阶段。其中，Map 阶段将输入数据解析成 key/value，迭代调用 map() 函数处理后，再以 key/value 的形式输出到本地目录；Reduce 阶段则将 key 相同的 value 进行规约处理，并将最终结果写到 HDFS 上。它的运行时环境由两类服务组成，JobTracker（作业跟踪器）和 TaskTracker（任务跟踪器），其中 JobTracker 负责资源管理和所有作业的控制，而 TaskTracker 负责接收来自 JobTracker 的命令并执行它。

（6）YARN/MRv2：针对 MRv1 中的 MapReduce 在扩展性和多框架支持方面的不足，提出了全新的资源管理框架（Yet Another Resource Negotiator，YARN）。它将 JobTracker 中的资源管理和作业控制功能分开，分别由两个不同进程 ResourceManager 和 ApplicationMaster 实现。其中，ResourceManager 负责所有应用程序的资源分配，而 ApplicationMaster 仅负责管理一个应用程序。

（7）NameNode Federation：针对 Hadoop 1.0 中 NameNode 内存约束限制其扩展性问题提出的改进方案。它将 NameNode 横向扩展成多个，其中每个 NameNode 分管一部分目录。这不仅增强了 HDFS 的扩展性，也使 HDFS NameNode 具备了隔离性。

（8）NameNode HA：HDFS NameNode 存在两个问题，即 NameNode 内存约束限制扩展性和单点故障。其中，第一个问题通过 NameNode Federation 方案可以解决，而第二个问题则通过 NameNode 热备方案（即 NameNode HA）可以实现。

（三）Hadoop 版本变迁

到 2012 年 5 月为止，Apache Hadoop 已经出现四个大的分支。Apache Hadoop 的四大分支构成了四个系列的 Hadoop 版本。

1. 0.20.X 系列

0.20.2 版本发布后，几个重要的特性没有基于 Trunk 而是在 0.20.2 的基础上继续研发。值得一提的主要有两个特性：Append 与 Security。其中，含 Security 特性的分支以 0.20.203 版本发布，而后续的 0.20.205 版本则综合了这两个特性。需要注意的是，之后的 1.0.0 版本仅是 0.20.205 版本的重命名。0.20.X 系列版本是最令用户感到疑惑的，因为它们具有的一些特性，Trunk 上没有；反之，Trunk 上有的一些特性，0.20.X 系列版本却没有。

2. 0.21.0/0.22.X 系列

这一系列版本将整个 Hadoop 项目分割成三个独立的模块，分别是 Common、

HDFS 和 MapReduce。HDFS 和 MapReduce 都对 Common 模块有依赖性，但是 MapReduce 对 HDFS 并没有依赖性。这样，MapReduce 可以更容易地运行其他分布式文件系统，同时模块间可以独立开发。具体各个模块的改进如下：

（1）Common 模块：最大的新特性是在测试方面添加了 Large-Scale Automated Test Framework 和 Fault Injection Framework。

（2）HDFS 模块：主要增加的新特性包括支持追加操作与建立符号连接、Secondary NameNode 改进（Secondary NameNode 被剔除，取而代之的是 Checkpoint Node，同时添加一个 Backup Node 的角色，作为 NameNode 的冷备）、允许用户自定义 block 放置算法等。

（3）MapReduce 模块：在作业 API 方面，开始启动新 MapReduce API，但老的 API 仍然兼容。

0.22.0 在 0.21.0 的基础上修复了一些 bug 并进行了部分优化。

3. 0.23.X 系列

0.23.X 是为了克服 Hadoop 在扩展性和框架通用性方面的不足而提出来的。它实际上是一个全新的平台，包括分布式文件系统和资源管理框架两部分，可对接入的各种计算框架（如 MapReduce、Spark 等）进行统一管理，它的发行版自带 MapReduce 库，而该库集成了迄今为止所有的 MapReduce 新特性。

4. 2.X 系列

同 0.23.X 系列一样，2.X 系列也属于下一代 Hadoop。与 0.23.X 系列相比，2.X 系列增加了 NameNode HA 和 Wire-compatibility 等新特性。

二、Hadoop 基本架构

Hadoop 由两部分组成，分别是分布式文件系统和分布式计算框架 MapReduce。其中，分布式文件系统主要用于大规模数据的分布式存储，而 MapReduce 则构建在分布式文件系统之上，对存储在分布式文件系统中的数据进行分布式计算。本书主要涉及 MapReduce，但考虑到它的一些功能跟底层存储机制相关，因而会先介绍分布式文件系统。

在 Hadoop 中，MapReduce 底层的分布式文件系统是独立模块，用户可按照约定的一套接口实现自己的分布式文件系统，然后经过简单的配置后，存储在该文件系统上的数据便可以被 MapReduce 处理掉。Hadoop 默认使用的分布式文件系统是 HDFS，它与 MapReduce 框架紧密结合。下面先介绍 HDFS 的基础架构，然后介绍 MapReduce 计算框架。

（一）HDFS 架构

HDFS 是一个具有高度容错性的分布式文件系统，适合部署在廉价的机器上。HDFS 能提供高吞吐量的数据访问，非常适合大规模数据集上的应用。

HDFS 的架构如图 1-2 所示，总体上采用了 Master/Slave 架构，主要由以下几个组件组成：Client、NameNode、Secondary NameNode 和 DataNode。下面分别对这几个组件进行介绍。

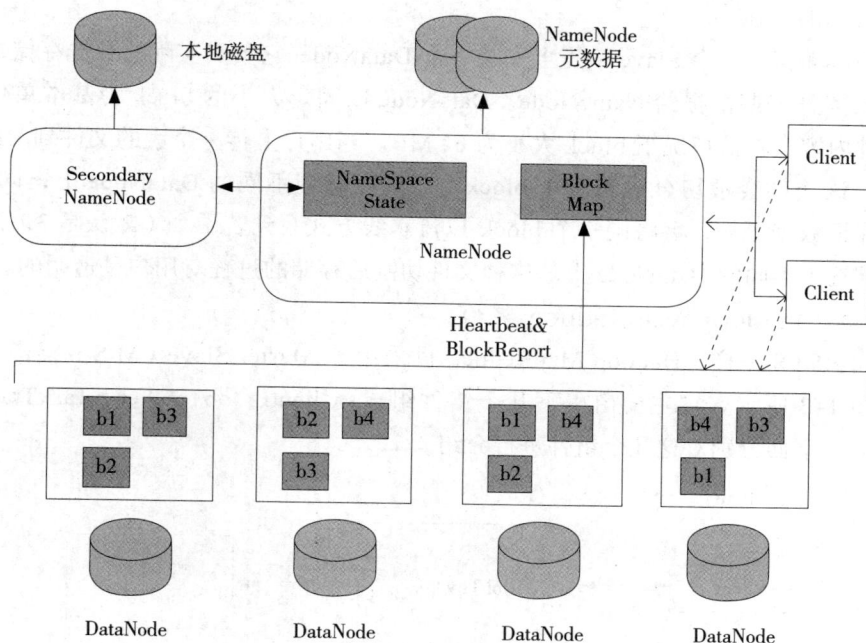

图 1-2　HDFS 架构图

1. Client

在 Hadoop 0.21.0 版本中，Secondary NameNode 被 Checkpoint Node 代替。Client（用户）通过与 NameNode 和 DataNode 交互访问 HDFS 中的文件。Client 提供了一个类似 POSIX 的文件系统接口供用户调用。

2. NameNode

整个 Hadoop 集群中只有一个 NameNode。它是整个系统的总管，负责管理 HDFS 的目录树和相关的文件元数据信息。这些信息是以 fsimage（HDFS 元数据镜像文件）和 editlog（HDFS 文件改动日志）两个文件形式存放在本地磁盘中，当 HDFS 重启时重新构造出来的。此外，NameNode 还负责监控各个 DataNode 的健康状态，一旦发现某个 DataNode 宕掉，则将该 DataNode 移出 HDFS 并重新备份其上面的数据。

3. Secondary NameNode

Secondary NameNode 最重要的任务并不是为 NameNode 元数据进行热备份，而是定期合并 fsimage 和 edits 日志，并传输给 NameNode。这里需要注意的是，为了减小 NameNode 的压力，NameNode 自己并不会合并 fsimage 和 edits，并将文件存储到磁盘上，而是交由 Secondary NameNode 完成。

4. DataNode

一般而言，每个 Slave 节点上安装一个 DataNode，它负责实际的数据存储，并将数据信息定期汇报给 NameNode。DataNode 以固定大小的 block 为基本单位组织文件内容，默认情况下 block 大小为 64 MB。当用户上传一个大的文件到 HDFS 上时，该文件会被切分成若干个 block，分别存储到不同的 DataNode 上；同时，为了保证数据可靠，会将同一个 block 以流水线方式写到若干个（默认是 3，该参数可配置）不同的 DataNode 上。这种文件切割后存储的过程对用户是透明的。

（二）Hadoop MapReduce 架构

同 HDFS 一样，Hadoop MapReduce 也采用了 Master/Slave（M/S）架构，具体如图 1-3 所示。它主要由以下几个组件组成：Client、JobTracker、TaskTracker 和 Task。下面分别对这几个组件进行介绍。

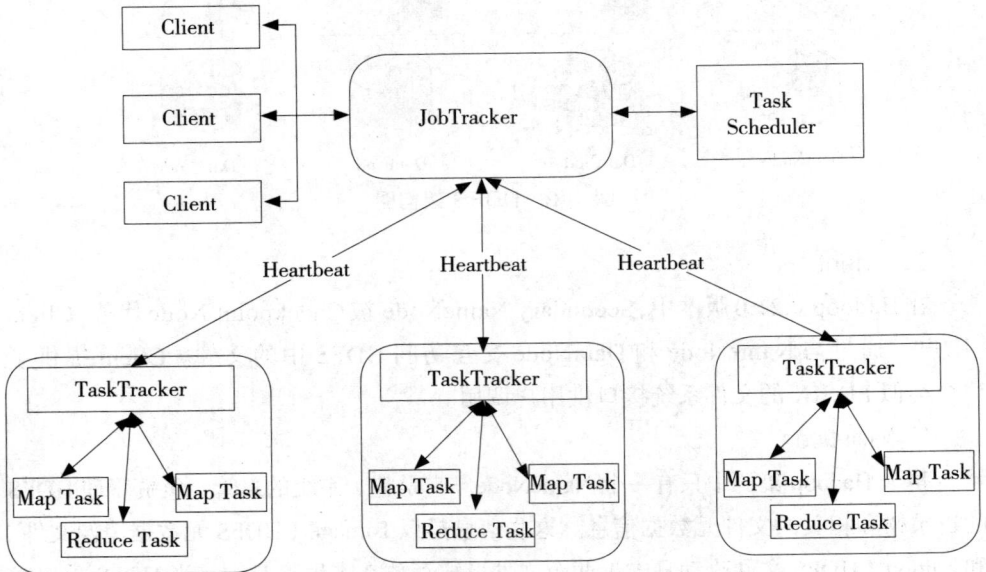

图 1-3　Hadoop MapReduce 架构图

1. Client

用户编写的 MapReduce 程序通过 Client 提交到 JobTracker 端；同时，用户可通过 Client 提供的一些接口查看作业运行状态。在 Hadoop 内部用作业（Job）表示 MapReduce 程序。一个 MapReduce 程序可对应若干个作业，而每个作业会被分解成若干个 Map/Reduce 任务（Task）。

2. JobTracker

JobTracker 主要负责资源监控和作业调度。JobTracker 监控所有 TaskTracker 与作业的健康状况，一旦发现失败情况，其会将相应的任务转移到其他节点上；同时，JobTracker 会跟踪任务的执行进度、资源使用量等信息，并将这些信息告诉任务调度器，而调度器会在资源出现空闲时，选择合适的任务使用这些资源。在 Hadoop 中，任务调度器是一个可插拔的模块，用户可以根据自己的需要设计相应的调度器。

3. TaskTracker

TaskTracker 会周期性地通过 Heartbeat 将下面点上资源的使用情况和任务的运行进度汇报给 JobTracker，同时接收 JobTracker 发送过来的命令并执行相应的操作（如启动新任务、杀死任务等）。TaskTracker 使用 slot 等量划分下面点上的资源量。slot 代表计算资源（CPU、内存等）。一个 Task 获取到一个 slot 后才有机会运行，而 Hadoop 调度器的作用就是将各个 TaskTracker 上的空闲 slot 分配给 Task 使用。slot 分为 Map slot 和 Reduce slot 两种，分别供 Map Task 和 Reduce Task 使用。TaskTracker 通过 slot 数目（可配置参数）限定 Task 的并发度。

4. Task

Task 分为 Map Task 和 Reduce Task 两种，均由 TaskTracker 启动。从上一小节中我们知道，HDFS 以固定大小的 block 为基本单位存储数据，而对于 MapReduce 而言，其处理单位是 split。split 与 block 的对应关系如图 1-4 所示。split 是一个逻辑概念，它只包含一些元数据信息，如数据起始位置、数据长度、数据所在节点等。它的划分方法完全由用户自己决定。但需要注意的是，split 的多少决定了 Map Task 的数目，因为每个 split 会交由一个 Map Task 处理。

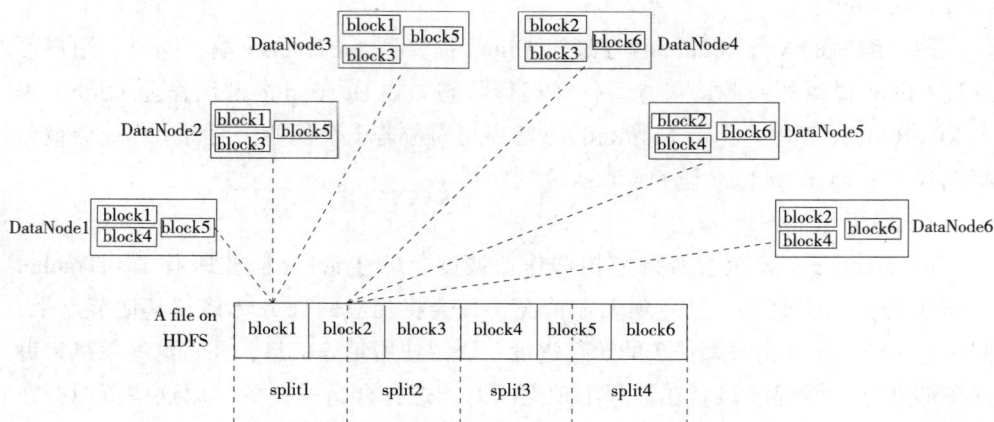

图 1-4　split 与 block 的对应关系

Map Task 执行过程如图 1-5 所示。由该图可知，Map Task 先将对应的 split 迭代解析成一个个 key/value 对，依次调用用户自定义的 map() 函数进行处理，最终将临时结果存放到本地磁盘上，其中临时数据被分成若干个 partition，每个 partition 将被一个 Reduce Task 处理。

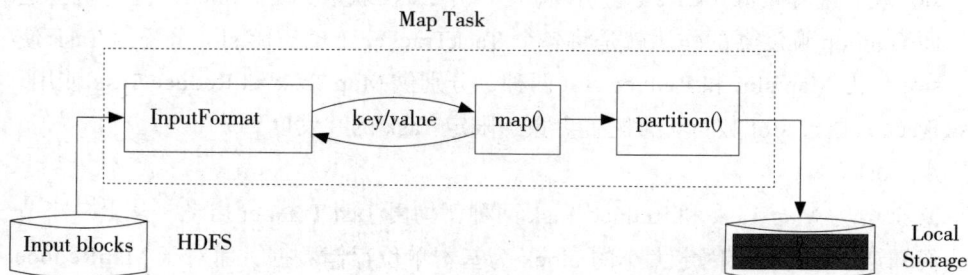

图 1-5　Map Task 执行过程

Reduce Task 执行过程如图 1-6 所示。该过程分为三个阶段：①从远程节点上读取 Map Task 中间结果（称为 Shuffle 阶段）；②按照 key 对 key/value 对进行排序（称为 Sort 阶段）；③依次读取 <key, valuelist>，调用用户自定义的 reduce() 函数处理，并将最终结果存到 HDFS 上（称为 Reduce 阶段）。

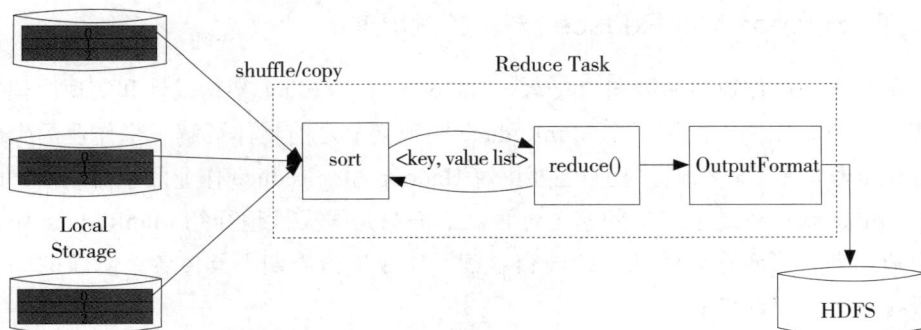

图 1-6　Reduce Task 执行过程

三、Hadoop MapReduce 设计目标

通过上一节关于 Hadoop MapReduce 历史的介绍我们知道，Hadoop MapReduce 诞生于搜索领域，主要解决搜索引擎面临的海量数据处理扩展性差的问题。它的实现很大程度上借鉴了谷歌 MapReduce 的设计思想，包括简化编程接口、提高系统容错性等。Hadoop MapReduce 的设计目标主要有以下几个：

（1）易于编程：传统的分布式程序设计（如 MPI）非常复杂，用户需要关注的细节非常多，如数据分片、数据传输、节点间通信等，因而设计分布式程序的门槛非常高。Hadoop 的一个重要设计目标便是简化分布式程序设计，将所有并行程序均需要关注的设计细节抽象成公共模块并交由系统实现，而用户只需专注于自己的应用程序逻辑实现，这样简化了分布式程序设计且提高了开发效率。

（2）良好的扩展性：随着公司业务的发展，积累的数据量（如搜索公司的网页量）会越来越大，当数据量增加到一定程度后，现有的集群可能已经无法满足其计算能力和存储能力，这时候管理员可能期望通过添加机器以达到线性扩展集群能力的目的。

（3）高容错性：在分布式环境下，随着集群规模的增加，集群中的故障率（这里的故障包括磁盘损坏、机器宕机、节点间通信失败等硬件故障和坏数据或者用户程序 bug 产生的软件故障）会显著增加，进而导致任务失败和数据丢失的可能性增加。为此，Hadoop 通过计算迁移或者数据迁移等策略提高集群的可用性与容错性。

四、Hadoop MapReduce 作业的生命周期

由于本书以作业生命周期为线索对 Hadoop MapReduce 架构设计和实现原理进行解析，因而在深入剖析各个 MapReduce 实现细节之前整体了解一个作业的生命周期显得非常重要。为此，我们主要讲解 Hadoop MapReduce 作业的生命周期，即作业从提交到运行结束经历的整个过程。下面只是概要性地介绍 MapReduce 作业的生命周期，可看作后续几章的内容导读。作业生命周期中具体各个阶段的深入剖析将在后续的章节中进行。

假设用户编写了一个 MapReduce 程序，并将其打包成 xxx.jar 文件，然后使用以下命令提交作业：

```
$HADOOP_HOME/bin/hadoop jar xxx.jar \
    –D mapred.job.name="xxx" \
    –D mapred.map.tasks=3 \
    –D mapred.reduce.tasks=2 \
    –D input=/test/input \
    –D output=/test/output
```

Hadoop MapReduce 作业的生命周期过程分为以下 5 个步骤。

步骤 1：作业提交与初始化。用户提交作业后，先由 JobClient 实例将作业相关信息，如将程序 jar 包、作业配置文件、分片元信息文件等上传到分布式文件系统（一般为 HDFS）上，其中分片元信息文件记录了每个输入分片的逻辑位置信息。然后 JobClient 通过 RPC（远程过程调用）通知 JobTracker。JobTracker 收到新作业提交请求后，由作业调度模块对作业进行初始化：为作业创建一个 JobInProgress 对象以跟踪作业运行状况，而 JobInProgress 则会为每个 Task 创建一个 TaskInProgress 对象以跟踪每个任务的运行状态，TaskInProgress 可能需要管理多个 Task 运行尝试（Task Attempt）。

步骤 2：任务调度与监控。前面提到，任务调度和监控的功能均由 JobTracker 完成。TaskTracker 周期性地通过 Heartbeat 向 JobTracker 汇报下面点的资源使用情况，一旦出现空闲资源，JobTracker 会按照一定的策略选择一个合适的任务使用该空闲资源，这由任务调度器完成。任务调度器是一个可插拔的独立模块，且为双层架构，即先选择作业，然后从该作业中选择任务，其中选择任务时需要重点考虑数据本地性。此外，JobTracker 跟踪作业的整个运行过程，并为作业的成功运行提供全方位的保障。首先，当 TaskTracker 或者 Task 失败时，转移计算任务；其

次，当某个 Task 执行进度远落后于同一作业的其他 Task 时，为之启动一个相同 Task，并选取计算快的 Task 结果作为最终结果。

步骤 3：任务运行环境准备。运行环境准备包括 JVM（Java 虚拟机）启动和资源隔离，均由 TaskTracker 实现。TaskTracker 为每个 Task 启动一个独立的 JVM，以避免不同的 Task 在运行过程中相互影响，同时 TaskTracker 使用了操作系统进程实现资源隔离，以防止 Task 滥用资源。

步骤 4：任务执行。TaskTracker 为 Task 准备好运行环境后，便会启动 Task。在运行过程中，每个 Task 的最新进度先由 Task 通过 RPC（远程过程调用）汇报给 TaskTracker，再由 TaskTracker 汇报给 JobTracker。

步骤 5：作业完成。待所有 Task 执行完毕后，整个作业执行成功。

第二章 MapReduce 编程模型

MapReduce 应用广泛的原因之一在于它的易用性。它提供了一个因高度抽象化而变得异常简单的编程模型。在本章中，我们将从 Hadoop MapReduce 编程模型实现的角度对其进行深入分析，包括其编程模型的体系结构、设计原理等。本章从实现角度介绍其设计方法。

第一节 MapReduce 编程模型概述

MapReduce 是在总结大量应用的共同特点的基础上抽象出来的分布式计算框架，它适用的应用场景往往具有一个共同的特点：任务可被分解成相互独立的子问题。基于该特点，MapReduce 编程模型给出了其分布式编程方法，共分 5 个步骤：

（1）迭代。遍历输入数据，并将之解析成 key/value 对。

（2）将输入 key/value 对映射成另外一些 key/value 对。

（3）依据 key 对中间数据进行分组。

（4）以组为单位对数据进行归约。

（5）迭代。将最终产生的 key/value 对保存到输出文件中。

MapReduce 将计算过程分解成以上 5 个步骤带来的最大好处是组件化与并行化。为了实现 MapReduce 编程模型，Hadoop 设计了一系列对外编程接口。用户可通过实现这些接口完成应用程序的开发。

一、MapReduce 编程接口体系结构

MapReduce 整个编程模型位于应用程序层和 MapReduce 执行器之间，可以分为两层。第一层是最基本的 Java API（应用程序编程接口），主要有 5 个可编程组

件，分别是 InputFormat、Mapper、Partitioner、Reducer 和 OutputFormat。Hadoop 自带了很多直接可用的 InputFormat、Partitioner 和 OutputFormat，大部分情况下，用户只需编写 Mapper 和 Reducer 即可。第二层是工具层，位于基本 Java API 之上，主要是为了方便用户编写复杂的 MapReduce 程序和利用其他编程语言增加 MapReduce 计算平台的兼容性而提出来的。在该层中，主要提供了 4 个编程工具包。

（1）JobControl：方便用户编写有依赖关系的作业，这些作业往往构成一个有向图（DAG），如朴素贝叶斯分类算法实现便是 4 个有依赖关系的作业构成的 DAG。

（2）ChainMapper/CliainReducer：方便用户编写链式作业，即在 Map 或者 Reduce 阶段存在多个 Mapper，形式如下：

[MAPPER+ REDUCER MAPPER*]

（3）Hadoop Streaming：方便用户采用非 Java 语言编写作业，允许用户指定可执行文件或者脚本作为 Mapper/Reducer。

（4）Hadoop Pipes：专门为 C/C++ 程序员编写 MapReduce 程序提供的工具包。

二、新旧 MapReduce API 比较

从 0.20.0 版本开始，Hadoop 同时提供了新旧两套 MapReduce API。新 API 在旧 API 基础上进行了封装，使其在扩展性和易用性方面更好。新旧版 MapReduce API 的主要区别如下。

（一）存放位置

旧版 API 放在 org.apache.hadoop.mapred 包中，而新版 API 则放在 org.apache. hadoop. mapreduce 包及其子包中。

（二）接口变为抽象类

接口通常作为一种严格的协议约束。它只有方法声明而没有方法实现，且要求所有实现类（不包括抽象类）必须实现接口中的每一个方法。接口的最大优点是允许一个类实现多个接口，进而实现类似 C++ 中的多重继承。抽象类则是一种较宽松的约束协议，它可为某些方法提供默认实现。而继承类则可选择是否重新实现这些方法。正是因为这一点，抽象类在类衍化方面更有优势，也就是说，抽象类具有良好的向后兼容性，当需要为抽象类添加新的方法时，只要新添加的方法提供了默认实现，用户之前的代码就不必修改了。

考虑到抽象类在 API 衍化方面的优势，新 API 将 InputFormat、OutputFormat、

Mapper、Reducer 和 Partitioner 由接口变为抽象类。

（三）上下文封装

新版 API 将变量和函数封装成各种上下文（Context）类，使 API 具有更好的易用性和扩展性。首先，函数参数列表经封装后变短，使函数更容易使用；其次，当需要修改或添加某些变量或函数时，只需修改封装后的上下文类即可，用户代码无须修改，这样保证了向后兼容性，具有良好的扩展性。

图 2-1 展示了新版 API 中树形的 Context 类继承关系。这些 Context 各自封装了一种实体的基本信息及对应的操作，如 JobContext、TaskAttemptContext 分别封装了 Job 和 Task 的基本信息，TaskInputOutputContext 封装了 Task 的各种输入输出操作，MapContext 和 ReduceContext 分别封装了 Mapper 和 Reducer 对外的公共接口。

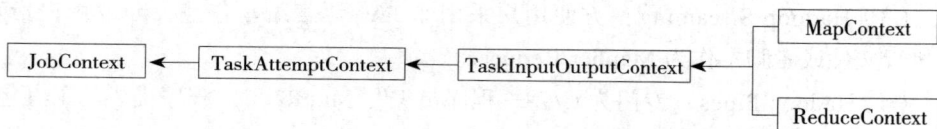

图 2-1　新版 API 中树形 Context 类继承关系

除了以上三点不同之外，新旧 API 在很多其他细节方面也存在小的差别，具体将在接下来的内容中讲解。

由于新版和旧版 API 在类层次结构、编程接口名称及对应的参数列表等方面存在较大差别，所以两种 API 不能兼容。但考虑到应用程序的向后兼容性，短时间内不会将旧 API 从 MapReduce 中去掉。即使在完全采用新 API 的 0.21.0/0.22.X 系列版本中，也仅仅将旧 API 标注为过期，用户仍然可以使用。

三、MapReduce API 基本概念

（一）序列化

序列化是指将结构化对象转为字节流，以便通过网络进行传输或写入持久存储的过程。反序列化指的是将字节流转为结构化对象的过程。在 Hadoop MapReduce 中，序列化的主要作用有两个：永久存储和进程间通信。

为了能够读取或者存储 Java（计算机编程语言）对象，MapReduce 编程模型要求用户输入和输出数据中的 key 和 value 必须是可序列化的。在 Hadoop MapReduce 中，使一个 Java 对象可序列化的方法是让其对应的类实现 Writable（可

写入）接口。但对于 key 而言，由于它是数据排序的关键字，因此还需要提供比较两个 key 对象的方法。为此，key 对应类需实现 Writable Comparable 接口。

（二）Reporter 参数

Reporter 参数是 MapReduce 提供给应用程序的工具。应用程序可使用 Reporter 中的方法报告完成进度、设定状态消息以及更新计数器。

Reporter 参数是一个基础参数。MapReduce 对外提供的大部分组件包括 InputFormat、Mapper 和 Reducer 等，均在其主要方法中添加了该参数。

（三）回调机制

回调机制是一种常见的设计模式。它将工作流内的某个功能按照约定的接口暴露给外部使用者，为外部使用者提供数据，或要求外部使用者提供数据。

Hadoop MapReduce 对外提供的 5 个组件——InputFormat（输入数据）、Mapper（映射）、Partitioner（分割）、Reducer（减少）和 OutputFormat（输出数据）实际上全部属于回调接口。当用户按照约定实现这几个接口后，MapReduce 运行时环境会自动调用它们。

MapReduce 给用户暴露了接口 Mapper，当用户按照自己的应用程序逻辑实现自己的 MyMapper 后，Hadoop MapReduce 运行时环境会将输入数据解析成 key/value 对，并调用 map() 函数迭代处理。

第二节　Java API 解析

Hadoop 的主要编程语言是 Java，因而 Java API 是最基本的对外编程接口。当前各个版本的 Hadoop 均同时存在新旧两种 API。下面将对比讲解这两种 API 的设计思路，主要内容包括使用实例、接口设计、在 MapReduce 运行时环境中的调用时机等。

一、作业配置与提交

（一）Hadoop 配置文件介绍

在 Hadoop 中，Common、HDFS 和 MapReduce 各有对应的配置文件，用于保存对应模块中可配置的参数。这些配置文件均为 XML（可扩展标识语言）格式，且由两部分构成：系统默认配置文件和管理员自定义配置文件。其中，系统默认配置文件分别是 core-default.xml、hdfs-default.xml 和 mapred-default.xml，它们包含了所有可配置属性的默认值。而管理员自定义配置文件分别是 core-site. xml、hdfs-site.xml 和 mapred-site.xml，它们由管理员设置，主要用于定义一些新的配置属性或者覆盖系统配置文件中的默认值。通常这些配置一旦确定，便不能被修改（如果想修改，需重新启动 Hadoop）。需要注意的是，core-default.xml 和 core-site.xml 属于公共基础库的配置文件，默认情况下，Hadoop 总会优先加载它们。

在 Hadoop 中，每个配置属性主要包括三个配置参数：name、value 和 description，分别表示属性名、属性值和属性描述。其中，属性描述仅仅用来帮助用户理解属性的含义，Hadoop 内部并不会使用它的值。此外，Hadoop 为配置文件添加了两个新的特性：final 参数和变量扩展。

（1）final 参数：如果管理员不想让用户程序修改某些属性的属性值，可将该属性的 final 参数置为 true：

```
<property>
    <name>mapred.map.tasks.speculative.execution</name>
    <value>true</value>
    <final>true</final >
</property>
```

管理员一般在 XXX-site.xml 配置文件中为某些属性添加 final 参数，以防止用户在应用程序中修改这些属性的属性值。

（2）变量扩展：当读取配置文件时，如果某个属性存在对其他属性的引用，则 Hadoop 会先查找引用的属性是否为下列两种属性之一。如果是，则进行扩展。

第一，其他已经定义的属性。

第二，Java 中 System.getProperties() 函数可获取属性。

比如，如果一个配置文件中包含以下配置参数：

```
<property>
    <name>hadoop.tmp.dir</name>
    <value>/tmp/hadoop-${user.name}</value>
    </property>
<property>
    <name>mapred.temp.dir</name>
    <value>${hadoop.tmp.dir}/mapred/temp</value>
</property>
```

则当用户想要获取属性 mapred.temp.dir 的值时，Hadoop 会将 hadoop.tmp.dir 解析成该配置文件中另外一个属性的值，而 user.name 则被替换成系统属性 user.name 的值。

（二）MapReduce 作业配置与提交

在 MapReduce 中，每个作业由两部分组成：应用程序和作业配置。其中，作业配置内容包括环境配置和用户自定义配置两部分。环境配置由 Hadoop 自动添加，主要由 mapred-default.xml 和 mapred-site.xml 两个文件中的配置选项组合而成；用户自定义配置则由用户自己根据作业特点个性化定制而成，如用户可设置作业名称以及 Mapper/Reducer、Reduce Task 个数等。在新旧两套 API 中，作业配置接口发生了变化，下面通过一个例子感受一下使用上的不同。

旧 API 作业配置实例：

JobConf job = new JobConf (new Configuration ()，MyJob. class)；

job. set JobName ("my job")；

job.setMapperClass(MyJob.MyMapper.class)；

job.setReducerClass(MyJob.MyReducer.class)；

JobClient.runJob(job)；

新 API 作业配置实例：

Configuration conf = new Configuration ()；

Job job = new Job (conf, "myjob _")；

job.setJarByClass(MyJob.class)；

job.setMapperClass(MyJob.MyMapper.class); job.setReducerClass(Myjob.MyReducer.class);

System. exit{job.waitForCompletion(true) ? 0 : 1};

从以上两个实例可以看出，新版 API 用 Job 类代替了 JobConf 和 JobClient 两个类，这样仅使用一个类就可完成作业配置和作业提交相关功能，进一步简化了作业编写方式。

（三）旧 API 中的作业配置

MapReduce 配置模块代码结构中，org.apache.hadoop.conf 中的 Configuration 类是配置模块最底层的类。该类支持以下两种基本操作。

（1）序列化：序列化将结构化数据转换成字节流，以便于传输或存储。Java 实现了自己的一套序列化框架。凡是需要支持序列化的类，均需要实现 Writable 接口。

（2）迭代：为了方便遍历所有属性，它实现了 Java 开发包中的 Iterator（迭代器）接口。Configuration 类总会依次加载 core-default.xml 和 core-site.xml 两个基础配置文件，相关代码如下：

addDefaultResource("core-default.xml");

addDefaultResource("core-site.xml");

addDefaultResource 函数的参数为 XML 文件名，它能够将 XML 文件中的 name/value 加载到内存中。当连续调用多次该函数时，对于同一个配置选项，其后面的值会覆盖前面的值。

Configuration 类中有大量针对常见数据类型的 getter/setter 函数，用于获取或者设置某种数据类型属性的属性值。比如，对于 float 类型，提供了这样一对函数：

float getFloat (String name, float defaultValue) ;

void setFloat (String name, float value)

除了大量 getter/setter 函数外，Configuration 类中还有一个非常重要的函数：

void writeXml(OutputStream out)。

该函数能够将当前 Configuration 类对象中所有属性及属性值保存到一个 XML 文件中，以便于在节点之间传输。这点在以后的几节中会提到。

JobConf 类描述了一个 MapReduce 作业运行时需要的所有信息，而 MapReduce 运行时环境正是根据 JobConf 提供的信息运行作业的。

JobConf 类继承了 Configuration 类，并添加了一些设置/获取作业属性的 setter/getter 函数，以方便用户编写 MapReduce 程序，如设置/获取 Reduce Task 个数的函数为

public int getNumReduceTasks() { return getInt("mapred.reduce.tasks", 1); }

public void setNumReduceTasks(int n) { setInt("mapred.reduce.tasks", n); }

JobConf 类中添加的函数均是对 Configuration 类中函数的再次封装。由于它在这些函数名中融入了作业属性的名字，因而更易于使用。

默认情况下，JobConf 会自动加载配置文件 mapred-default.xml 和 mapred-site.xml，相关代码如下：

static{

　　Configuration. addDefaultResource

　　("mapred-default .xml") ; Configuration.

　　addDefaultResource ("mapred-site .xml") ;

}

（四）新 API 中的作业配置

与新 API 中的作业配置相关的类是 Job。该类同时具有作业配置和作业提交的功能。其中，作业配置部分，Job 类继承了一个新类 JobContext，而 Context 自身则包含了一个 JobConf 类的成员。注意，JobContext 类仅提供了一些 getter 方法，而 Job 类中则提供了一些 setter 方法。

二、InputFormat 接口的设计与实现

InputFormat 主要用于描述输入数据的格式，它提供以下两个功能。

第一，数据切分：按照某个策略将输入数据切分成若干个 split，以便确定 Map Task 个数以及对应的 split。

第二，为 Mapper 提供输入数据：给定某个 split，能将其解析成一个个 key/value 对。

下面将介绍 Hadoop 如何设计 InputFormat 接口以及提供了哪些常用的 InputFormat 实现。

（一）旧版 API 的 InputFormat 解析

在旧版 API 中，InputFormat 是一个接口，它包含两种方法：

InputSplit [] getSplits(JobConf job, int numSplits) throws IOException;

RecordReadercK, V> getRecordReader(InputSplit split, JobConf job, Reporter reporter) throws IOException;

getSplits 方法主要用于完成数据切分的功能，它会尝试着将输入数据切分成 numSplits 个 InputSplit。InputSplit 有以下两个特点：

第一，逻辑分片。它只是在逻辑上对输入数据进行分片，并不会在磁盘上将其切分成分片进行存储。InputSplit 只记录了分片的元数据信息，如起始位置、长度以及所在的节点列表等。

第二，可序列化。在 Hadoop 中，对象序列化主要有两个作用——进程间通信和永久存储。此处，InputSplit 支持序列化操作主要是为了进程间通信。作业被提交到 JobTracker 之前，Client 会调用作业 InputFormat 中的 getSplits 函数，并将得到的 InputSplit 序列化到文件中。这样，当作业提交到 JobTracker 端对作业初始化时，可直接读取文件，解析出所有 InputSplit，并创建对应的 Map Task。

getRecordReader 方法返回一个 RecordReader 对象，该对象可将输入的 InputSplit 解析成若干个 key/value 对。MapReduce 框架在 Map Task 执行过程中，会不断调用 RecordReader 对象中的方法，迭代获取 key/value 对并交给 map() 函数

处理，主要代码（经过简化）如下：

// 调用 InputSplit 的 getRecordReader 方法获取 RecordReader<K1, V1> input

K1 key = input.createKey()；

V1 value = input.createValue()；

while (input.next(key, value)) {

    // 调用用户编写的 map() 函数

}

input.close()；

分析了 InputFormat 接口的定义后，接下来介绍系统自带的各种 InputFormat 实现。为了方便用户编写 MapReduce 程序，Hadoop 自带了一些针对数据库和文件的 InputFormat 实现，具体如图 2-2 所示。通常而言，用户需要处理的数据均以文件形式存储到 HDFS 上，所以我们重点针对文件的 InputFormat 实现进行讨论。

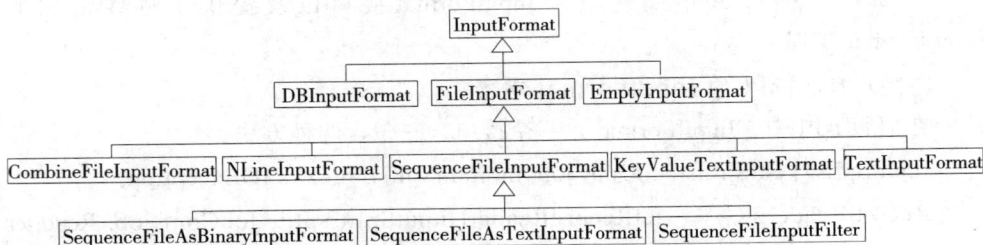

图 2-2　Hadoop MapReduce 自带 InputFormat 实现的类层次图

如图 2-2 所示，所有基于文件的 InputFormat 实现的基类是 FileInputFormat，并由此派生出针对文本文件格式的 TextInputFormat、KeyValueTextInputFormat 和 NLineInputFormat，针对二进制文件格式的 SequenceFileInputFormat，等等。整个基于文件的 InputFormat 体系的设计思路是，由公共基类 FileInputFormat 采用统一的方法对各种输入文件进行切分，如按照某个固定大小等分，而由各个派生 InputFormat 提供机制进一步解析 InputSplit。对应到具体的实现是，基类 FileInputFormat 提供 getSplits 实现，而派生类提供 getRecordReader 实现。

为了帮助读者深入理解这些 InputFormat 的实现原理，我们选取 TextInputFormat 与 SequenceFileInputFormat 进行重点介绍。

我们先介绍基类 FileInputFormat 的实现。它最重要的功能是为各种 InputFormat 提供统一的 getSplits 函数。该函数实现中最核心的两个算法是文件切分算法和 host 选择算法。

1. 文件切分算法

文件切分算法主要用于确定 InputSplit 的个数以及每个 InputSplit 对应的数据段。FileInputFormat 以文件为单位切分生成 InputSplit。对于每个文件，由以下三个属性值确定其对应的 InputSplit 的个数。

（1）goalSize：它是根据用户期望的 InputSplit 数目计算出来的，即 totalSize/numSplits。其中，totalSize 为文件总大小；numSplits 为用户设定的 Map Task 个数，默认情况下是 1。

（2）minSize：InputSplit 的最小值由配置参数 mapred.min.split.size 确定，默认是 1。

（3）blockSize：文件在 HDFS 中存储的 block 大小，不同文件可能不同，默认是 64 MB。这三个参数共同决定 InputSplit 的最终大小，计算方法如下：

$$splitSize = max\{minSize, min\{goalSize, blockSize\}\}$$

一旦确定 splitSize 值后，FileInputFormat 将文件依次切成大小为 splitSize 的 InputSplit，最后剩下不足 splitSize 的数据块单独成为一个 InputSplit。

【实例】输入目录下有三个文件 file1、file2 和 file3，大小依次为 1 MB、32 MB 和 250 MB。若 blockSize 采用默认值 64 MB，则在不同 minSize 和 goalSize 下，file3 切分结果如表 2-1 所示（三种情况下，file1 与 file2 切分结果相同，均为 1 个 InputSplit）。

表 2-1　minSize、goalSize、splitSize 与 InputSplit 对应关系

minSize	goalSize	splitSize	file3 对应的 InputSplit 数目	输入目录对应的 InputSplit 总数
1 MB	totalSize (numSplits=1)	64 MB	4	6
32 MB	totalSize/5	50 MB	5	7
128 MB	totalSize/2	128 MB	2	4

结合表和公式可以知道，如果想让 InputSplit 尺寸大于 block 尺寸，则直接增大配置参数 mapred.min.split.size 数目即可。

2. host 选择算法

待 InputSplit 切分方案确定后，下一步要确定每个 InputSplit 的元数据信息。

这通常由四部分组成：<file，start，length，hosts>，分别表示 InputSplit 所在的文件、起始位置、长度以及所在的 host（节点）列表。其中，前三项很容易确定，难点在于 host 列表的选择方法。

InputSplit 的 host 列表选择策略直接影响运行过程中的任务本地性。HDFS 上的文件是以 block 为单位组织的，一个大文件对应的 block 可能遍布整个 Hadoop 集群，而 InputSplit 的划分算法可能导致一个 InputSplit 对应多个 block，这些 block 可能位于不同节点上，这使 Hadoop 不可能实现完全的数据本地性。为此，Hadoop 将数据本地性按照代价划分成三个等级：node locality、rack locality 和 data center locality（Hadoop 还未实现该 locality 级别）。在进行任务调度时，会依次考虑这 3 个节点的 locality，即优先让空闲资源处理下面节点上的数据，如果节点上没有可处理的数据，则处理同一个机架上的数据，最差情况是处理其他机架上的数据（但是必须位于同一个数据中心）。

虽然 InputSplit 对应的 block 可能位于多个节点上，但考虑到任务调度的效率，通常不会把所有节点加到 InputSplit 的 host 列表中，而是选择包含（该 InputSplit 的）数据总量最大的前几个节点（Hadoop 限制最多选择 10 个，多余的会过滤掉），以作为任务调度时判断任务是否具有本地性的主要凭证。为此，FileInputFomat 设计了一个简单有效的启发式算法：先按照 rack 包含的数据量对 rack 进行排序，然后在 rack 内部按照每个 node 包含的数据量对 node 进行排序，最后取前 N 个 node 的 host 作为 InputSplit 的 host 列表，这里的 N 为 block 的副本数。这样，当任务调度器调度 Task 时，只要将 Task 调度给位于 host 列表的节点，就认为该 Task 满足本地性。

【实例】某个 Hadoop 集群的网络拓扑结构如图 2-3 所示，HDFS 中 block 副本数为 3，某个 InputSplit 包含 3 个 block，大小依次是 100、150 和 75，很容易计算，4 个 rack 包含的（该 InputSplit 的）数据量分别是 175、250、150 和 75。rack2 中的 node3 和 node4，rack1 中的 node1 将被添加到该 InputSplit 的 host 列表中。

从以上 host 选择算法可知，当 InputSplit 尺寸大于 block 尺寸时，Map Task 并不能实现完全数据本地性，也就是说，总有一部分数据需要从远程节点上读取，因而可以得出以下结论：当使用基于 FileInputFormat 实现 InputFormat 时，为了提高 Map Task 的数据本地性，应尽量使 InputSplit 大小与 block 大小相同。

分析完 FileInputFormat 实现方法，接下来分析派生类 TextInputFormat 与 SequenceFileInputFormat 的实现。

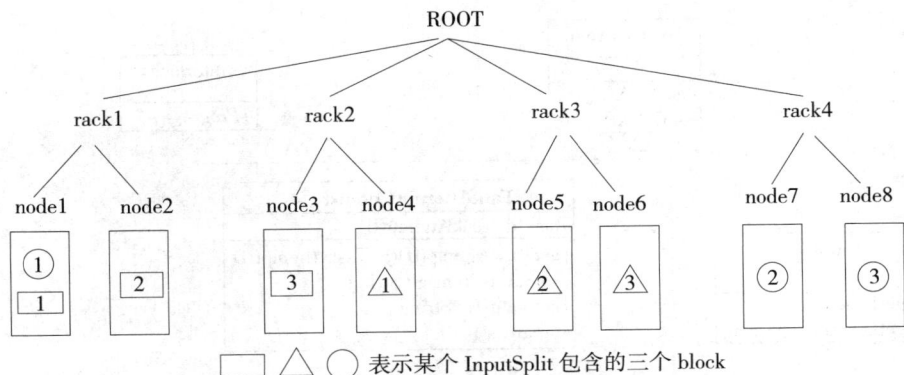

图 2-3　一个 Hadoop 集群的网络拓扑结构图

　　前面提到，由派生类实现 getRecordReader 函数，该函数返回一个 RecordReader 对象。它实现了类似于迭代器的功能，将某个 InputSplit 解析成一个个 key/value 对。在具体实现时，RecordReader 应考虑以下两点。

　　（1）定位记录边界：为了能够识别一条完整的记录，记录之间应该添加一些同步标识。对于 TextInputFormat，每两条记录之间存在换行符；对于 SequenceFileInputFormat，每隔若干条记录会添加固定长度的同步字符串。通过换行符或者同步字符串，它们很容易定位到一个完整记录的起始位置。另外，由于 FileInputFormat 仅仅按照数据量的多少对文件进行切分，因而 InputSplit 的第一条记录和最后一条记录可能会被从中间切开。为了解决这种记录跨越 InputSplit 的读取问题，RecordReader 规定每个 InputSplit 的第一条不完整记录划给前一个 InputSplit 处理。

　　（2）解析 key/value：定位到一条新的记录后，需将该记录分解成 key 和 value 两部分。对于 TextInputFormat 来说，每一行的内容即为 value，而该行在整个文件中的偏移量为 key。对于 SequenceFileInputFormat，每条记录的格式为

　　[record length] [key length] [key] [value]

　　其中，前两个字段分别是整条记录的长度和 key 的长度，均为 4 字节，后两个字段分别是 key 和 value 的内容。知道每条记录的格式后，很容易解析出 key 和 value。

　　（二）新版 API 的 InputFormat 解析

　　新版 API 的 InputFormat 类图如图 2-4 所示。新 API 与旧 API 比较，在形式上发生了较大变化，但仔细分析，发现仅仅是对之前的一些类进行了封装。通过封装，使接口的易用性和扩展性得以增强。

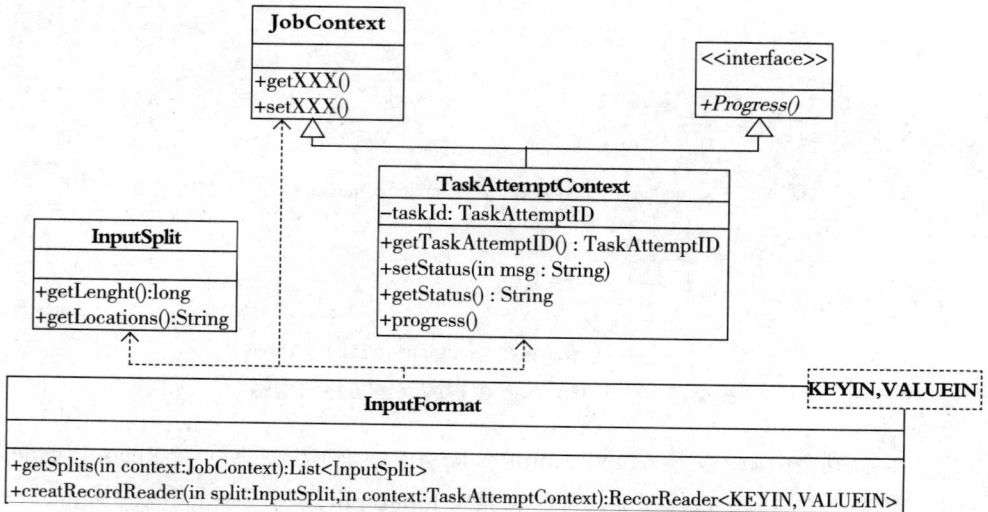

图 2-4　新 API 中 InputFormat 类图

此外，对于基类 FileInputFormat，新版 API 中有一个值得注意的改动：InputSplit 划分算法不再考虑用户设定的 Map Task 个数，而用 mapred.max.split. size（记为 maxSize）代替，即 InputSplit 大小的计算公式变为

$$splitSize = max\{minSize, min\{maxSize, blockSize\}\}$$

三、OutputFormat 接口的设计与实现

OutputFormat 主要用于描述输出数据的格式，它能够将用户提供的 key/value 对写入特定格式的文件中。本小节将介绍 Hadoop 如何设计 OutputFormat 接口以及一些常用的 OutputFormat 实现。

（一）旧版 API 的 OutputFormat 解析

如图 2-5 所示，在旧版 API 中，OutputFormat 是一个接口，它包含两个方法：
RecordWriter<K, V> getRecordWriter(FileSystem ignored, JobConf job,
String name, Progressable progress)
throws IOException；

void checkOutputSpecs(FileSystem ignored, JobConf job) throws IOException；
checkOutputSpecs 方法一般用在用户作业被提交到 JobTracker 之前，由 JobClient 自动调用，以检查输出目录是否合法。

```
                           <<interface>>
                         Output Format<K,V>
+getRecordWriter(in ignored:FileSystem,in job:JobConf,in name:String,in progress:Progressable):RecordWriter<K,V>
+checkOutputSpecs(in ignored:FileSystem,in job:JobConf)
```

```
        <<interface>>                    <<interface>>
         Progressable                   RecordWriter<K,V>
        +Progress()                     +write(in key:K,in value:V)
                                        +close(in reporter: Reporter)
```

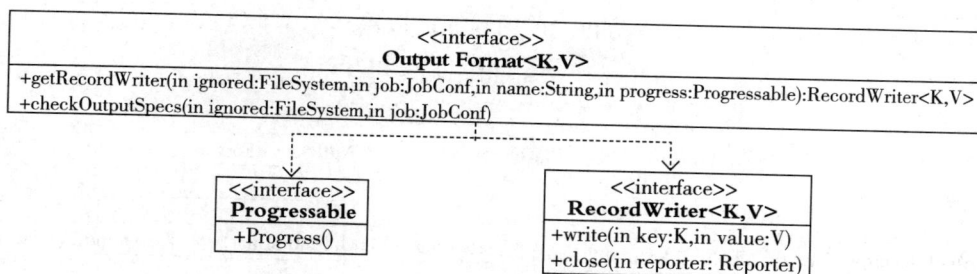

图 2-5　旧 API 的 OutputFormat 类图

getRecordWriter 方法返回一个 RecordWriter 类对象。该类中的方法 write 接收一个 key/value 对，并将之写入文件。在 Task 执行过程中，MapReduce 框架会将 map() 或者 reduce() 函数产生的结果传入 write 方法，主要代码（经过简化）如下。

假设用户编写的 map() 函数如下：

public void map(Text key, Text value,

OutputCollector<Text, Text> output,

Reporter reporter) throws IOException {

// 根据当前 key/value 产生新的输出 <newKey, newValue>，并输出

……

output.collect(newKey, newValue);

}

则函数 Output.collect(newKey, newValue) 内部执行代码如下：

RecordWriter<K, V> out = job.getOutputFormat() .getRecordWriter(...);

out.write(newKey, newValue);

Hadoop 自带了很多 OutputFormat 实现，它们与 InputFormat 实现相对应，具体如图 2-6 所示。所有基于文件的 OutputFormat 实现的基类均为 FileOutputFormat，并由此派生出一些基于文本文件格式、二进制文件格式的或者多输出的实现。

为了深入分析 OutputFormat 的实现方法，我们选取比较有代表性的 FileOutputFormat 类进行分析。同介绍 InputFormat 实现的思路一样，我们先介绍基类 FileOutputFormat，再介绍其派生类 TextOutputFormat。

基类 FileOutputFormat 需要提供所有基于文件的 OutputFormat 实现的公共功能，总结起来主要有以下两个。

1. 实现 checkOutputSpecs 接口

该接口在作业运行之前被调用，默认功能是检查用户配置的输出目录是否存

在，如果存在则抛出异常，以防止之前的数据被覆盖。

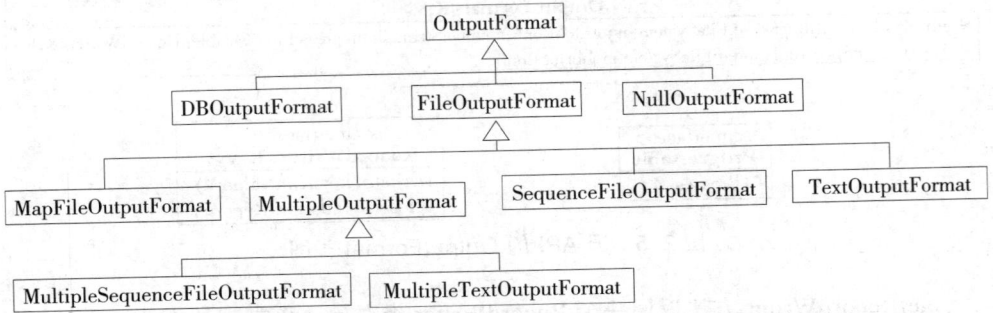

图 2-6　Hadoop MapReduce 自带 OutputFormat 实现的类层次图

2. 处理 side-effect file

任务的 side-effect file 并不是任务的最终输出文件，而是具有特殊用途的任务专属文件。它的典型应用是执行推测式任务。在 Hadoop 中，因为硬件老化、网络故障等原因，同一个作业的某些任务执行速度可能明显慢于其他任务，这种任务会拖慢整个作业的执行速度。为了对这种"慢任务"进行优化，Hadoop 会为之在另外一个节点上启动一个相同的任务，该任务便被称为推测式任务，最先完成任务的计算结果便是这块数据对应的处理结果。为防止这两个任务同时往一个输出文件中写入数据时发生写冲突，FileOutputFormat 会为每个 Task 的数据创建一个 side-effect file，并将产生的数据临时写入该文件，待 Task 完成后，再移动到最终输出目录中。这些文件的相关操作，如创建、删除、移动等均由 OutputCommitter 完成。它是一个接口，Hadoop 提供了默认实现 FileOutputCommitter，用户也可以根据自己的需求编写 OutputCommitter 实现，并通过参数 {mapred.output.committer.class} 指定。OutputCommitter 接口定义以及 FileOutputCommitter 对应的实现如表 2-2 所示。

表 2-2　OutputCommitter 接口定义以及 FileOutputCommitter 对应的实现

方　法	何时被调用	FileOutputCommitter 实现
setupJob	作业初始化	创建临时目录 ${mapred.out.dir}/_temporary
commitJob	作业成功运行完成	删除临时目录，并在 ${mapred.out.dir} 目录下创建空文件 _ SUCCESS
abortJob	作业运行失败	删除临时目录

方　法	何时被调用	FileOutputCommitter 实现
setupTask	任务初始化	不进行任何操作。原本是需要在临时目录下创建 side-effect file 的，但它是用时创建的（create on demand）
needsTaskCommit	判断是否需要提交结果	只要存在 side-effect file，就返回 true
commitTask	任务成功运行完成	提交结果，即将 side-effect file 移动到 ${mapred.out.dir} 目录下
abortTask	任务运行失败	删除任务 side-effect file

注意默认情况下，当作业成功运行完成后，会在最终结果目录 ${mapred.out.dir} 下生成空文件 _SUCCESS。该文件主要为高层应用提供作业运行完成的标识，如 Oozie 需要通过检测结果目录下是否存在该文件来判断作业是否运行完成。

（二）新版 API 的 OutputFormat 解析

如图 2-7 所示，除了接口变为抽象类外，新版 API 中的 OutputFormat 增加了一个新的方法：getOutputCommitter，以允许用户自己定制合适的 OutputCommitter 实现。

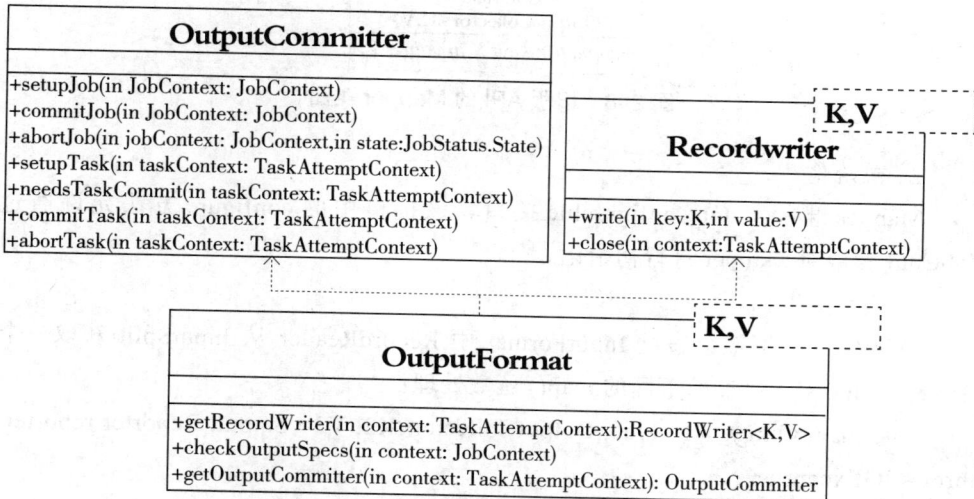

图 2-7　新版 API 的 OutputFormat 类图

四、Mapper 与 Reducer 解析

（一）旧版 API 的 Mapper/Reducer 解析

Mapper/Reducer 中封装了应用程序的数据处理逻辑。为了简化接口，MapReduce 要求所有存储在底层分布式文件系统上的数据均要解释成 key/value 的形式，并交给 Mapper/ Reducer 中的 map/reduce 函数处理，产生另外一些 key/value。

Mapper 与 Reducer 的类体系非常类似，我们以 Mapper 为例进行讲解。Mapper 的类图如图 2-8 所示，包括初始化、Map 操作和清理三部分。

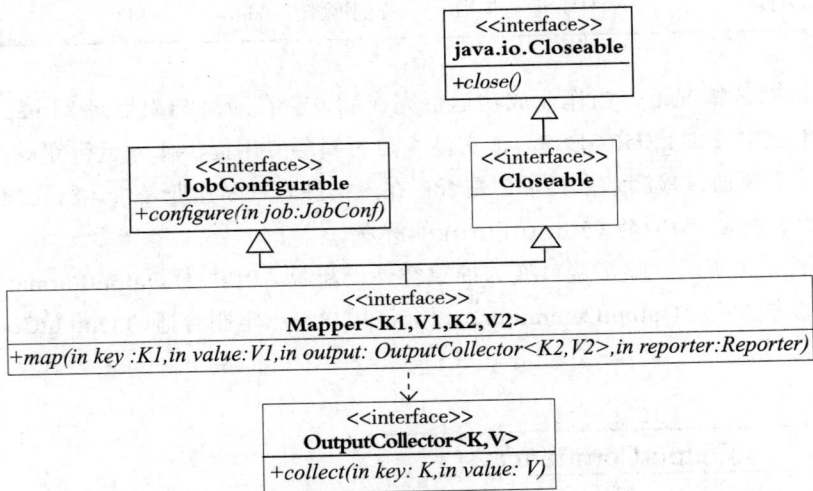

图 2-8 旧版 API 的 Mapper 类图

1. 初始化

Mapper 继承了 JobConfigurable 接口。该接口中的 configure 方法允许通过 JobConf 参数对 Mapper 进行初始化。

2. Map 操作

MapReduce 框架会通过 InputFormat 中 RecordReader 从 InputSplit 获取一个个 key/ value 对，并交给下面的 map() 函数处理：

void map(Kl key, V1 value, OutputCollector<K2, V2> output, Reporter reporter) throws IOException；

该函数的参数除了 key 和 value 之外，还包括 OutputCollector 和 Reporter 两个类型的参数，分别用于输出结果和修改 Counter 值。

3. 清理

Mapper 通过继承 Closeable 接口（它又继承了 Java IO 中的 Closeable 接口）获得 close 方法，用户可通过实现该方法对 Mapper 进行清理。

MapReduce 提供了很多 Mapper/Reducer 实现，但大部分功能都比较简单，具体如图 2-9 所示。它们对应的功能如下。

ChainMapper/ChainReducen：用于支持链式作业。

IdentityMapper/IdentityReducer：对于输入 key/value 不进行任何处理，直接输出。

InvertMapper：交换 key/value 位置。

RegexMapper：正则表达式字符串匹配。

TokenMapper：将字符串分割成若干个 token（单词），可用作 WordCount 的 Mapper。

LongSumReducer：以 key 为组，对 long 类型的 value 求累加和。

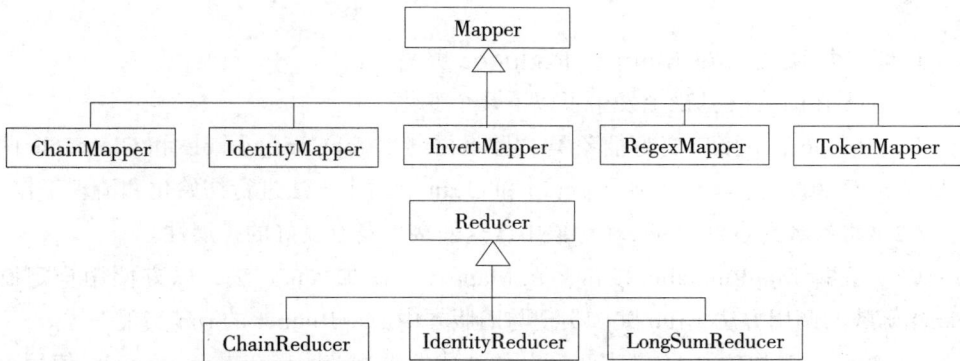

图 2-9　Hadoop MapReduce 自带 Mapper/Reducer 实现的类层次

对于一个 MapReduce 应用程序，不一定非要存在 Mapper。MapReduce 框架提供了比 Mapper 更通用的接口：MapRunnable，如图 2-10 所示。用户可以实现该接口以定制 Mapper 的调用方式或者自己实现 key/value 的处理逻辑，如 Hadoop Pipes 自行实现了 MapRunnable，直接将数据通过 Socket 发送给其他进程处理。提供该接口的另外一个好处是允许用户实现多线程 Mapper。

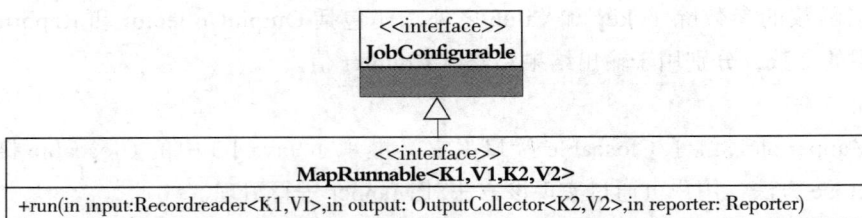

图 2-10　MapRunnable 类图

如图 2-11 所示，MapReduce 提供了两个 MapRunnable 实现，分别是 MapRunner 和 MultithreadedMapRunner，其中 MapRunner 为默认实现。MultithreadedMapRunner 实现了一种多线程的 MapRunnable。默认情况下，每个 Mapper 启动 10 个线程，通常用于非 CPU 类型的作业以提供吞吐率。

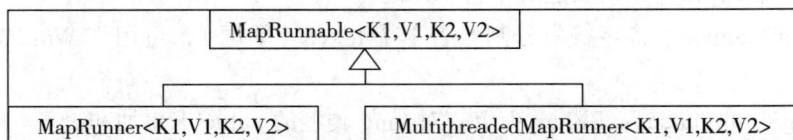

图 2-11　Hadoop MapReduce 自带 MapRunnable 实现的类层次图

（二）新版 API 的 Mapper/Reducer 解析

新 API 在旧 API 基础上发生了以下几个变化。

（1）Mapper 由接口变为抽象类，且不再继承 JobConfigurable 和 Closeable 两个接口，而是直接在类中添加了 setup 和 cleanup 两个方法进行初始化和清理工作。

（2）将参数封装到 Context 对象中，这使接口具有良好的扩展性。

（3）去掉 MapRunnable 接口，在 Mapper 中添加 run 方法，以方便用户定制 map() 函数的调用方法，run 默认实现与旧版本中 MapRunner 的 run 实现一样。

（4）新 API 中 Reducer 遍历 value 的迭代器类型变为 java.lang.Iterable, 使用户可以采用 foreach 形式遍历所有 value，如下所示：

```
void reduce(KEYIN key, Iterable<VALUEIN> values, Context context
)throws IOException, InterruptedException {
for (VALUEIN value: values) { // 注意遍历方式
context.write((KEYOUT) key, (VALUEOUT) value);
    }
  }
```

五、Partitioner 接口的设计与实现

Partitioner 的作用是对 Mapper 产生的中间结果进行分片，以便将同一分组的数据交给同一个 Reducer 处理，它直接影响 Reduce 阶段的负载均衡。旧版 API 中 Partitioner 的类图如图 2-12 所示。它继承了 JobConfigurable，可通过 configure 方法初始化。它本身只包含一个待实现的方法 getPartition。该方法包含三个参数，均由框架自动传入，前面两个参数是 key/value，第三个参数 numPartitions 表示每个 Mapper 的分片数，也就是 Reducer 的个数。

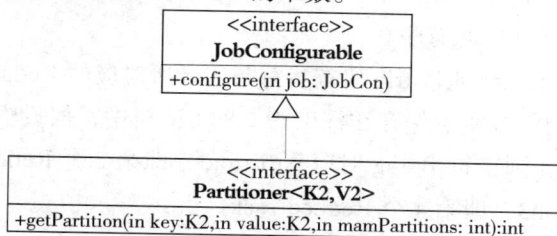

```
<<interface>>
JobConfigurable
+configure(in job: JobCon)
```

```
<<interface>>
Partitioner<K2,V2>
+getPartition(in key:K2,in value:K2,in mamPartitions: int):int
```

图 2-12　旧版 API 的 Partitioner 类图

MapReduce 提供了两个 Partitioner 实现：HashPartitioner 和 TotalOrderPartitioner。其中，HashPartitoner 是默认实现，它实现了一种基于哈希值的分片方法，代码如下：

```
public int getPartition(K2 key, V2 value,
int numReduceTasks) {
return (key.hashCode() & Integer.MAX_VALUE) % numReduceTasks;
}
```

TotalOrderPartitioner 提供了一种基于区间的分片方法，通常用在数据全排序中。在 MapReduce 环境中，容易想到的全排序方案是归并排序，即在 Map 阶段，每个 Map Task 进行局部排序；在 Reduce 阶段，启动一个 Reduce Task 进行全局排序。由于作业只能有一个 Reduce Task，因而 Reduce 阶段会成为作业的"瓶颈"。为了提高全局排序的性能和扩展性，MapReduce 提供了 TotalOrderPartitioner。它能够按照大小将数据分成若干个区间（片），并保证后一个区间的所有数据均大于前一个区间数据，这使全排序的步骤如下。

步骤 1：数据采样。在 Client 端通过采样获取分片的分割点。Hadoop 自带了几个采样算法，如 IntercalSampler、RandomSampler、SplitSampler 等（具体见 org.apache.hadoop. mapred.lib 包中的 InputSampler 类）。下面举例说明。

采样数据：b，abc，abd，bed，abed, efg，hii，afd，rrr，mnk。

经排序后得到：abc，abed, abd，afd，b，bed，efg, hii, mnk，rrr。

如果 Reduce Task 个数为 4, 则采样数据的四等分点为 abd、bed、mnk，将这 3 个字符串作为分割点。

步骤 2：Map 阶段。本阶段涉及两个组件，分别是 Mapper 和 Partitioner。其中，Mapper 可采用 IdentityMapper，直接将输入数据输出，但 Partitioner 必须选用 TotalOrderPartitioner, 它将步骤 1 中获取的分割点保存到 trie 树（树形结构）中以便快速定位任意一个记录所在的区间，这样，每个 Map Task 产生 R（Reduce Task 个数）个区间，且区间之间有序。

TotalOrderPartitioner 通过 trie 树查找每条记录所对应的 Reduce Task 编号。如图 2-13 所示，我们将分割点保存在深度为 2 的 trie 树中，假设输入数据中有两个字符串 abg 和 mnz，则字符串 abg 对应 partition1，即第 2 个 Reduce Task，字符串 "mnz" 对应 partition3，即第 4 个 Reduce Task。

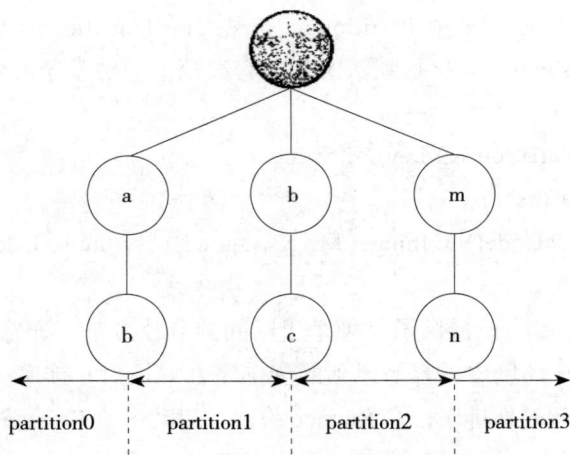

图 2-13　利用 trie 树对数据进行分片

步骤 3：Reduce 阶段。每个 Reducer 对分配到的区间数据进行局部排序，最终得到全排序数据。

从以上步骤可以看出，基于 TotalOrderPartitioner 全排序的效率跟 key 分布规律和采样算法有直接关系；key 值分布越均匀且采样越具有代表性，则 Reduce Task 负载越均衡，全排序效率越高。

TotalOrderPartitioner 有两个典型的应用实例：TeraSort 和 HBase 批量数据导入。其中，TeraSort 是 Hadoop 自带的一个应用程序实例。它曾在 TB 级数据排序基准评估中赢得第一名，而 TotalOrderPartitioner 正是从该实例中提炼出来的。HBase 是一个构建在 Hadoop 之上的 NoSQL 数据仓库。它以 Region 为单位划分数据，Region 内部数据有序（按 key 排序），Region 之间也有序。很明显，一个 MapReduce 全排序作业的个输出文件正好可对应 HBase 的个 Region。

新版 API 中的 Partitioner 类图。它不再实现 JobConfigurable 接口。当用户需要让 Partitioner 通过某个 JobConf 对象初始化时，可自行实现 Configurable 接口，如

```
public class TotalOrderPartitioner<K, V>
    extends Partitioner<K, V> implements Configurable
```

第三节　非 Java API 解析

一、Hadoop Streaming 的实现原理

Hadoop Streaming 是 Hadoop 为方便非 Java 用户编写 MapReduce 程序而设计的工具包。它允许用户将任何可执行文件或者脚本作为 Mapper/Reducer，这大大提高了程序员的开发效率。

Hadoop Streaming 要求用户编写的 Mapper/Reducer 从标准输入中读取数据，并将结果写到标准数据中，这类似于 Linux 中的管道机制。

（一）Hadoop Streaming 编程实例

以 WordCount 为例，可用 C++ 分别实现 Mapper 和 Reducer，具体方法如下（这里仅是最简单的实现，并未全面考虑各种异常情况）。

Mapper 实现的具体代码如下：

```
int main () { //Mapper 将会被封装成一个独立进程，因而需要有 main() 函数
    string key;
    while (cin >> key) {// 从标准输入流中读取数据
    // 输出中间结果，默认情况下 TAB 为 key/value 分隔符
        cout << key << "\t" << "1" << endl;
```

```
        }
    return 0;
}
```

Reducer 实现的具体代码如下：

```
int main () { //Reducer 将会被封装成一个独立进程，因而需要有 main () 函数
    string cur_key, last_key, value;
    cin >> cur_key >> value;
    last_key - cur_key;
    int n = 1;
    while(cin >> cur_key) { // 读取 Map Task 检出结果 cin >> value ;
    if(last_key != cur_key) { // 识别下一个 key
        cout << last_key << "\t" << n << endl;
        last_key = cur_key;
        n = 1;
    } else {// 获取 key 相同的所有 value 数目
    n++; //key 值相同的，累计 value 值
  }
    }
    return 0;
}
```

分别编译这两个程序，生成的可执行文件分别是 wc_mapper 和 wc_reducer，并将它们和 contrib/streaming/ hadoop-streaming-1.0.0.jar 一起复制到 Hadoop 安装目录下，使用以下命令提交作业。

```
$HADOOP_HOME/bin/hadoop jar $HADOOP_HOME/hadoop-streaming-
1.0.0.jar \
    -files wc_mapper,wc_reducer \
    -input /test/intput \
    -output /test/output \
    -mapper wc_mapper \
    -reducer wc_reducer
```

Hadoop Streaming 类似于 Linux 管道，它使测试变得非常容易。用户可直接在本地使用如下命令测试结果是否正确。

cat test.txt |./wc_mapper | sort |./wc_reducer

（二）Hadoop Streaming 实现原理分析

Hadoop Streaming 工具包实际上是一个使用 Java 编写的 MapReduce 作业。当用户使用可执行文件或者脚本文件充当 Mapper 或者 Reducer 时，Java 端的 Mapper 或者 Reducer 充当了 wrapper 角色，它们将输入文件中的 key 和 value 直接传递给可执行文件或者脚本文件进行处理，并将处理结果写入 HDFS。

实现 Hadoop Streaming 的关键技术点是如何使用标准输入输出实现 Java 与其他可执行文件或者脚本文件之间的通信。为此，Hadoop Streaming 使用了 JDK（Java 语言的软件开发工具包）中的 java.lang. ProcessBuilder 类。该类提供了一整套管理操作系统进程的方法，包括创建、启动和停止进程（也就是应用程序）等。相比于 JDK 中的 Process 类，ProcessBuilder 允许用户对进程进行更多控制，包括设置当前工作目录、改变环境参数等。

下面分析 Mapper 的执行过程（Reducer 的类似）。整个过程如图 2–14 所示，Hadoop Streaming 使用 ProcessBuilder 以独立进程方式启动可执行文件 wc_mapper，并创建该进程的输入输出流，具体实现代码如下：

```
…
// 将 wc_mapper 封装成一个进程
ProcessBuilder builder = new ProcessBuilder("wc_mapper"）;
builder. environment () .putAll (childEnv. toMap () ) ; // 设置环境变量 sim =
builder.start();
// 创建标准输出流
clientOut_ = new DataOutputStream(new BufferedOutputStream(
                                            sim.getOutputStream(),
                                            BUFFER_SIZE));
// 创建标准输入流
clientln_ = new DataInputStream(new BufferedInputStream(
                                            sim.getInputStream(),
                                            BUFFER_SIZE));
// 创建标准错误流
clientErr_ = new DataInputStream(new
            BufferedInputStream(sim.getErrorStream()));
```

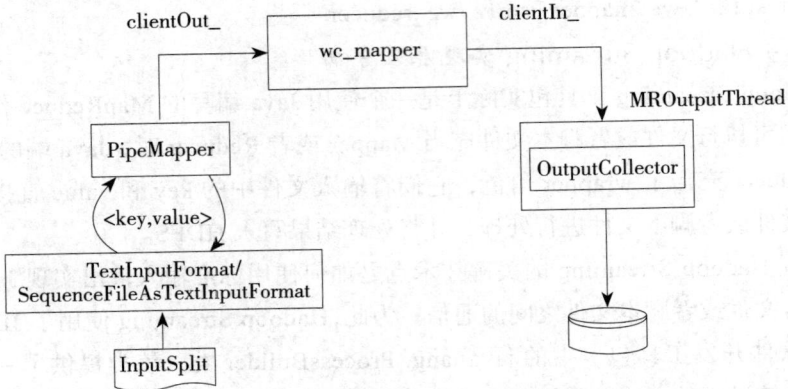

图 2-14　Hadoop Streaming 工作原理图

Hadoop Streaming 提供了一个默认的 PipeMapper。它实际上是 C++ 端 Mapper 的 wrapper，主要作用是向已经创建好的输出流 clientOut 中写入数据，具体实现代码如下。

public void map(Object key, Object value, OutputCollector output, Reporter reporter) throws IOException {

…

　clientOut_.write(key, 0, keySize);

　clientOut_.write(mapInputFieldSeparator) ;

　clientOut_.write(value, 0, valueSize);

　clientOut_.write('\n');

}

写入数据直接成为 wc_mapper 的输入，待数据被处理完后，可直接从标准输入流 clientIn_ 中获取结果。

// MROutputThread

public void run{} {

　LineReader = new LineReader((InputStream)clientIn_, job_) ;

　　while (LineReader.readLine(line} > 0) {

　　splitKeyVal(line, line.getLength(), key, val);

　　output.collect(key, val);

　　}

　　}

通过分析以上代码可知，由于 Hadoop Streaming 使用分隔符定位一个完整的 key 或 value，因而只能支持文本格式数据，不支持二进制格式。在 0.21.0/0.22.X 系列版本中，Hadoop Streaming 增加了对二进制文件的支持，并添加了两种新的二进制文件格式：RawBytes 和 TypedBytes。RawBytes 指 key 和 value 是原始字节序列，而 TypedBytes 指 key 和 value 可以拥有的数据类型，如 boolean、list、map 等。由于它们采用长度而不是某一种分隔符来定位 key 和 value，因而支持二进制文件格式。

RawBytes 传递给可执行文件或者脚本文件的内容编码格式如下：

<4 byte length><key raw bytes><4 byte length><value raw bytes>

TypedBytes 允许用户为 key 和 value 指定数据类型。对于长度固定的基本类型，如 byte、bool、int、long 等，其编码格式如下：

<1 byte type code> <key bytes><l byte type code><value bytes>

对于长度不固定的类型，如 byte array、string 等，其编码格式如下：

<1 byte type code> <4 byte length><key raw bytes><l byte type code><4 byte length><value raw bytes>

当 key 和 value 大部分情况下为固定长度的基本类型时，TypedBytes 比 RawBytes 格式更节省空间。

二、Hadoop Pipes 的实现原理

Hadoop Pipes 是 Hadoop 为方便 C/C++ 用户编写 MapReduce 程序而设计的工具。其设计思想是将应用逻辑相关的 C++ 代码放在单独的进程中，然后通过 Socket（套接字）让 Java 代码与 C++ 代码通信以完成数据计算。

（一）编程实例

同样，以 WordCount 为例，采用 C++ 分别编写 Mapper 和 Reducer。Mapper 实现的具体代码如下：

```
class WordCountMapper : public HadoopPipes：：Mapper {// 注意基类
public：
WordCountMapper(HadoopPipes：：TaskContext& context){
   // 在此初始化，如定义计数器等
}
//MapContext 封装了 Mapper 的各种操作
void map(HadoopPipes: MapContext& context){
```

```
std::vector<std::string> words =
    HadoopUtils：: splitstring(context.getlnputValue(),"");
for(unsigned int i=0; i < words.size(); ++i){
context .emit (words [i], "1"); // 用 emit 输出 key/value 对
}
}
}
```

Reducer 实现的具体代码如下。

```
class WordCountReducer : public HadoopPipes : Reducer
{ public :
    WordCountReducer (HadoopPipes ： : TaskContext & context) {
    }
```

//ReduceContext 封装了 Reducer 的各种操作

```
    void reduce(HadoopPipes ： : ReduceContext& context)
        {
    int sum = 0;
    while (context. nextValue () ) { // 迭代获取该 key 对应的
        sum += HadoopUtils ： : toInt(context.getInputValue());
    }
    context.emit(context.getInputKey()，HadoopUtils ： : toString(sum)；
    }
};
```

main() 函数的具体实现代码如下：

```
// 每个 Hadoop Pipes 作业将被单独封装成一个进程，因此需要有 main () 函数
    int main(int argc, char *argv[]) {
    return HadoopPipes ： : runTask(
        HadoopPipes ： : TemplateFactory<WordCountMap, WordCountReduce>());
}
```

编译之后生成可执行文件 wordcount，输入以下命令运行作业。

```
bin/hadoop pipes \
-D hadoop.pipes.java.recordreader=true \
-D hadoop.pipes.java.recordwriter=true \
```

-D mapred.job.name=wordcount\

-input /test/input \

-output /test/output \

-program wordcount

通过与 Hadoop Streaming 比较可以发现，Hadoop Pipes 的一个缺点是调试不方便。因为输入的数据是 Java 端代码通过 Socket 传到 C++ 应用程序的，所以用户不能单独对 C++ 部分代码进行测试，而需要连同 Java 端代码一起启动。

（二）实现原理分析

Hadoop Pipes 的实现原理与 Hadoop Streaming 非常相似，它也使用 Java 中的 ProcessBuilder 以单独进程方式启动可执行文件。不同之处是 Java 代码与可执行文件（或者脚本）的通信方式：Hadoop Streaming 采用标准输入输出，而 Hadoop Pipes 采用 Socket。

Hadoop Pipes 由两部分组成：Java 端代码和 C++ 端代码。与 Hadoop Streaming 一样，Java 端代码实际上实现了一个 MapReduce 作业，Java 端的 Mapper 或者 Reducer 实际上是 C++ 端 Mapper 或者 Reducer 的封装器（wrapper），它们通过 Socket 将输入的 key 和 value 直接传递给可执行文件执行。

Hadoop Pipes 具体执行流程如图 2-15 所示。该序列图阐释了执行 Mapper 时，Java 端与 C++ 端通过 Socket 进行交互的过程，主要有以下几个步骤。

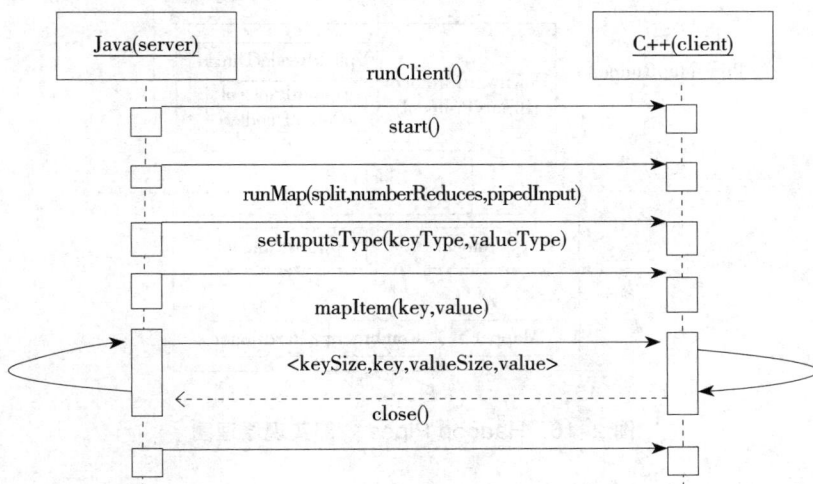

图 2-15　Hadoop Pipes 中 Java 端与 C++ 端交互序列图

步骤 1：用户提交 Pipes 作业后，Java 端启动一个 Socket server（等待 C++ 端接入），同时以独立进程方式运行 C++ 端代码。

步骤 2：C++ 端以 Client 身份连接 Java 端的 Socket server，连接成功后，Java 端依次发送一系列指令通知 C++ 端进行各项准备工作。

步骤 3：Java 端通过 mapItem() 函数不断向 C++ 端传送 key/value 对，C++ 端将计算结果返回给 Java 端，Java 端对结果进行保存。

步骤 4：所有数据处理完毕后，Java 端通知 C++ 端终止计算，并关闭 C++ 端进程。

上面分析了 Java 端与 C++ 端的交互过程，接下来深入分析 Hadoop Pipes 内部实现原理。如图 2-16 所示，Java 端用 PipesMapRunner 实现了 MapRunner，在 MapRunner 内部，借助两个协议类 DownwardProtocol 和 UpwardProtocol 向C++ 端发送数据和从 C++ 端接收数据，而 C++ 端也有两个类与之对应，分别是 Protocol 和 UpwardProtocol。Protocol 将接收到的数据传给用户编写的 Mapper，经 Mapper、Combiner 和 Partitioner 处理后，由 UpwardProtocol 返回给 Java 端的 UpwardProtocol，由它写到本地磁盘上。

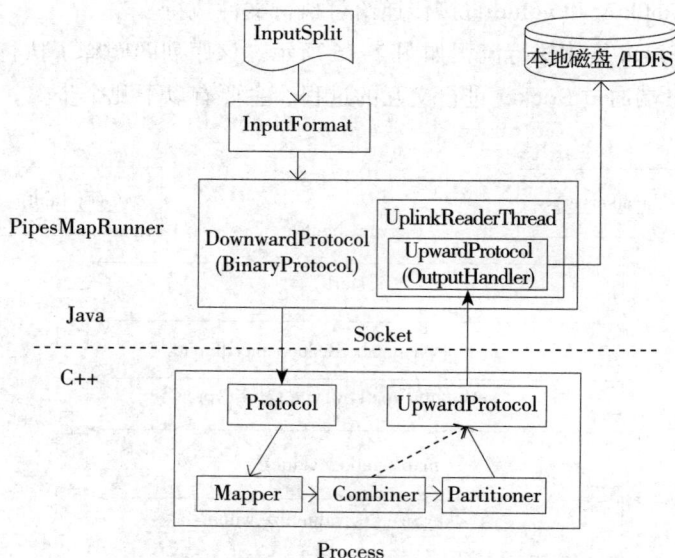

图 2-16　Hadoop Pipes 内部实现原理图

第四节　Hadoop 工作流

很多情况下，用户编写的作业比较复杂，相互之间存在依赖关系，这种依赖关系可以用有向图表示，我们称之为工作流。下面将介绍 Hadoop 工作流的编写方法、设计原理以及实现过程。

一、JobControl 的实现原理

（一）JobControl 编程实例

一个完整的贝叶斯分类算法可能需要 4 个有依赖关系的 MapReduce 作业完成，传统的做法是，为每个作业创建相应的 JobConf 对象，并按照依赖关系依次（串行）提交各个作业，具体代码如下：

// 为 4 个作业分别创建 JobConf 对象

JobConf extractJobConf = new JobConf(ExtractJob.class);

JobConf classPriorJobConf = new JobConf(ClassPriorJob.class);

JobConf conditionalProbilityJobConf = new JobConf(ConditionalProbilityJob.class);

JobConf predictJobConf = new JobConf(PredictJob.class);

...// 配置各个 JobConf

// 按照依赖关系依次提交作业

JobClient.runJob(extractJobConf);

JobClient.runJob(classPriorJobConf);

JobClient.runJob(conditionalProbilityJobConf);

JobClient.runJob(predictJobConf);

如果使用 JobControl，则用户只需使用 addDepending() 函数添加作业依赖关系接口，JobControl 会按照依赖关系调度各个作业，具体代码如下：

Configuration extract JobConf = new Configuration ();

Configuration classPriorJobConf = new Configuration ();

Configuration conditionalProbilityJobConf = new Configuration ();

Configuration predict JobConf = new Configuration ();

…// 设置各个 Configuration

// 创建 Job 对象。注意，JobControl 要求作业必须封装成 Job 对象

```
Job extractJob = new Job(extractJobConf);
Job ClassPriorJob = new Job(classPriorJobConf);
Job ConditionalProbilityJob = new Job(conditionalProbilityJobConf);
Job predictJob = new Job(predictJobConf);
// 设置依赖关系，构造一个 DAG 作业
ClassPriorJob.addDepending(extractJob);
ConditionalProbilityJob.addDepending(extractJob) ;
predictJob.addDepending(ClassPriorJob) ；predictJob.addDepending(Conditional
ProbilityJob);
// 创建 JobControl 对象，由它对作业进行监控和调度
JobControl JC = new JobControl("Native Bayes");
JC.addJob (extractJob) ;// 把 4 个作业加入 JobControl 中
JC.addJob(ClassPriorJob);
JC.addJob(conditionalProbilityJob);
JC.addJob(predictJob);
JC.run(); // 提交 DAG 作业
```

在实际运行过程中，不依赖于其他任何作业的 extractJob 会优先得到调度，一旦运行完成，classPriorJob 和 conditionalProbilityJob 两个作业同时被调度，待它们全部运行完成后，predict Job 被调度。

对比以上两种方案，可以得到一个简单的结论：使用 JobControl 编写 DAG 作业更加简便，且能使多个无依赖关系的作业并行运行。

（二）JobControl 设计原理分析

JobControl 由两个类组成：Job 和 JobControl。其中，Job 类封装了一个 MapReduce 作业及其对应的依赖关系，主要负责监控各个依赖作业的运行状态，以此更新自己的状态，其状态转移图如图 2-17 所示。作业刚开始处于 WAITING 状态。如果没有依赖作业或者所有依赖作业均已运行完成，则进入 READY 状态。一旦进入 READY 状态，则作业可被提交到 Hadoop 集群上运行，并进入 RUNNING 状态。在 RUNNING 状态下，根据作业运行情况，可能进入 SUCCESS 或者 FAILED 状态。需要注意的是，如果一个作业的依赖作业失败，则该作业也会失败，于是形成多米诺骨牌效应，后续所有作业均会失败。

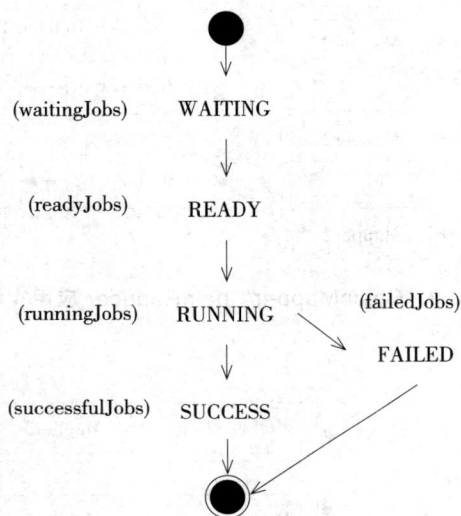

图 2-17　JobControl 中的 Job 状态转移图

JobControl 封装了一系列 MapReduce 作业及其对应的依赖关系。它将处于不同状态的作业放入不同的哈希表（散列表）中，并按照图 2-17 所示的状态转移作业，直到所有作业运行完成。在实现的时候，JobControl 包含一个线程，用于周期性地监控和更新各个作业的运行状态，调度依赖作业，运行完成的作业、提交处于 READY 状态的作业等。同时，它提供了一些 API（应用程序编程接口）用于挂起、恢复和暂停该线程。

二、ChainMapper/ChainReducer 的实现原理

ChainMapper/ChainReducer 主要是为了解决线性链式 Mapper 而提出的。也就是说，在 Map 或者 Reduce 阶段存在多个 Mapper，这些 Mapper 像 Linux 管道一样，前一个 Mapper 的输出结果直接重定向到下一个 Mapper 的输入，形成一个流水线，形式类似于 [MAP+ REDUCE MAP*]。图 2-18 展示了一个典型的 ChainMapper/ChainReducer 的应用场景：在 Map 阶段，数据依次经过 Mapper1 和 Mapper2 处理；在 Reduce 阶段，数据经过 shuffle 和 sort 后，交由对应的 Reducer 处理，但 Reducer 处理之后并没有直接写到 HDFS 上，而是交给另外一个 Mapper 处理，它产生的结果写到最终的 HDFS 输出目录中。

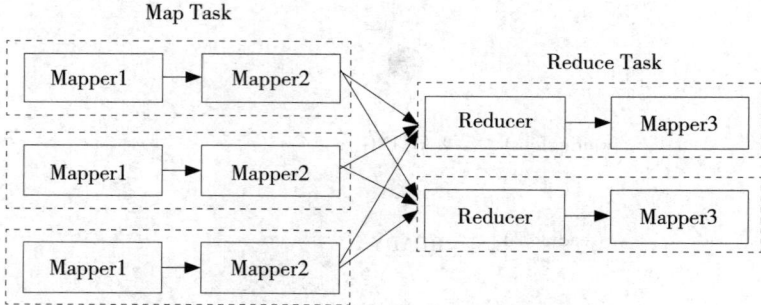

图2-18 ChainMapper/ChainReducer 应用实例

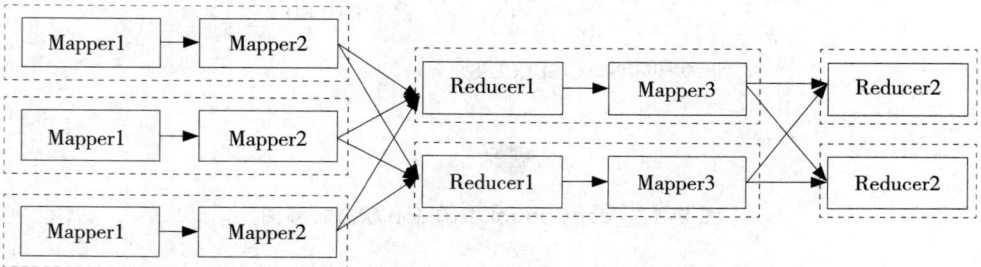

图2-19 一个 ChainMapper/ChainReducer 不适用的场景

需要注意的是，对于任意一个 MapReduce 作业，Map 和 Reduce 阶段可以有无限个 Mapper，但 Reducer 只能有一个。也就是说，图2-19所示的计算过程不能使用 ChainMapper/ ChainReducer 完成，而需要分解成两个 MapReduce 作业。

（一）编程实例

给出 ChainMapper/ChainReducer 的基本使用方法，具体代码如下：

conf.setJobName("chain");

conf.setlIputFormat(TextInputFormat.class);

conf.setOutputFormat(TextOutputFormat.class) ;

JobConf mapperlConf = new JobConf(false);

JobConf mapper2Conf = new JobConf(false);

JobConf reducelConf = new JobConf(false);

JobConf mapper3Conf = new JobConf(false);

ChainMapper.addMapper(conf, Mapper1.class, LongWritable.class, Text. class,Text. class, Text.class, true, mapperlConf);

ChainMapper.addMapper(conf, Mapper2.class, Text.class, Text.class,

LongWritable.class, Text.class, false, mapper2Conf)；

ChainReducer.setReducer(conf, Reducer.class, LongWritable.class, Text. class,Text. class. Text.class, true, reduce1Conf)；

ChainReducer.addMapper(conf, Mapper3.class, Text.class. Text.class,

LongWritable.class, Text.class, false, null)；

JobClient.runJob(conf)；

用户通过 addMapper 在 Map/Reduce 阶段添加多个 Mapper。该函数带有 8 个输入参数，分别是作业的配置、Mapper 类、Mapper 的输入 key 类型、Mapper 的输入 value 类型、Mapper 的输出 key 类型、Mapper 的输出 value 类型、key/value 是否按值传递和 Mapper 的配置。其中，第 7 个参数需要解释一下，Hadoop MapReduce 有一个约定，即函数 OutputCollector.collect(key，value) 执行期间不应改变 key 和 value 的值。这主要是因为函数 Mapper.map() 调用完 OutputCollector. collect(key，value) 之后，可能会再次使用 key 和 value 值，如果被改变，可能会造成潜在的错误。为了防止 OutputCollector 直接对 key/value 进行修改，ChainMapper 允许用户指定 key/ value 传递方式。如果用户确定 key/value 不会被修改，则可选用按引用传递，否则选按值传递。需要注意的是，按引用传递可避免对象拷贝，提高处理效率，但需要确保 key/value 不会被修改。

（二）实现原理分析

ChainMapper/ChainReducer 实现的关键技术点是修改 Mapper 和 Reducer 的输出流，将本来要写入文件的输出结果重定向到另外一个 Mapper 中。结果的输出由 OutputCollector 管理，因而 ChainMapper/ChainReducer 需要重新实现一个 OutputCollector 以完成数据重定向功能。

尽管链式作业在 Map 和 Reduce 阶段添加了多个 Mapper，但仍然只是一个 MapReduce 作业，因而只能有一个与之对应的 JobConf 对象。然而，当用户调用 addMapper 添加 Mapper 时，可能会为新添加的每个 Mapper 指定一个特有的 JobConf，为此 ChainMapper/ ChainReducer 将这些 JobConf 对象序列化后，统一保存到作业的 JobConf 中。可能产生如表 2-3 所示的几个配置选项。

表 2-3　配置选项

配置参数	参数值
chain.mapper.mapper.config.0	Mapper1Conf 序列化后的字符串

配置参数	参数值
chain.mapper.mapper.config. 1	Mapper2Conf 序列化后的字符串
chain.reducer.reducer.conflg.0	ReducerConf 序列化后的字符串
chain.reducer.mapper.config.0	Mapper3Conf 序列化后的字符串

当链式作业开始执行时，首先要将各个 Mapper 的 JobConf 对象反序列化，并构造对应的 Mapper 和 Reducer 对象，添加到数据结构 mappers (List<Mapper>类型）和 reducer（Reducer 类型）中。ChainMapper 中实现的 map() 函数如下，它调用了第一个 Mapper，是后续 Mapper 的导火索。

```
public void map(Object key, Object value, OutputCollector output.
                    Reporter reporter) throws IOException {
    Mapper mapper =
    chain.getFirstMap(); if
    {mapper != null) {
     mapper.map(key, value, chain.getMapperCollector(0, output, reporter),
reporter);
        }
    }
```

chain.getMapperCollector 返回一个 OutputCollector 实现——ChainOutput Collector,它的 collect 方法如下：

```
public void collect(K key, V value) throws IOException {
if (nextMapperIndex < mappers.size()) {
// 调用下一个 Mapper
    nextMapper .map (key, value,
                new ChainOutputCollector(nextMapperIndex,
                            nextKeySerialization,
                            nextValueSerialization,
```

```
                                                output,
                                                reporter);
}else {
        // 如果是最后一个 Mapper, 则直接调用真正的
        OutputCollector output.collect(key, value) ;
    }
```

三、Hadoop 工作流引擎

JobControl 和 ChainMapper/ChainReducer 仅可看作运行工作流的工具。它们只具备最简单的工作流引擎功能，如工作流描述、简单的作业调度等。为了增强 Hadoop 支持工作流的能力，在 Hadoop 之上出现了很多开源的工作流引擎，主要可概括为两类：隐式工作流引擎和显式工作流引擎。

（一）隐式工作流引擎

隐式工作流引擎在 MapReduce 之上添加了一个语言抽象层，允许用户使用更简单的方式编写应用程序，如 SQL（结构化查询语言）、脚本语言等。这样，用户无须关注 MapReduce 的任何细节，降低了用户的学习成本，并可大大提高开发效率。典型的代表有 Hive（数据仓库工具）、Pig（数据流语言和运行环境）和 Cascading（架构在 Hadoop 上的 API）。它们的架构如图 2-20 所示，从上往下分为以下三层。

1. 功能描述层

功能描述层直接面向用户提供了一种简单的应用程序编写方法，如 Hive 使用 SQL、Pig 使用 Pig Latin 脚本语言、Cascading 提供了丰富的 Java API。

2. 作业生成器

作业生成器主要将上层的应用程序转化成一批 MapReduce 作业。这一批 MapReduce 存在相互依赖关系，实际上是一个 DAG。

3. 调度引擎

调度引擎直接构建于 MapReduce 环境之上，将作业生成器生成的 DAG 按照依赖关系提交到 MapReduce 上运行。

| 功能描述层（SQL、Pig 脚本） |
| 作业生成器 |
| 调度引擎 |
| MapReduce 运行时环境 |

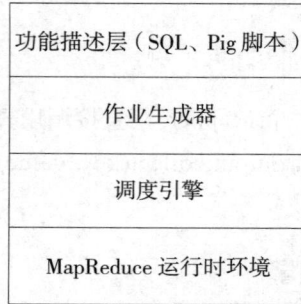

图 2-20 隐式工作流引擎架构图

（二）显式工作流引擎

显式工作流引擎直接面向 MapReduce 应用程序开发者，提供了一种作业依赖关系描述方式，并能够按照这种描述方式进行作业调度。典型的代表有 Oozie（调度器）和 Azkaban（批量工作流任务调度器）。它们的架构如图 2-21 所示，从上往下分为以下两层。

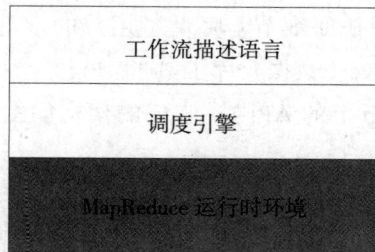

| 工作流描述语言 |
| 调度引擎 |
| **MapReduce 运行时环境** |

图 2-21 显式工作流引擎架构图

1. 工作流描述语言

工作流描述语言用于描述作业的依赖关系。Oozie 采用了 XML，而 Azkaban 采用了 key/value 格式的文本文件。需要注意的是，这里的作业不仅仅是指 MapReduce 作业，还包括 Shell 命令、Pig 脚本等。也就是说，一个 MapReduce 可能依赖一个 Pig 脚本或者 Shell 命令。

2. 调度引擎

调度引擎它同隐式工作流引擎的调度引擎功能相同，尽管它们均用于解决 Hadoop 工作流调度问题，但是在设计思路、使用方法、应用场景等方面都存在明显的不同。图 2-21 为显式工作流引擎架构，即根据作业的依赖关系完成作业调度。

显式工作流引擎与 Hadoop 自带的 JobControl 的不同之处如表 2-4 所示。

表 2-4　显式工作流引擎与 JobControl 对比

特　性	Oozie/Azkaban	JobControl
工作流描述方式	有专门的描述语言	Java API
执行模型	server-side	client-side
是否可跟踪运行进度	可以，通过界面	不可以
是否需要安装	是	否
是否有重试功能	有，可设置作业失败重试机制	没有
特性	Oozie/Azkaban	JobControl
依赖关系中是否可有 Pig 脚本、Shell 命令等	可以	不可以，依赖关系只存在于使用 Java 编写的 MapReduce 作业之间

第三章　MapReduce 文件系统技术的研究

MapReduce 是谷歌提出的一个软件架构，用于大规模数据集（大于 1 TB）的并行运算。概念 Map（映射）和 Reduce（化简）是它们的主要思想，都是从函数式编程语言中借来的。此外，还有从矢量编程语言中借来的特性。

第一节　分布式文件系统

分布式文件系统（Distributed File System）是指文件系统管理的物理存储资源不一定直接连接在本地节点上，而是通过计算机网络与节点相连。分布式文件系统的设计基于客户机 / 服务器模式。一个典型的网络可能包括多个供多用户访问的服务器。另外，对等特性允许一些系统扮演客户机和服务器的双重角色。例如，用户可以"发表"一个允许其他客户机访问的目录，一旦被访问，这个目录对客户机来说就像使用本地驱动器一样。下面是三个基本的分布式文件系统。

一、分布式文件系统简介

（一）网络文件系统

网络文件系统（NFS）最早由 Sun 微系统公司作为 TCP/IP（传输控制协议）网上的文件共享系统开发。Sun 公司估计现在大约有超过 310 万个系统在运行 NFS，大至大型计算机、小至 PC，其中至少有 80% 的系统是非 Sun 平台。

NFS 是一个分布式的客户机 / 服务器文件系统。NFS 的实质在于用户间计算机的共享。用户可以连接到共享计算机并像访问本地硬盘一样访问共享计算机上的文件。管理员可以建立远程系统上文件的访问，以至于用户感觉不到他们是在访问远程文件。

NFS 是一个到处可用和广泛实现的开放式系统。

1. NFS 最初的设计目标

（1）允许用户像访问本地文件一样访问其他系统上的文件。

（2）提供对无盘工作站的支持以降低网络开销。

（3）简化应用程序对远程文件的访问使其不需要因访问这些文件而调用特殊的过程。

（4）使用一次一个服务请求以使系统能从已崩溃的服务器或工作站上恢复。采用安全措施保护文件免遭偷窃与破坏。

（5）使 NFS 协议可移植和简单化，以便它们能在许多不同计算机上实现，包括低档的 PC。大型计算机、小型计算机和文件服务器运行 NFS 时，都为多个用户提供了一个文件存储区。

工作站只需要运行 TCP/IP 协议来访问这些系统和位于 NFS 存储区内的文件。工作站上的 NFS 通常由 TCP/IP 软件提供支持。对于 DOS（磁盘操作系统）用户，一个远程 NFS 文件存储区看起来是另一个磁盘驱动器盘符。对于 Macintosh（麦金塔电脑）用户，远程 NFS 文件存储区即为一个图标。

2. NFS 部分功能

（1）服务器目录共享

服务器广播或通知正在共享的目录，一个共享目录通常叫做出版或出口目录。有关共享目录和谁可访问它们的信息放在一个文件中，由操作系统启动时读取。

（2）客户机访问

在共享目录上建立一种链接和访问文件的过程叫做装联（mounting），用户将网络当做一条通信链路来访问远程文件系统。

NFS 的一个重要组成是虚拟文件系统（VFS），它是应用程序与低层文件系统间的接口。

（二）Andrew 文件系统

Andrew 文件系统（AFS）结构与 NFS 相似，由卡内基·梅隆大学信息技术中心（ITC）开发，现由前 ITC 职员组成的 Transarc 公司负责开发和销售。AFS 较 NFS 功能有所增强。

1. AFS 基本操作

（1）close：文件关闭操作。

（2）create：文件生成操作。

（3）fsync：将改变保存到文件中。

（4）getattr：取文件属性。

（5）link：用另一个名字访问一个文件。

（6）lookup：读目录项。

（7）mkdir：建立新目录。

（8）open：文件打开操作。

（9）rdwr：文件读写操作。

（10）remove：删除一个文件。

（11）rename：文件改名。

（12）rmdir：删除一目录。

（13）setattr：设置文件属性。

AFS 是专门为在大型分布式环境中提供可靠的文件服务而设计的。它通过基于单元的结构生成一种可管理的分布式环境。一个单元是某个独立区域中文件服务器和客户机系统的集合，这个独立区域由特定的机构管理，通常代表一个组织的计算资源。用户可以和同一单元中的其他用户方便地共享信息，也可以和其他单元内的用户共享信息，这取决于那些单元中的机构所授予的访问权限。

2. 实现进程

（1）文件服务器进程

文件服务器进程响应客户工作站对文件服务的请求、维护目录结构、监控文件和目录状态信息、检查用户的访问。

（2）基本监察（BOS）服务器进程

基本监察（BOS）服务器进程运行于有 BOS 设定的服务器。它监控和管理运行其他服务的进程并可自动重启服务器进程，而不需要人工帮助。

（3）卷宗服务器进程

卷宗服务器进程处理与卷宗有关的文件系统操作，如卷宗生成、移动、复制、备份和恢复。

（4）卷宗定位服务器进程

卷宗定位服务器进程提供了对文件卷宗的位置透明性。即使卷宗被移动了，用户也能访问它而不需要知道卷宗是否被移动了。

（5）鉴别服务器进程

鉴别服务器进程通过授权和相互鉴别提供网络安全性。用一个"鉴别服务器"维护一个存有口令和加密密钥的鉴别数据库，此系统是基于 Kerberos（身份认证）的。

（6）保护服务器进程

保护服务器进程基于一个保护数据库中的访问信息，使用户和组获得对文件服务的访问权。

（7）更新服务器进程

更新服务器进程将 AFS 的更新和任何配置文件传播到所有 AFS 服务器中。

AFS 还配有一套用于差错处理、系统备份和 AFS 分布式文件系统管理的实用工具程序。例如，SCOUT（商标）定期探查和收集 AFS 文件服务器的信息。信息在给定格式的屏幕上提供给管理员，并设置多种阈值向管理员报告一些将发生的问题，如磁盘空间将用完等。另一个工具是 USS（通信接口），可创建基于带有字段常量模板的用户账户。Ubik 提供数据库复制和同步服务。一个复制的数据库是将信息放于多个位置的系统中，以便本地用户更方便地访问这些数据信息。同步机制保证所有数据库的信息是一致的。

（三）分布式文件系统

分布式文件系统（DFS）是 AFS 的一个版本，是开放软件基金会（OSF）的分布式计算环境（DCE）中的文件系统部分。如图 3-1 所示为一个分布式文件系统图。

如果文件的访问仅限于一个用户，那么分布式文件系统就很容易实现。可惜的是，在许多网络环境中这种限制是不现实的，必须采取并发控制来实现文件的多用户访问，表现为如下几种形式。

而该用户所做的修改并不一定出现在其他已打开此文件的用户的屏幕上。

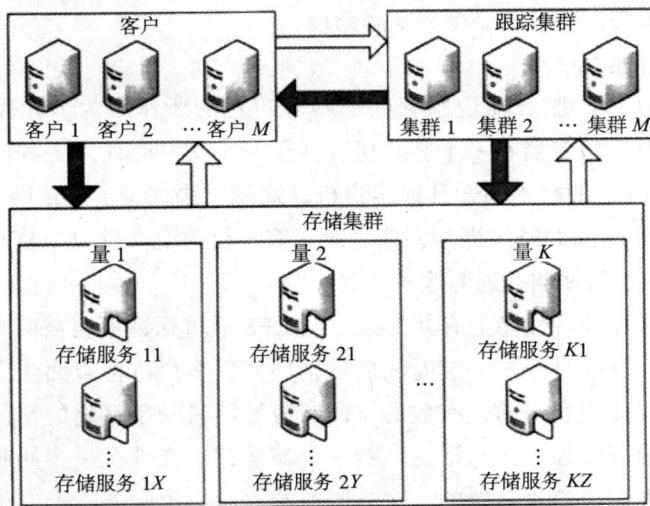

图 3-1　分布式文件系统图

1. 只读共享

只读共享是指任何客户机只能访问文件而不能修改它，这实现起来很简单。

2. 受控写操作

采用受控写操作，可使多个用户打开一个文件，但只有一个用户进行写修改。

3. 并发写操作

并发写操作方法允许多个用户同时读写一个文件。但这需要操作系统做大量的监控工作以防止文件重写，并保证用户能够看到最新信息。这种方法即使实现得很好，许多环境中的处理要求和网络通信量也可能使它变得不可接受。

二、NFS 和 AFS 的区别

NFS 和 AFS 的区别在于对并发写操作的处理方法。当一个客户机向服务器请求一个文件（或数据库记录）时，文件被放在客户工作站的高速缓存中，若另一个用户也请求同一文件，则它也会被放入那个客户工作站的高速缓存中。当两个用户都对文件进行修改时，从技术上而言就存在着该文件的三个版本（每个客户机一个，再加上服务器上的一个）。有两种方法可以在这些版本之间保持同步。

（一）无状态系统

在无状态系统中，服务器并不保存其客户机正在缓存的文件的信息。因此，客户机必须协同服务器定期检查是否有其他客户改变了自己正在缓存的文件。这种方法在大的环境中会产生额外的 LAN 通信开销，但对小型 LAN 来说，这是一种令人满意的方法。NFS 就是个无状态系统。

（二）回叫系统

在这种方法中，服务器记录它的那些客户机的所作所为，并保留它们正在缓存的文件信息。服务器在一个客户机改变了一个文件时使用一种叫作回叫应答（callback promise）的技术通知其他客户机，这种方法减少了大量网络通信。AFS（及 OSF 的 DCE 中的 DFS）即为回叫系统。客户机改变文件时，持有这些文件副本的其他客户机就被回叫并通知这些改变。

无状态操作在运行性能上有其长处，但 AFS 通过保证不会被回叫应答充斥也达到了这一点。方法是经过一定时间后取消回叫。客户机检查回叫应答中的时间期限以保证回叫应答在当前是有效的。回叫应答的另一个有趣的特征是向用户保证了文件的当前有效性。换句话说，若一个被缓存的文件有一个回叫应答，则客户机就认为文件在当前是有效的，除非服务器呼叫指出服务器上的该文件已经发生改变。

三、计算节点的物理结构

并行计算架构有时也称为集群计算（cluster computing），它的组织方式如下：计算节点存放在机架中，每个机架可以安放 8 ～ 64 个节点。单个机架上的 节点之间通过网络互联，此处通常采用千兆以太网。计算节点可能需要多个机架来安放，这些机架之间采用另一级网络或交换机互连。机架间的通信带宽一般略微高于机架内以太网的带宽，但是考虑到机架间可能需要通信的节点对数目，这样的通信带宽可能是必要的。如图 3-2 所示为一个大规模计算系统的架构。不过，实际中可能有更多的机架，而每个机架上也可能安放更多的计算节点。

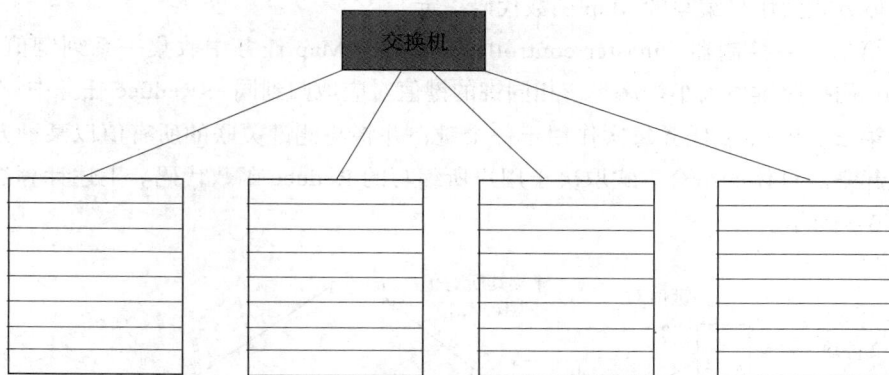

图 3-2　计算节点安放机构示意图

在现实生活中部件会出现故障，而且系统的部件（如计算节点和互联网络）越多，在任意给定时间内系统非正常运行的频度也越高。对于如图 3-2 的系统来说，主要的故障模式包括单节点故障（如某节点上的硬盘发生故障）和单机架故障（如机架内节点间的互联网络及当前机架到其他机架的互联网络发生故障）。

一些重要的计算会在上千个计算节点上运行数分钟甚至数小时，如果某个部件一出现故障我们就终止并重启计算过程，那么该计算过程可能永远都不会成功完成。上述问题的解决方式有两种。

（1）文件必须多副本存储。如果不把文件在多个计算节点上备份，那么一旦某个节点出现故障，在节点被替换之前它上面的所有文件将无法使用。如果根本不备份文件，那么一旦硬盘崩溃，文件将会永久丢失。

（2）计算过程必须要分成多个任务，这样即使某个任务失败，我们也可以在不影响其他任务的情况下重启这个任务。MapReduce 编程系统就采用了这种策略。

第二节　MapReduce 模型

MapReduce 是一种计算模式，并已有多个实现系统。我们可以通过某个 MapReduce 实现系统来管理多个大规模计算过程，并且能够同时保障对硬件故障的容错性。简而言之，基于 MapReduce 的计算过程如下。

第一，有多个 Map 任务，每个任务的输入是 DFS 中的一个或多个文件块。Map 任务将文件块转换成一个键值（key–value）对序列。从输入数据产生键值对的具体方式由用户编写的 Map 函数代码决定。

第二，主控制器（master controller）从每个 Map 任务中收集一系列键值对，并将它们按照键值大小排序具有相同键的键值对应地归到同一 Reduce 任务中。

第三，Reduce 任务每次作用于一个键，并将与此键关联的所有值以某种方式组成起来。具体的组合方式取决于用户所编写的 Reduce 函数代码。上述计算过程如图 3-3 所示。

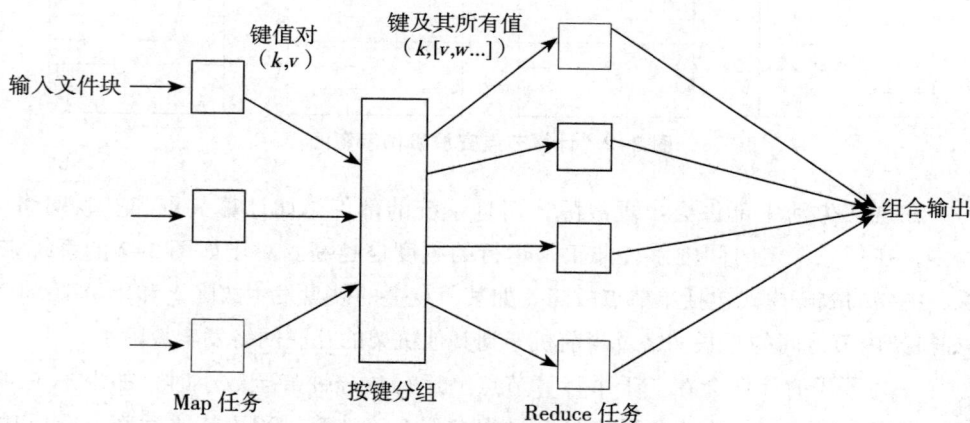

图 3-3　MapReduce 计算过程示意图

一、Map 任务

Map 的输入文件可以看成由多个元素（element）组成，而元素可以是任意类型的，如一个元组或一篇文档。文档文件块是一系列元素的集合，同一个元素不能跨文件块存储。所以，所有 Map 任务的输入和 Reduce 任务的输出都是键值对的形式，但是输入元素中的键通常无关紧要，应当忽略。坚持输入／输出采用键值对的形式主要是希望能够允许多个 MapReduce 过程进行组合。

Map 函数将输入元素转换成键值对，其中的键和值都可以是任意类型。另外，这里的键并非通常意义上的"键"，即并不要求它们具有唯一性。

二、分组与聚合

不管 Map 和 Reduce 任务具体做什么，分组（grouping）和聚合（aggregation）都基于相同的方式来处理。主控进程知道 Reduce 任务的数目，如 r 个。该数目通常由用户指定并通知 MapReduce 系统。然后，主控进程通常选择一个哈希函数作用于键并产生一个 $0 \sim r-1$ 的桶编号。哈希函数作用于 Map 任务输出的每个键，使键值对被放入 r 个本地文件中的一个，每个文件都会被指派给一个 Reduce 任务。

当所有 Map 任务都成功完成后，主控进程将每个 Map 任务输出的面向某个特定 Reduce 任务的文件进行合并，并将合并文件以"键值表"对序列传给该进程。也就是说，对每个键 k，处理键 k 的 Reduce 任务的输入形式为（k，[v_1，v_2，$\cdots$，v_n]），其中（k，v_1），（k，v_2），$\cdots$，（k，v_n）为来自所有 Map 任务的具有相同键 k 的所有键值对。

三、Reduce 任务

Reduce 函数将输入的一系列键值表中的值以某种方式组合。Reduce 任务的输出是键值对序列，其中每个键值对中的键 k 是 Reduce 任务接收到的输入键，而值则是其接收到的与 k 关联的值表的组合结果。所有 Reduce 任务的输出结果会合并成单个文件。

下面通过一个例子来详细说明这个过程。

WordCount 是 Hadoop 自带的一个示例程序，目标是统计文本文件中单词的个数。假设有如下两个文本文件来运行 WorkCount 程序：

Hello World Bye World

Hello Hadoop GoobBye Hadoop

（一）Map 函数输入

Hadoop 针对文本文件默认使用 LineRecordReader 类来实现读取，一行一个 key/value 对，key 取偏移量，value 为行内容。

如下是 map1 的输入数据。

Key1

Value1

0

Hello World Bye World

如下是 map2 的输入数据。

Key1

Value1

0

Hello Hadoop GoodBye Hadoop

（二）Map 函数输出

如下是 map1 的输出结果。

Key2

Value2

Hello

1

World

1

Bye

1

World

1

如下是 map2 的输出结果。

Key2

Value2

Hello

1

Hadoop

1

GoodBye

1

Hadoop

1

（三）Combine 输出

Combiner 类实现将相同 key 的值合并起来，这也是一个 Reducer 的实现。

如下是 combine1 的输出。

Key2

Value2

Hello

1

World

2

Bye

1

如下是 combine2 的输出。

Key2

Value2

Hello

1

Hadoop

2

GoodBye

1

（四）reduce 输出

Reducer 类实现将相同 key 的值合并起来。

如下是 reduce 的输出。

Key2

Value2

Hello

2

World

2

Bye

1

Hadoop

2

GoodBye

1

第三节　MapReduce 使用算法

MapReduce 框架并不能解决所有问题，甚至有些可以基于多计算节点并行处理的问题也不宜采用 MapReduce 来处理。要知道，整个分布式文件系统只在文件巨大、更新很少的情况下才有意义。因此，在管理在线零售数据时，不论采用 DFS 还是 MapReduce 都不太合适，即使使用数千计算节点来处理 Web 请求的大型在线零售商 Amazon.com 也不适合。主要原因在于，Amazon 数据上的主要操作包括应答商品搜索需求、记录销售量情况等计算相对较小但更改数据库的过程。但另一方面，Amazon 可以使用 MapReduce 来执行大数据上的某些分析型查询，如为每个用户找到和他购买模式最相似的那些用户。谷歌采用 MapReduce 的最初目的是处理 PageRank（网页排名）计算过程中必需的大矩阵——向量乘法。

一、向量乘法实现

假定有一个 $n \times n$ 的矩阵 M，其第 i 行第 j 列的元素记为 m_{ij}。假定有一个 n 维向量 v，其第 j 个元素记为 v_j。于是，矩阵 M 和向量 v 的乘积结果是一个 n 维向量 x，其第 i 个元素 x_i 为

$$x_i = \sum_{j=1}^{n} m_{ij} v_j$$

如果 $n = 100$，就没有必要使用 DFS 或 MapReduce。但上述计算却是搜索引擎中 Web 网页排序的核心环节，因此数据 n 达到上百亿兆字节。首先假定 n 很大，但还没有大到向量 v 不足以放入内存的地步，而该向量的 Map 任务实现一部分的输入。值得注意的是，MapReduce 的定义中并没有禁止对多个 Map 任务提供完全相同的输入。

矩阵 M 和向量 v 各自都会在 DFS 中存成一个文件。假设每个矩阵元素的行列下标都是可知的，不论是可从文件中的位置推断出来还是其下标本来即被显式地

存放成三元组（i，j，m_{ij}）。同样，假设向量v的元素v_j的下标也可以通过类似的方法来获得。

Map 函数即是指每个 Map 任务将整个向量v和矩阵M的一个文件块作为输入。对每个矩阵元素m_{ij}，Map 任务都会产生键值对（i，j，m_{ij}）。因此，计算x_i的所有n个求和项$m_{ij}v_j$的键值都相同。Reduce 函数使用 Reduce 任务将所有与给定键i关联的值相加即可得到（i，x_i）。

二、内存处理

如果向量v很大，那么其在内存中可能无法完整存放。当然，也不一定要将它放入计算节点的内存中，但是如果不放入，由于计算过程中需要多次将向量的一部分导入内存，就会导致大量的磁盘访问。所以，一种替代的方案是将矩阵分割成多个宽度相同的垂直条（vertical stripe），同时将向量分割成同样数目的水平条（horizontal stripe），每个水平条的高度等于矩阵垂直条的宽度。我们的目标是使用足够的条以保证向量的每个条能够方便地放入计算节点的内存中。上述分割的示意图如图 3-4 所示，其中矩阵和向量都分割成 5 个条。

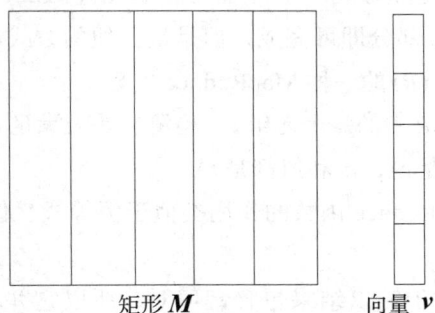

矩形 M　　　　向量 v

图 3-4　矩阵 M 与向量 v 的分割示意图

矩阵第i个垂直条只和向量的第i个水平条相乘。因此，可以将矩阵的每个条存成一个文件，同理可将向量的每个条存成一个文件。矩阵某个条的一个文件块及对应的完整向量条输送到每个 Map 任务。然后，Map 和 Reduce 任务可以按照描述的过程来运行，不同的是在那里 Map 任务获得了完整的向量。

三、关系运算

大规模数据上很多运算都用于数据库查询。在很多传统数据库应用中，即使数据库本身很大，上述查询也只返回少量的数据结果。例如，一个希望得到某个具体银行账户余额的查询。在这类查询上应用 MapReduce 效果并不明显。

然而，数据上的很多运算可以很容易地采用通用数据库查询原语句来表述，即使这些查询本身并不在数据库管理系统中执行。因此，考查 MapReduce 应用的一个好的起点就是考虑关系上的标准运算。假定读者对数据库系统、查询语言 SQL（结构化查询语言）及关系模型已经非常熟悉，但是在此还是对这些内容做个简要回顾。关系（relation）可看成由列表头（称为属性）组成的表。关系中的行称为元组（tuple），关系中的属性集合称为关系的模式（schema）。经常写像 $R(A_1, A_2, \cdots, A_n)$ 这样的表达式，表达关系的名称为 R，其属性为为 $A_1, A_2, \cdots, A_n$。

查询可以基于多个标准的关系运算来实现，这些运算通常称为关系代数（relational algebra），而查询本身常常通过写 SQL 语句实现。接着将讨论关系代数运算中常用的几个概念。

（一）选择

对关系 R 的每一个元组应用条件 C，得到仅满足条件 C 的元组。该选择运算的结果记为 $\sigma_C(R)$。

MapReduce 的选择运算实际上并不需要施展 MapReduce 的全部能力。虽然它们只需要单独的 Reduce 部分即可完成，但是最方便的方式却是只采用 Map 部分。以下给出了选择运算 $\sigma_C(R)$ 的一种 MapReduce 实现。

（1）Map 函数：对 R 中的每个元组 t，检测它是否满足 C。如果满足，则产生一个键值对 (t, t)，也就是说，键和值都是 t。

（2）Reduce 函数：Reduce 函数的作用类似于恒等式，仅仅是将每个键值传递到输出部分。

值得注意的是，由于输出结果包含键值对，所以它并不是一个关系。然而，只需要使用输出结果中的值部分或键部分就可以得到一个关系。

（二）投影

投影是指对关系 R 的某个属性子集 S 从每个元组中得到仅包含 S 中属性的元素。该投影运算的结果记为 $\pi_S(R)$。

投影运算的处理和选择运算十分相似，投影运算可能会产生多个相同的元组，因此 Reduce 函数必须要剔除冗余元组。可采用如下方式计算 $\pi_S(R)$。

（1）Map 函数：对 R 中的每个元组 t，通过剔除 t 中属性不在 S 中的字段得到元组 t'，输出键值对 (t', t')。

（2）Reduce 函数：对任意 Map 任务产生的每个键 t'，将存在一个或多个键值

对 (t',t')，Reduce 函数将 $(t',t',t',...,t')$) 转换成（t'，t'），以保证键 t' 只产生一个 (t',t') 对。

Reduce 函数实现就是在剔除冗余。该操作满足结合律和交换律，因此与每个 Map 任务关联的组合进程可以剔除那些局部产生的冗余对，但仍然需要 Reduce 任务来剔除来自不同 Map 任务的两个相同元组。

（三）并、交及差运算

这些集合运算可以应用于两个具有相同模式的关系的元组集合上。在 SQL 中也存在这些运算的包（bag，也称多重集）版本。

1. 并运算

假定关系 R 和 S 具有相同的模式。Map 任务将从 R 或 S 中分配文件块。具体从哪个关系分配并不重要。Map 任务实际上什么都不做，而只是将它们的输入元组作为键值对传输给 Reduce 任务，而后者只需要像投影运算一样剔除冗余。

Map 函数：将每个输入元组 t 转变为键值对 (t,t)。

Reduce 函数：和每个键 t 关联的可能有一个或两个值，两种情况下都输出 (t,t)。

2. 交运算

为计算两个关系的交集，可使用与求并集相同的 Map 函数。然而，Reduce 函数仅当两个关系都包含某个相同元组时才必须产生一个元组。如果键 t 有两个值 $[t,t]$，与之成对应关系，那么 Reduce 任务会输出元组 (t,t)。然而，如果与键 t 相关联的值仅仅只有一个值则意味着 R 或 S 中不包含 t，因此不需要为该交运算生成一个元组。此时需要一个值来表示"无元组"，如 SQL 中的值 NULL（空值）。当基于输出结果构建关系时，这类元组将被忽略。

Map 函数：将每个输入元组 t 转变为键值对 (t,t)。

Reduce 函数：如果键 t 的值表示为 $[t,t]$，则输出 (t,t)，否则输出 $(t,NULL)$。

3. 差运算

R 和 S 的差 $R-S$ 的计算要稍微复杂一点。只有出现在 R 中但不出现在 S 中的元组 t 才能出现在最终结果中。Map 函数可以将 R 和 S 中的元组输送给 Reduce 函数，但是必须做标记告知每个元组到底来自 R 还是 S。因此，要把关系本身的标记放进去作为键 k 的值。Map 和 Reduce 函数的具体操作过程如下。

Map 函数：对于 R 中的元组 t，产生键值对 (t,R)。对于 S 中的元组 t，产生键值对 (t,S)。值得注意的是，此处的值只是关系 R 或 S 的名称，而非整个关系本身。

Reduce 函数

对每个键 t，进行如下处理。

（1）如果相关联的值表为 $[\ R\ ]$，则输出 (t,t)。

（2）如果相关联的值表为其他任何情况，只包括 $[R,S]$、$[S,R]$ 或 $[5]$，都输出 $(t, NULL)$。

（四）自然连接

给定两个关系，比较两个关系中的每对元组。如果两个元组的所有公共属性的属性值（即两个关系模式中公共属性）一致，就生成一个新的元组，该元组由原来两个元组的公共部分加上非公共部分组成。如果两个元组的公共属性的属性值至少有一个不一致，那么就不输出任何元组。关系 R 和 S 的自然连接记为 $R |> <| S$。

为了理解基于 MapReduce 的自然连接运算的实现，下面举一个特殊的例子，即将取 $R(A,B)$ 和 $S(B,C)$ 进行自然连接运算。该自然连接运算实际上要去寻找与字段 B 相同的元组，即 R 中元组的第二个字段值等于 S 中元组的第一个字段值。接下来将使用两个关系中元组的 B 字段值作为键，值为关系中的另一个字段和关系的名称，因此 Reduce 函数会知道每个元组到底来自哪一个关系。

Map 函数：对于 R 中的每个元组 (a,b)，生成键值对 $(b,(R,a))$，对 S 中的每个元组 (b,c)，生成键值对 $(b,(S,c))$。

Reduce 函数：每个键值 b 会与一系列对相关联，这些对要么来自 (R,a)，要么来自 (S,c)。基于 (R,a) 和 (S,c) 构建所有的对。键 b 对应的输出结果为 $(b,[(a_1,b,c_1),(a_2,b,c_2),\cdots])$，也就是说，与 b 相关联的元组列表由来自 R 和 S 中的具有共同 b 值的元组组合而成。

对于上述连接算法有以下的观察结果。

（1）连接结果对应的关系可以根据出现在任意键输出列表中的所有元组来恢复。

（2）MapReduce 在很多实现（如 Amazon）中会按键排序将值输送给 Reduce 任务。

如果这样做，判断来自两个关系的所有元组是否包含公共键 b 就会比较容易。如果 MapReduce 的另一种实现方法中并不按照键对键值对排序，那么 Reduce 仍然可以通过按键排序对键值对进行本地哈希运算来高效处理。最后，如果 R 和 S 中分别有 n 个和 m 个元组的 B 字段值 b，那么结果中就有 mn 个元组的第二个字段值为 b。在极端情况下，R 和 S 中所有的元组的 B 字段值都为 b，那么此时 R 和 S 的自然连接实际上就是笛卡尔积运算。然而，绝大多数情况下，R 和 S 中字段 B 值相等的元组数目较小，这样 Reduce 的时间复杂度更接近线性而不是平方级。

（五）分组和聚合

给定关系 R，分组是指按照属性集合（或称为分组属性）G 中的值对元组进行分割，然后对每个组的值按照某些其他属性进行聚合的。通常允许的聚合运算包括 SUM、COUNT、AVG、MIN 和 MAX，每个运算的意义都十分明确。值得注意的是，MIN 和 MAX 运算要求聚合的属性类型必须具有可比性，如数字或字符串类型。SUM 和 AVG 则要求属性是数值型。关系 R 上的分组—聚合运算记为 $\gamma_X(R)$ 其中 X 为一个元素表，而其中每个元素可以有以下表示：

（1）一个分组属性。

（2）表达式 $\theta(A)$，其中 θ 为上述五种聚合运算之一（如 MAX），而 A 为一个非分组属性。该运算对每个分组都输出一个元组结果。该元组由多个字段组成，其中每个分组属性对应一个字段，其字段值为该分组中的公共值，每个聚合运算也对应一个字段，字段值为对应分组的聚合值。

与讨论连接操作一样，通过一个极其简单的例子来说明基于 MapReduce 的分组和聚合运算的实现。整个讨论中假定只有一个分组属性和一次聚合运算。假定对关系 $R\,(A,B,C)$ 施加运算 $\gamma_{A,\theta(B)}\,(R)$，那么 Map 函数主要负责分组运算，而 Reduce 函数则负责聚合运算。

Map 函数：对每个元组 (a,b,c)，生成键值对 (a,b)。

Reduce 函数：每个键 a 代表一个分组，即对与键 a 关联的字段 B 的值表 $[b_1,b_2,\cdots,b_n]$ 施加 θ 操作。输出结果为 (a,x)，其中 x 是在上述值表上应用 θ 操作的结果。例如，如果 θ 为 MAX 运算，那么 x 为 $b_1,b_2,\cdots,b_n$ 中的最大值；如果 θ 为 SUM 运算，那么 $x = b_1+b_2+\cdots+b_n$。

如果存在多个分组属性，那么此时键就是这些属性对应的属性值表组成的一个元组。如果存在多个聚合运算，那么会在给定键的值表上应用 Reduce 函数进行每个聚合运算，产生包含键（若有多个分组属性，则基于这些分组属性来构建键）以及每个聚合运算的结果。

（六）矩阵乘法

矩阵 M 中第 i 行第 j 列的元素记为 m_{ij}，矩阵 N 中第 j 行第 k 列的元素记为 n_{jk}，矩阵 $P = MN$，其第 i 行第 k 列的元素记为 p_{ik}，则

$$p_{ik} = \sum_{j}^{k} m_{ij}n_{jk}$$

值得指出的是，上述矩阵乘法中必须要求 M 的列数等于 N 的行数，上式才有

意义。可把矩阵看成一个带有如下三个属性的关系：行下标、列下标、行列下标对应的值。因此，可把矩阵 M 看成关系 M（I,J,V），其元组为 (i,j,m_{ij})。而矩阵 N 可看成关系 N（J,K,W），其元组为 (j,k,n_{jk})。大型矩阵通常会十分稀疏（大多数元素为0），由于0元素可以被忽略，所以大型矩阵特别适合采用关系表示。然而，在文件中矩阵元素的下标 i,j,k 可能并不和元素一起显式出现。在这种情况下，Map 函数就必须根据数据的位置来构建元组 i,j 和 k 字段。

矩阵乘积 MN 差不多等于一个自然连接运算再加上分组和聚合运算。也就是说，关系 $M(I,J,V)$ 和 $N(J,K,W)$ 的自然连接只有一个公共属性 J，对于 M 中的每个元组 (i,j,v) 和 N 中的每个元组 (j,k,w)，两个关系的自然连接会产生元组 (i,j,k,v,w)。该五字段元组代表两个矩阵的元素对 (m_{ij},n_{jk})。实际目标是对元素求积，即产生五字段元组 (i,j,k,v,w)。一旦在 MapReduce 操作后得到该结果关系，即可进行分组和聚合运算，其中 I 和 K 为分组属性，$V \times W$ 的和作为聚合结果。也就是说，矩阵乘法可通过两个 MapReduce 运算串联实现，其实现过程如下。

第一步，Map 函数：将每个矩阵元素 m_{ij} 传给键值对 $(j,(M,i,m_{ij}))$，将每个矩阵元素 n_{jk} 传给键值对 $(j,(N,k,n_{kj}))$。

Reduce 函数：对每个键 j，检查与之关联的值的列表。对每个来自 M 的值 (M,i,m_{ij}) 和来自 N 的值 (N,k,n_{kj})，产生元组 (i,k,m_{ij},n_{kj})。对于键 j，Reduce 函数输出满足 (i,k,m_{ij},n_{kj}) 形式的所有元组列表作为值。

第二步，通过另外一个 MapReduce 运算来进行分组聚合运算。

Map 函数：上面 Reduce 函数的输出结果传递给该 Map 函数，这些结果的形式为

$$(j,[i_1,k_1,v_1],[i_2,k_2,v_2],\cdots,[i_p,k_p,v_p])$$

其中，每个 v_p 为对应的 m_{iqj} 和 n_{jkq} 的乘积。基于该元素可以产生 p 个键值对

$$((i_1,k_1),v_1),((i_2,k_2),v_2),\cdots,((i_p,k_p),v_p)$$

Reduce 函数：对每个键 (i,k)，计算与此键关联的所有值的和，结果记为 $((i,k),v)$。其中，v 为矩阵 $P = MN$ 的第 i 行第 k 列的元素值。

（七）单步矩阵乘法

对于同一个问题而言，可以采用的 MapReduce 实现策略通常不止一种。对于上小节的矩阵乘法 $P = MN$ 的问题，可能期望只通过单步 MapReduce 过程来实现。实际上，如果在两个函数中分别加入更多工作，这个期望是可以实现的。首先利用 Map 函数来创建需要的矩阵元素集合以计算结果 $P = MN$ 中的每个元素。注意，M 或 N 的一个元素会对结果中的多个元素有用，因此一个输入元素将会转变为多

个键值对。键的形式是 (i,k) ，其中 i 是 M 的一行， k 是 N 的一列。

Map 和 Reduce 函数的主要实现操作如下。

Map 函数：对于矩阵 M 中的每个元素 m_{ij} ，产生一系列键值对 $((i,k),(M,j,m_{ij}))$ ，其中 k =1，2，…，直到矩阵 N 的列数。同样，对于矩阵 N 中的每个元素 n_{jk} ，也产生一系列键值对 $((i,k),(N,j,n_{jk}))$ ，其中 i =1，2，…，直到矩阵 M 的行数。

Reduce 函数：每个键 (i,k) 相关联的值 (M,j,m_{ij}) 及 (N,j,n_{jk}) 将组成一个表，其中 j 对应所有可能的值。Reduce 函数的每个键值必须具有相同的 j 值。一个简单的方法是将所有 (M,j,m_{ij}) 及 (N,j,n_{jk}) 分别按照 j 值排序并放到不同的列表中。将两个列表的第 j 个元组中的 m_{ij} 和 n_{jk} 抽出来相乘，然后将这些积相加，最后与键 (i,k) 组对作为 Reduce 函数的输出结果。

如果 M 的一行或 N 的一列过大，不能放进内存，那么 Reduce 任务将不得不使用外部排序方法来对给定键 (i,k) 所关联的值排序。但在这种情况下，矩阵本身也会很大，可能有 10^{20} 个元素，如果矩阵很密集，不太可能会尝试上述计算方法。但是如果矩阵比较稀疏，那么对任意键相关联的值会少得多，此时对积的求和运算即可以在内存中进行。

四、分布文件系统应用实践

下面主要介绍分布文件系统的实际应用。

（一）矩阵相乘算法设计

1. MapReduce 程序设计过程

（1）<key,value> 对

<key,value> 对是 MapReduce 编程框架中基本的数据单元，其中 key 实现了 WritableComparable 接口，value 实现了 Writable 接口，这使框架可对其序列化并可对 key 执行排序操作。

（2）数据输入

InputFormat、InputSplit、RecordReader 是数据输入的主要编程接口。InputFormat 主要实现的功能是将输入数据分切成多个块，每个块都是 InputSplit 类型；而 RecordReader 负责将每个 InputSplit 块分解成多个 <key1,value1> 对传送给 Map。

（3）Mapper 阶段

此阶段涉及的编程接口主要有 Mapper、Reducer、Partitioner。实现 Mapper 接口主要是实现其 Map 方法，Map 主要用来处理输入 <key1,value1> 对并产生输出 <key2,value2> 对。在 Map 处理过 <key1,value1> 对之后，可实现一个 Combiner 类

对 Map 的输出进行初步的规约操作，此类实现了 Reducer 接口。而 Partitioner 主要根据 Map 的输出 <key2,value2> 对的值，将其分发送给不同 Reduce 任务。

（4）Reducer 阶段

此阶段需要实现 Reduce 接口，主要是实现 Reduce 方法，框架将 Map 输出的中间结果根据相同的 key2 组合成 <key2,list(value2)> 对作为 Reduce 方法的输入数据并对其进行处理，同时产生输出数据 <key3,value3> 对。

（5）数据输出

数据输出阶段主要实现两个编程接口，其中 FileOutputFormat 接口用来将数据输出到文件，RecordWriter 接口负责输出一个 <key,value> 对。

2. 矩阵相乘

一般来说，矩阵相乘就是左矩阵乘右矩阵结果为积矩阵，左矩阵的列数与右矩阵的行数相等，设左矩阵为 $a \times b$ 的矩阵，右矩阵为 $b \times c$ 的矩阵，左矩阵的行与右矩阵的列对应元素乘积之和为积矩阵中的元素值。

矩阵相乘也是这种传统算法，左矩阵的一行和右矩阵的一列组成一个 InputSplit，其存储 b 个 <key,value> 对，key 存储积矩阵元素位置，value 为生成一个积矩阵元素的 b 个数据对中的一个；Map 方法计算一个 <key,value> 对的 value 中数据对的积；而 Reduce 方法计算 key 值相同的所有积的和。

3. 实现的程序代码

（1）程序中的类

① matrix 类用于存储矩阵。

② IntPair 类实现 WritableComparable 接口，用于存储整数对。

③ matrixInputSplit 类继承了 InputSplit 接口，每个 matrixInputSplit 包括 b 个 <key, value> 对，用来生成一个积矩阵元素。key 和 value 都为 IntPair 类型，key 存储的是积矩阵元素的位置，value 为计算生成一个积矩阵元素的 b 个数据对中的一个。

④继承 InputFormat 的 matrixInputFormat 类，用来输入数据。

⑤ matrixRecordReader 类继承了 RecordReader 接口，MapReduce 框架调用此类生成 <key, value> 对赋予 Map 方法。

⑥主类 matrixMulti，其内置类 MatrixMapper 继承了 Mapper 重写并覆盖了 Map 方法。类似地，FirstPartitioner、MatrixReducer 也是如此。在 main 函数中，需要设置一系列的类。

⑦ MultipleOutputFormat 类用于向文件输出结果。

⑧ LineRecordWriter 类被 MultipleOutputFormat 中的方法调用，向文件输出一个结果 <key, value> 对。

（2）部分实现代码

① matrixInputFormat 类代码

```
public class matnxlyiputFormat extends InputFormat<IntPair,IntPair>
{
    // 新建两个 matrix 实例，m[0] 为左矩阵，m[l] 为右矩阵
    public matrix[] m=new matrix[2];
    public              list<InputSplit>getSplits(JobContext context)              throws
IOException,InterruptedException
    {
        // 在文件中读取矩阵填充 m[0]，m[1]
        int NumOfFiles=readFile(context);
        for(int n=0;n<row;n++){        //row 为 m[0] 的行数
        for(int m=0;m<col;m++){    //col 为 m[1] 的列数
// 以 m[0] 的第 n 行与 m [1] 的第 m 列为参数实例化一个 matrixInputSplit
            matrixInputSplit split=new matrixInputSplit(n,this.m[0],m,this.[1]);
             splits.add（split）;
        }
    }
returnsplits
}
```

② matrixMulti 类代码

```
public class matrixMulti
{
    public static class MatrixMapper extends Mapper<IntPair,IntPair,IntPair,
IntWritable>
    {
        public void map（IntPair key，IntPair value，Context context）throws
IOException,
            InterruptedException{
            int left=value.getLeft();
```

```
            int right=value.getRight();
            intWritable result=new IntWritable(left*right);
          context.write(key， result);
        }
    }
    public static class FirstPartitioner extends Pantitioner<IntPair,IntWritable>{
    public int getPartition(IntPair key,IntWritable value,int numPartitions){
      // 按 key 的左值即行号分配 <key, value> 对到对应的 Reduce 任务,
numPartitions 为 Reduce 任务的个数
      int abs=Math.abs(key.getLeft());
      return bas ;
      }
  }
    public static class MatrixReducer extends Reducer<IntPair,IntWritable,IntPair,
IntWritable>
    {
      private IntWritable result=new IntWritable();
      public void reduce(IntPair key， Iterabie<IntWritable>values,Context context)
        throws IOException,lnterruptednxception{
        int sum=0;
        for(IntWritable val:values ) {
          int v=val.get();
          sum+=v;
        }      // 对 key 值相同的 value 求和
        result.set(sum);
        context.write(key, result);
                  }
              }
            }
```

（3）程序的运行过程

①程序从文件中读出数据到内存，生成 matrix 实例，通过组合左矩阵的行与右矩阵的列生成 $a \times c$ 个 matrixInputSplit。

②一个 Mapper 任务对一个 matrixInputSplit 中的每个 <key1,value1> 对调用一次 Map 方法将 value1 中的两个整数相乘。输入的 <key1,value1> 对中 key1 和 value1 的类型均为 IntPair，其输出为 <key1,value2> 对，key1 不变，value2 为 IntWritable 类型，值为 value1 中的两个整数的乘积。

③ MapReduce 框架调用 FirstPartitioner 类的 getPartition 方法将 Mapd 输出 <key1,value2> 对分配给指定的 Reducer 任务（任务个数可以在配置文件中设置）。

④ Reducer 任务对 key1 值相同的所有 value2 求和，得出积矩阵中的元素 k 的值。其输入为 <key1,list（value2）> 对，输出为 <key1,value3> 对，key1 不变，value3 为 IntWritable 类型，值为 key1 值相同的所有 value2 的和。

⑤ MapReduce 框架实例化为一个 MultipleOutputFormat 类，将结果输出到文件。

（二）倒排索引实例

1. 倒排索引概述

倒排索引是文档检索系统中最常用的数据结构，被广泛地应用于全文搜索引擎。其主要是用来存储某个单词（或词组）在一个文档或一组文档中的存储位置的映射，即提供了一种根据内容来查找文档的方式。由于不是根据文档来确定文档所包含的内容，而是进行了相反的操作，因而称为倒排索引（Inverted Index）。一般情况下，倒排索引由一个单词（或词组）及相关的文档列表组成，文档列表中的文档或是标识文档的 ID 号，或是指定文档所在位置的 URI，如图 3-5 所示。

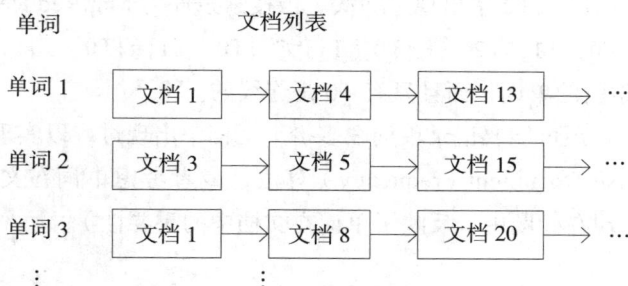

图 3-5　倒排索引结构示意图

从图 3-5 中可以看出，单词 1 出现在 { 文档 1，文档 4，文档 13,…} 中，单词 2 出现在 { 文档 3，文档 5，文档 15，…} 中，单词 3 出现在 { 文档 1，文档 8，文档 20，…} 中。在实际应用中，还需要给每个文档添加一个权值，用来指出每个文档与搜索内容的相关度，如图 3-6 所示。

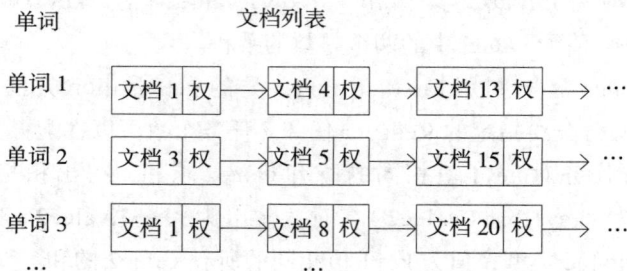

图 3-6　添加权重的倒排索引示意图

最常用的是使用词频作为权重，即记录单词在文档中出现的次数。以英文为例，如图 3-7 所示。

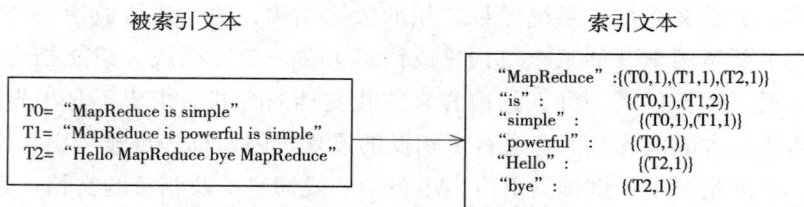

图 3-7　倒排索引示意图

索引文件中的 MapReduce 一行表示：MapReduce 这个单词在文本 T0 中出现过 1 次，T1 中出现过 1 次，T2 中出现过 2 次。当搜索条件为 MapReduce，is，simple 时，对应的集合为 {T0，T1，T2} ∩ {T0，T1} ∩ {T0，T1}={T0，T1}，即文本 T0 和 T1 包含了所要索引的单词，而且只有 T0 是连续的。

更复杂的权重还可能要记录单词在多少个文档中出现过，以实现 TFIDF（Term Frequency–Inverse Document Frequency）算法，或者考虑单词在文档中的位置信息（单词是否出现在标题中，反映了单词在文档中的重要性）。

2.分析与设计

本节实现的倒排索引主要关注的信息为单词、文档 URI 和词频，如图 3-7 所示。但是在实现过程中，索引文件的格式与图 3-7 会略显不同，以避免重写 OutputFormat 类。下面根据 MapReduce 的处理过程给出倒排索引的设计思想。

（1）Map 过程

首先使用默认的 TextInputFormat 类对输入文件进行处理，得到文本中每行的偏移量及其内容。显然，Map 过程首先必须分析输入 <key，value> 对，得到倒排索引中需要的三个信息：单词、文档 URI 和词频，如图 3-8 所示。这里存在两个问题：第一，只能有两个值，在不使用 Hadoop 自定义数据类型的情况下，需要根据情况将其中两个值合并成一个值，作为 key 或 value 值；第二，通过一个 Reduce 过程无法同时完成词频统计和生成文档列表，所以必须增加一个 Combine 过程以完成词频统计。

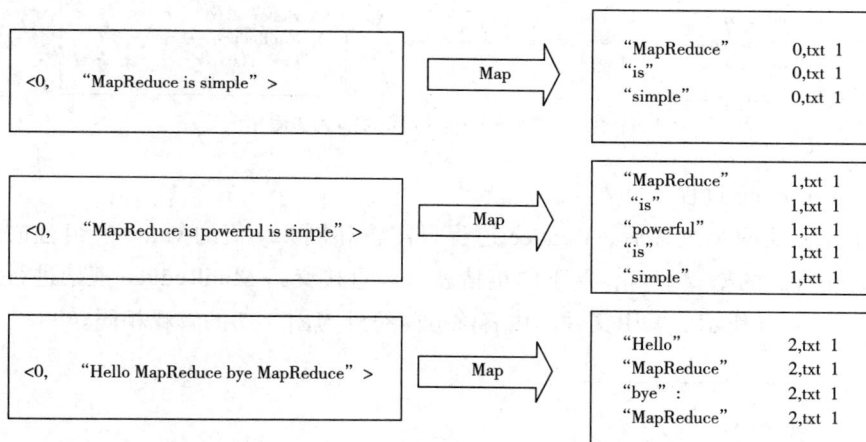

图 3-8　Map 过程输入 / 输出示意图

这里将单词和 URI 组成 key 值（如 MapReduce：1.txt），将词频作为 value，这样做的好处是可以利用 MapReduce 框架自带的 Map 端排序，将同一文档的相同单词的词频组成列表，传递给 Combine 过程，实现类似于 WordCont 的功能。

（2）Combine 过程

经过 Map 方法处理后，Combine 过程将 key 值相同的 value 值累加，得到一个单词在文档中的词频，如图 3-9 所示。如果直接将图 3-9 所示的输出作为 Reduce 过程的输入，在执行 Shuffle 过程时将面临一个问题：所有具有相同单词的记录（由单词、URI 和词频组成）应该交由同一个 Reducer 处理，但当前的 key 值无法保证这一点时，必须修改 key 值和 value 值。这次将单词作为 key 值，URI 和词频组成 value 值（如 1.txt：1）。这样做的好处是可利用 MapReduce 框架默认的 HashPartitioner 类完成 Shuffle 过程，将相同单词的所有记录发送给同一个 Reducer

进行处理。

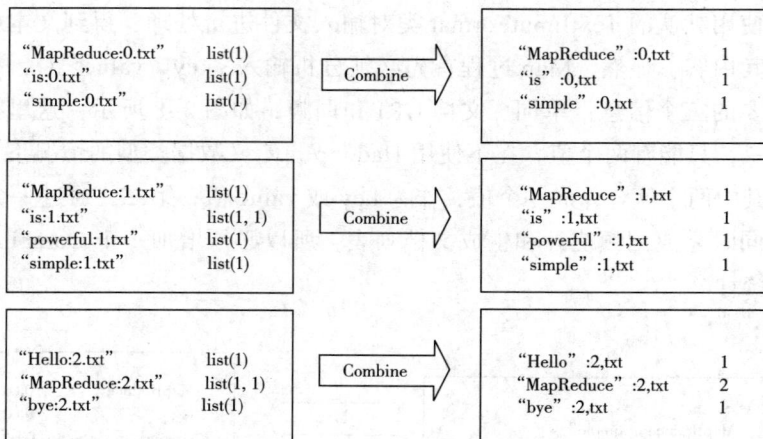

"MapReduce:0.txt"	list(1)		"MapReduce"	:0,txt	1
"is:0.txt"	list(1)	Combine	"is"	:0,txt	1
"simple:0.txt"	list(1)		"simple"	:0,txt	1

"MapReduce:1.txt"	list(1)		"MapReduce"	:1,txt	1
"is:1.txt"	list(1, 1)	Combine	"is"	:1,txt	1
"powerful:1.txt"	list(1)		"powerful"	:1,txt	1
"simple:1.txt"	list(1)		"simple"	:1,txt	1

"Hello:2.txt"	list(1)		"Hello"	:2,txt	1
"MapReduce:2.txt"	list(1, 1)	Combine	"MapReduce"	:2,txt	2
"bye:2.txt"	list(1)		"bye"	:2,txt	1

图 3-9　Combine 过程的输入 / 输出

（3）Reduce 过程

经过上述两个过程后，Reduce 过程只需将相同 key 值的 value 值组合成倒排索引文件所需的格式即可，剩下的事情就可以直接交给 MapReduce 框架进行处理了，如图 3-10 所示。索引文件的内容除分隔符外与图 3-7 的解释相同。

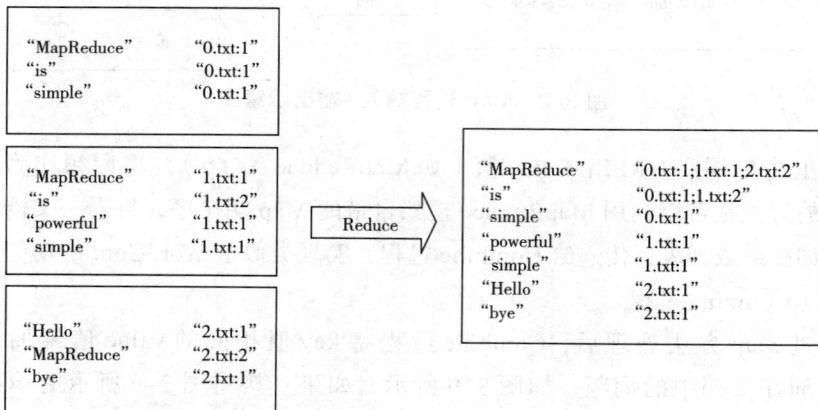

"MapReduce"	"0.txt:1"
"is"	"0.txt:1"
"simple"	"0.txt:1"

"MapReduce"	"1.txt:1"
"is"	"1.txt:2"
"powerful"	"1.txt:1"
"simple"	"1.txt:1"

"Hello"	"2.txt:1"
"MapReduce"	"2.txt:2"
"bye"	"2.txt:1"

"MapReduce"	"0.txt:1;1.txt:1;2.txt:2"
"is"	"0.txt:1;1.txt:2"
"simple"	"0.txt:1"
"powerful"	"1.txt:1"
"simple"	"1.txt:1"
"Hello"	"2.txt:1"
"bye"	"2.txt:1"

图 3-10　Reduce 过程的输入 / 输出

（4）需要解决的问题

设计的倒排索引在文件数目上没有限制，但是单个文件不宜过大，要保证每个文件对应一个 split，否则，由于 Reduce 过程没有进一步统计词频，最终结果可能会出现词频未统计完全的单词。可通过重写 InputFormat 类将每个文件作为一个 split，避免上述情况。或执行两次 MapReduce，第一次 MapReduce 用于统计词频，第二次 MapReduce 用于生成倒排索引。除此之外，还可以利用复合键值对等实现包含更多信息的倒排索引。

3. 实现倒排索引的完整代码

根据以上的分析可编写以下的完整源代码。

```java
package org.apache.hadoop.examples;
import java.io.DataInput;
import java.io.DataOutput;
import java.io.IOException;
import java.util.StringTokenizer;

import org.apache.hadoop.conf.Configuration;
import org.apache.hadoop.fs.Path;
import org.apache.hadoop.io.IntWritable;
import org.apache.hadoop.io.LongWritable;
import org.apache.hadoop.io.RawComparator;
import org.apache.hadoop.io.Text;
import org.apache.hadoop.io.WritableComparable;
import org.apache.hadoop.io.WritableComparator;
import org.apache.hadoop.mapreduce.lib.input.FileInputFormat;
import org.apache.hadoop.mapreduce.lib.output.FileOutputFormat;
import org.apache.hadoop.mapreduce.Job;
import org.apache.hadoop.mapreduce.Mapper;
import org.apache.hadoop.mapreduce.Partitioner;
import org.apache.hadoop.mapreduce.Reducer;
import org.apache.hadoop.util.GenericOptionsParser;

public class SecondarySort {
public static class IntPair
    implements WritableComparable<IntPair> {
    private int first = 0;
```

```
    private int second = 0;
    public void set(int left, int right) {
    first=left;
    second=right;
    }
public int getFirst(){
    return first;
}
public int getSecond(){
    return second;
}
@Override
public void readFields(DataInputin)throwsIOException{
    first=in.readInt()+Integer.MIN_VALUE;
    second=in.readInt()+Integer.MIN_VALUE;
}
@Override
public void write(Data Output out)throws IOException{
    out.writeInt(first – Integer.MIN_VALUE);
    out.writeInt(second – Integer.MIN_VALUE);
}
@Override
public int hashCode(){
    return first* 157+second;
}
@Override
public Boolean equals(Objectright){
    if(right instanceof IntPair){
        IntPair r=(IntPair)right;
        return r.first==first && r.second==second;
    } else {
        returnfalse;
```

```
    }
    }
    public static class Comparator extends WritableComparator{
        public Comparator(){
            super(IntPair.class);
        }


    public int compare(byte[]b1,int s1,int11,
                            byte[]b2,ints2,int12){
        return compareBytes(b1,s1,11,b2,s2,12);
    }
}
static {
    WritableComparator.define(IntPair.class,new Comparator());
@Override
publicintcompareTo(IntPairo){
    if(first ! =o.first){
        return first<o.first?-1 : 1;
    } else if(second!=o.second){
        return second<o.second ?  -1 : 1;
    } else {
        return 0;
    }
    }
}
public static class FirstParritioner extends Partitioner<IntPair,IntWritable>{
    @Ovemde
    public int getPartition(IntPair key,IntWritable value,int numPartitions){
        return Math.abs(key.getFirst()*127)%numPartitions;
    }
}
public static class FirstGroupingComparator
```

```java
                    implementsRawComparator<IntPair>{
    @Override
    public int compare(byte[]b1,int s1,int11,byte[]b2,ints2,int12）{
        return WritableComparator.compareBytes(b1,s1,Integer.SIZE/8,b2,s2,Integer.
SIZE/8);
    }
    @Override
    publicintcompare(IntPair o1,IntPair o2){
        int 1=o1.getFirst();
        int r=o2.getFirst();
        return 1==r?0 : (1<r?-1 : 1);
    }
}
public static class MapClass
            extends Mapper<LongWritable,Text,IntPair,IntWritable>{

private final IntPair key=new IntPair();
private final IntWritable value=new IntWritable();

@Ovemde
public void map(LongWritableinKey,TextinValue,
                        Context context)throws IOException,InterruptedException{
    StringTokenizer itr=new StringTokenizer(inValue.toString());
    int left=0;
    int right=0;
    if(itr.hasMoreTokens()){
        left=Integer.parseInt(itr.nextToken());
        if(itr.hasMoreTokens()){
            right=Integer.parseInt(itr.nextToken());
        }
        key.set(left,right);
        value.set(ngnt);
```

```
        context.write(key,value);
      }
   }
}
public static class Reduce
        extends Reducer<IntPair,IntWritable,Text,IntWritable>{
   private  static  final Text SEPARATOR=
      newTextf( "--------------------------------------------" );
private final Text first=newText();
@Override
public void reduce(IntPair key,Iterable<IntWritable>values,
                        Context context
                        )throws IOException,InterruptedException{
   context.write(SEPARATOR,null);
   first.set(Integer.toString(key.getFirst()));
   for(IntWritablevalue : values){
      context.write(first,value);
      }
   }
}
public static void main(String[] args)throws Exception{
   Configuration conf=new Configuration();
   String[] otherArgs=new GenericOptionsParser(conf,args).getRemainingArgs();
   if(otherArgs.length!=2){
      System.err.printIn( "Usage:secondarysrot<in><out>" );
      System.exit(2);
   }
   Job job=new Job(conf," secondary sort" );
   job.setJarByClass(SecondarySort.class);
   job.setMapperClass(MapClass.class);
   job.setReducerClass(Reduce.class);
   job.setPartitionerClass(FirstPartitioner.class);
```

089

```
job.setGroupingComparatorClass(MrstGroupingComparator.class);
job.setMapOutputKeyClass(IntPair.class);
job.setMapOutputValueClass(IntWritable.class);
job.setOutputKeyClass(Text.class);
job.setOutputValueClass(IntWritable.class);
FileInputFormat.addInputPath(job,new Path(otherArgs[0]));
FileOutputFormat.setOutputPath(job,new Path(otherArgs[1]));
System.exit(job.waitForCompletion(true)?0：1)；
    }
}
```

第四节　MapReduce 复合键值对的使用

在一般的不需要考虑很多性能因素的简单程序中，键值对 <key，value> 的使用方法通常比较简单，但是在很多情况下，可以巧妙地使用复合键值对来完成很多高级的处理。

一、合并键值

Map 计算过程中所产生的中间结果键值对需要通过网络传递给 Reduce 节点。因此，如果程序产生大量的中间结果键值对，将导致网络数据通信量的大幅增加，既增加了网络通信开销，又降低了程序执行速度。为了提供一个基本的减少键值对数量的优化手段，MapReduce 设计并提供了 Combiner 类在每个 Map 节点上合并所产生的中间结果键值对。但是，仍然有大量的特定应用的情况是 Combiner 所无法处理的。尤其是在很多应用中，可以用适当的方式把大量小的键值对合并为较大的键值对，以此大幅减少传递给 Reduce 节点的键值对数量。

例如，在单词同现矩阵计算中，单词 a 可能会与多个其他的单词共同出现，因而一个 Map 节点可能会产生单词 a 与其他单词间的很多小的键值对。如图 3-11 所示，这些键值对可以在 Map 过程中合并成右侧的一个大的键值对；接着，在 Reduce 阶段，把每个单词 a 的键值对进行累加，即可获取单词 a 与其他单词的同现关系及其具体的次数。

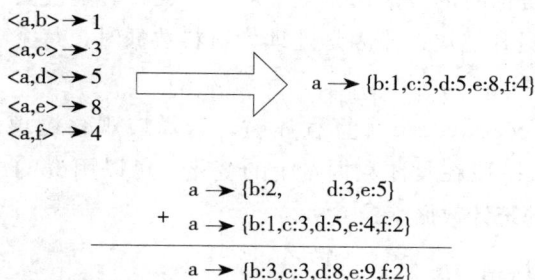

$$<a,b> \rightarrow 1$$
$$<a,c> \rightarrow 3$$
$$<a,d> \rightarrow 5 \quad\Rightarrow\quad a \rightarrow \{b:1,c:3,d:5,e:8,f:4\}$$
$$<a,e> \rightarrow 8$$
$$<a,f> \rightarrow 4$$

$$a \rightarrow \{b:2, \quad\quad d:3,e:5\}$$
$$+\quad a \rightarrow \{b:1,c:3,d:5,e:4,f:2\}$$
$$\overline{\quad\quad\quad\quad\quad\quad\quad\quad\quad\quad\quad\quad\quad\quad}$$
$$a \rightarrow \{b:3,c:3,d:8,e:9,f:2\}$$

图 3-11　把小的键值对合并成大的键值对

采用了这种合并方法后，单词同现矩阵计算时间开销和网络通信开销都得到大幅降低。Jimmy Lin 对单词同现矩阵计算进行了研究，对来自 Associated Press Worldstream（APW）的 227 万个文档、多达 5.7 GB 的语料库进行了键值对合并对比研究，如图 3-12 所示。

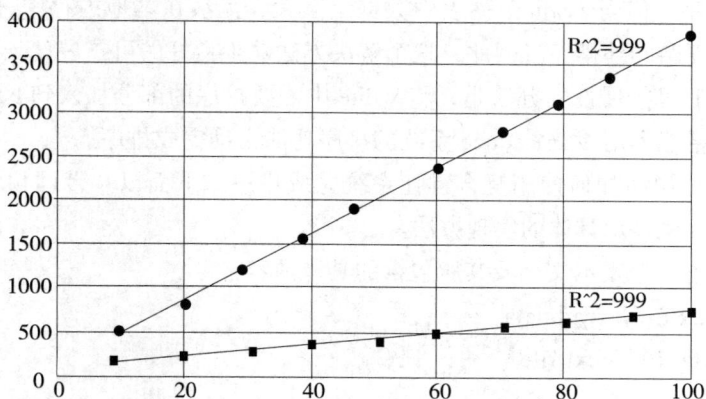

图 3-12　小键值对合并成大键值对时同现矩阵计算性能对比

研究结果表明，计算时间从小键值对时的约 62 min 下降到大键值对时的约 11 min；而数据量方面，使用小键值对时，Map 节点共产生了 26 亿条中间键值对，经过 Combiner 处理后降低到 1 亿条，最终 Reduce 节点输出了 1.46 亿条结果键值对；而使用大键值对时，Map 节点仅产生了 4.63 亿条中间键值对，经过 Combiner 处理后进一步大幅降低到 2880 万条，最终 Reduce 节点仅输出了 160 万条结果键值对。

图 3-12 显示了在处理不同的语料库数据量时两种方法的性能对比。结果表明，采用合并成大键值对的方法比小键值对方法的计算速度要快得多，而且语料数据量越大，速度提升越快，原因是处理大语料数据时，每个单词的键值对合并机会越大。

在运行自己的 MapReduce 计算程序时，若需要观察键值对合并前后 Map、Combiner 和 Reduce 阶段在具体数据量上的变化，可以用 JobTracker 的 Web 监视用户界面查看详细的统计数据。

二、用复合键排序

Map 计算过程结束后进行分区（Partition）处理时，系统自动按照 Map 的输出进行排序。因此，进入 Reduce 节点的所有键值对 <key, {value}> 将保证按照 key 值进行排序，而键值对中的 {value} 值可能不排序。然而在某些应用中，进入 Reduce 节点的 {value} 列表有时恰恰希望是以某种顺序排序的。

解决这个问题的一个办法是，在 Reduce 过程中对 {value} 列表中的各个 value 进行本地排序。但当 {value} 列表中数据量巨大、无法在本地内存中进行排序时，将需要使用复杂的外排序。因此，这个解决方法缺少良好的可扩展性。

一个具有可扩展性的办法是，将 value 中需要排序的部分加入到 key 中形成复合键，这样将能利用 MapReduce 系统的排序功能自动完成排序。

为了具体说明如何使用复合键让系统完成排序，下面以"带词频的文档倒排索引"程序为例展示具体的实现方法。

设有如下三个文本文档及其所包含的具体内容：

doc1:read file，read data

doc2:data file，text file

doc3:read text file

为了能对这三个文档进行全文检索，需要对其建立如下文档倒排索引：

data → doc1:1，doc2:1

file → doc1:1，doc2:2，doc3:1

read → doc1:2，doc3:1

text → doc2:1，doc3:1

上述文档倒排索引的基本格式为 t → <d:f>。其中，t 为单词，<d : f> 为文档词频项，d 为单词 t 所出现的文档，f 为单词 t 在文档 d 中出现的频度。当一个单词在多个文档中出现时，该单词的倒排索引将包含多个 <d:f> 文档词频项，这样一组文档词频项被称为"文档词频列表"。例如，上例中 file 包含 doc1:1、doc2:2、doc3:1 这三个文档词频项。

如图 3-13 所示，先用最基本的 MapReduce 处理方法生成倒排索引。其中，Map 阶段键值对 <key,value> 的格式为 <t,<d:f>>，而最后 Reduce 阶段输出的键值对 <key,value> 的格式为 <t,<d:f,d:f,d:f,...>>。

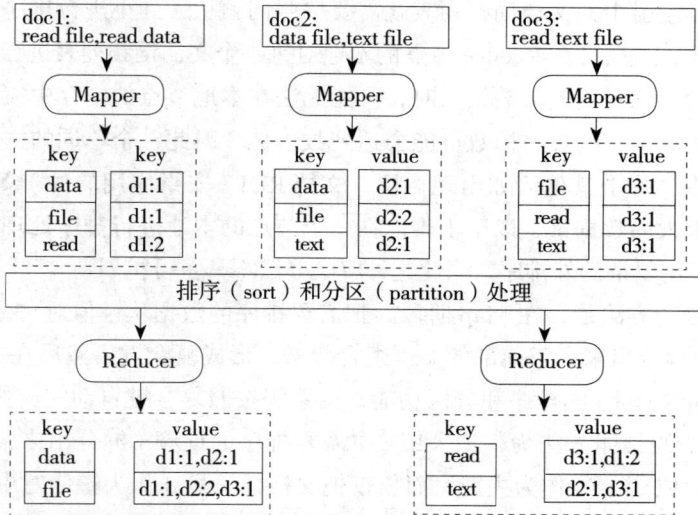

图 3-13　带词频的文档倒排索引基本的 MapReduce 处理方法

注意：最后生成的倒排索引中，每个单词对应的文档词频列表中，文档词频项 <d:f> 之间在默认状态下并不保证有任何排序，如果需要排序，则需要在 Reduce 阶段加入一个本地排序处理。这种基本倒排索引的 Map 和 Reduce 程序的伪代码为，

```
class Mapper
method Map(docid n,doc d)
F ← new Array
for all t ∈ doc d do
F{t} ← F{t}+1
for all t ∈ F do
Emit(t,<d:F{t}>)
class Reducer
method Reduce(t,{d1:f1,d2:f2...})
L-new List
```

for all<d:f>e{d1:f,d2:f2...} do

Append(L,<d:f>)

Emit(t,L)

假定现在希望搜索引擎在列出所有击中的文档时，能根据所检索的单词在文档中出现的频度按照从大到小的次序来显示出文档列表。这种情况下，上述方法所生成的倒排索引中的文档词频列表就需要按照词频从大到小进行排序。

如前所述，虽然可在 Reduce 节点的本地对每一个文档词频列表进行排序，但当一个单词的文档词频列表项数很大时，可能无法在本地节点的内存中完成排序。在真实的搜索引擎中，网页文档数可能会达到数十亿，因此一个单词的文档词频项数有可能会很多，加上其他诸如出现位置、文档 RUI（安卓应用软件）等补助信息，很容易达到很大的数据量，以至于难以在一个节点的本地进行排序处理。在这种情况下，需要使用复杂的外排序，因此这种解决办法不具备可扩展性。

一个巧妙的方法是，在 Map 阶段，把需要排序的数据从键值对 <key,value> 后部的 value 中拆分出来，与前部的 key 组合起来，形成复合键，然后在进入 Reduce 前，利用 MapReduce 的排序和分区功能，由系统按照复合键自动完成排序。

在本例中的具体方法为，把 <d:f> 中需要排序的词频 f 拆分出来，与前面的 t 组合起来，形成 <t : f> 作为主键，而仅仅把文档标识号 d 作为键值对中的 value 部分。在 Reduce 阶段，再把频度值 f 从复合键 <t:f> 中拆分出来，与文档标识号 d 重新合并为最终的文档词频列表。以此，在 Reduce 阶段所得到的每个单词的文档词频列表 <d:f,d:f,d:f,⋯> 就会成为按词频排序的有序列表。

根据这个思路，改进后的处理过程如图 3–14 所示。为了突出按词频排序的结果，文档词频列表中每一项都把频度放在文档标识前面。

改进后的倒排索引的 Map 和 Reduce 程序的伪代码为，

class Mapper

method Map(docid n,doc d)

F ← new Array

for all t ∈ doc d do

F{t} ← F{t}+1

for all t ∈ F do

Emit(t,<d:F{t}>,d)

class Reducer

method Setup // 初始化

tprev ← φ

L ← new List

method Reduce(<t:f>,{d1，d2，...})

if t ≠ tprev^tprev ≠ φ then

Emit(tprev, L)　　　　　　// 输出前一条词的文档词频列表

L.RemoveAll()

for all d ∈ {d,d2,...} to

L.Add(<d:f>)　　　　　　// 把一个文档词频项 <d:f> 添加到单词 t 的文档词频

列表中

tprev ← t

method Close

Emit(t,L)　　　// 输出最后一个单词的文档词频列表

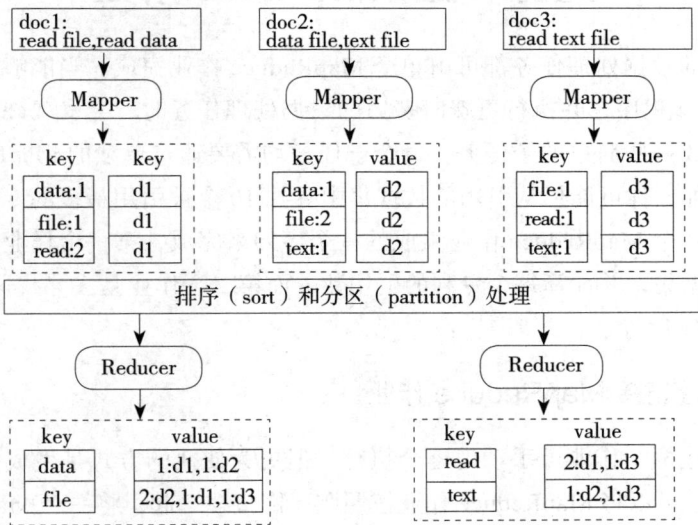

图 3-14　用复合键让系统自动完成文档词频列表频度排序

上述 MapReduce 程序执行后，可得到图 3-14 中由 Reduce 输出的最后结果。

但是，上述改进方法还存在一个问题。把频度值与单词合并形成复合键后，同一个单词的复合键值 <t:f> 不一样了，这会使来自不同 Map 节点的同一单词的键值对 <<t:f>,d> 无法正确分区到同一个 Reduce 节点上。例如，在图 3-14 中，由于第一个 Map 节点的复合键 <file:1> 与第二个节点的复合键 <file:2> 不相同，不能保

证将它们分区到同一个 Reduce 节点，因而 Reduce 过程结束后，将无法把单词 file 的多个文档词频项合并在一起。

解决这个问题的方法是巧妙利用 Partition 处理过程，定制一个专门的 Partitioner 类，在该类中，把复合键 <t : f> 中的单词 t 拆出来，作为 Partitioner 类中的 getPartition() 方法的主键 key 参数值，以此"欺骗"一下分区处理过程，让 Partitioner 照常将包含同一单词的复合键值对 <<t:f>,d> 分区到同一个 Reduce 节点上。

同样，如果希望最后的文档词频列表按照文档标识号而不是按照词频进行排序，可做类似处理，即把文档标识号 d 与单词 t 合并构成复合键，把词频值 f 留在 value 部分。

第五节　链接 MapReduce 作业

当前做的数据处理任务都可由单个 MapReduce 作业完成。当能够更熟练地编写 MapReduce 程序，并执行更费时费力的数据处理任务时，会发现许多复杂的任务需要分解成一些简单的子任务，每个子任务均需要通过单独的 MapReduce 作业来完成。例如，你可能想从引用的数据集中寻找 10 个被引用最多的专利。这种操作可通过由两个 MapReduce 作业组成的一个序列来完成，第一个作业是创建"倒排"引用数据集，并计算每个专利的引用数，而第二个作业是去寻找这个"倒排"数据中最大的 10 个。

一、顺序链接 MapReduce 作业

虽然上述两个作业可手动地逐个执行，但更为便捷的方式是生成一个自动化的执行序列。可以将 MapReduce 作业按照顺序链接在一起，将一个 MapReduce 作业的输出作为下一个的输入。

mapreduce-1|mapreduce-2|mapreduce-3|……

顺序链接 MapReduce 作业是非常简单的。driver 为 MapReduce 作业创建一个带有配置参数的 JobConf 对象，并将该对象传递给 JobClient.runJob() 来启动这个作业。当 JobClient.ruJob() 运行到作业结尾处被阻止时，MapReduce 作业的链接会在一个 MapReduce 作业后调用另一个作业的 driver。每个作业的 driver 都必须创建一个新 JobConf 对象，将其输入路径设置为前一个作业的输出路径，并可在最后

阶段删除在链接上每个阶段生成的中间数据。

二、复杂的 MapReduce 链接

有时，在复杂数据处理任务中的子任务并不是按顺序运行的，因此它们的 MapReduce 作业不能按线性方式链接。例如，MapReduce1 处理一个数据集，MapReduce2 独立处理另一个数据集，而第 3 个作业 MapReduce3 对前两个作业的输出结果做内部联结。MapReduce3 依赖于其他两个作业，仅当 MapReduce1 和 MapReduce2 都完成后才可执行。而 MapReduce1 和 MapReduce2 间并无相互依赖关系。

Hadoop 有一种简化机制，通过 Job 和 JobControl 类来管理这种（非线性）作业间的依赖。Job 对象是 MapReduce1 和 MapReduce2 作业的表现形式。Job 对象的实例化可通过传递一个 JobConf 对象到作业的构造函数中来实现。除了要保持作业的配置信息外，Job 还通过设定 addDependingJob() 方法维护作业的依赖关系。对于 Job 对象 x 和 y，x.addDependingJob(y) 意味着 x 在 y 完成前不会启动。鉴于 Job 对象存储着配置和依赖信息，JobControl 对象会负责管理并监视作业的执行。通过 addJob() 方法，可以为 JobControl 对象添加作业。当所有的作业和依赖关系添加完成后，调用 JobContro1 的 run() 方法生成一个线程来提交作业并监视其执行。

JobControl 有类似 allFinished() 和 getFailedJobs() 这样的方法来跟踪批处理中各个作业的执行。

三、前后处理的链接

大量的数据处理任务涉及对记录的预处理和后处理。例如，在处理信息检索的文档时，可能一步是移除 stop words（如 a、the 和 is 这样经常出现但不太有意义的词），另一步是做 stemming（转换一个词的不同形式为相同的形式，如转换 finishing 和 finished 为 finish）。一种方法是可以为预处理与后处理步骤各自编写一个 MapReduce 作业，并把它们链接起来。在这些步骤中可以使用 IdentityReducer（或完全不同的 reducer）。由于过程中每一个步骤的中间结果都需要占用 I/O（输入 / 输出）和存储资源，这种做法是低效的。另一种方法是自己写 mapper 去预先调用所有预处理步骤，再让 reducer 调用所有的后处理步骤。这种方式强制采用模块化和可组合的方式构建预处理和后处理。Hadoop 在版本中引入了 ChainMapper 和 ChainReducer 来简化预处理和后处理的构成。

由前所述，表达式将 MapReduce 作业的链接符号化地表达为，

[MAP|REDUCE]+

这里 REDUCE 为 reducer，位于名为 MAP 的 mapper 后，这个 [MAP|REDUCE] 序列可重复一次或多次，一个跟着一个。使用 ChainMapper 和 ChainReducer 所生成的作业表达式与此类似，为，

MAP+|REDUCE|MAP*

作业按序执行多个 mapper 来预处理数据，并在运行 reduce 后可按序执行多个 mapper 来做数据的后处理。这一机制的优点在于可将预处理步骤写为标准的 mapper。如果愿意，可以逐个运行它们，并且在 ChainMapper 和 ChainReducer 中调用 addMapper() 方法分别组合预处理和后处理的步骤。全部预处理和后处理步骤在单一的作业中运行，不会生成中间文件，这大大减少了 I/O 操作。

假如有 4 个 mapper（Map1、Map2、Map3 和 Map4）和一个 reducer（Reduce），它们被链接为单个 MapReduce 作业，顺序为，

Map1|Map2|Reduce|Map3|Map4

在这个组合中，可以把 Map2 和 Reduce 视为 MapReduce 作业的核心，在 mapper 和 reducer 间使用标准的分区。可把 Map1 视为前处理步骤，而将 Map3 和 Map4 作为后处理步骤。处理步骤的数目可以有变化。

可以使 driver 设定为 mapper 和 reducer 序列的构成。确保一个任务输出的键和值类型能够匹配下一个任务的输入类型（类），代码为，

```
Configuration conf=getConfl();
JobConf job=new JobConf(conf);
job.setJobName("ChainJob");
job.setInputFormat(TextInputF ormat.class);
job.setOutputFormat(TextOutputFormat.class);

FileInputFormat.setInputPath(job,in);
FileOutputFormat.setOutputPath(job,out);
JobConf  map1Conf=new  JobConf(false);
// 在作业中添加 Map1 阶段
ChainMapper.addMapper(job,Map1.class,LongWritable.class,Text.class;TexLclass,Text.class,true,map1Conf);

JobConf map2Conf=new JobConf(false);
```

// 在作业中添加 Map2 阶段

ChainMapper.addMapper(job,Map2.class,LongWritable.class,Text.class;Text.class,Textclass,true,map2Conf);

JobConf reduceConf=new JobConf(false);

// 在作业中添加 reduce 阶段

ChainMapper.addMapper(job,Reduce.class,LongWritable.class,Textclass;Textclass,Textclass,true,reduceConf);

JobConf map3Conf=new JobConf(false);

// 在作业中添加 Map3 阶段

ChainMapper.addMapper(jobMap3.class,LongWritable.class,Text.class;Text.class,Text.class,true,map3Conf);

JobConf map4Conf=new JobConf(false);

// 在作业中添加 Map4 阶段

ChainMapper.addMapper(job,Map4.class,LongWritable.class,Text.class;Text.class,Text.class,true,map4Conf);

JobClient.runJob(job)

driver 首先会设置"全局"的 JobConf 对象，包含作业名、输入路径及输出路径等。其一次性添加由 5 个步骤链接在一起的作业，以步骤执行先后为序。它用 ChainMapper.addMapper() 添加位于 Reduce 前的所有步骤。用静态的 ChainReducer.setReducer() 方法设置 reducer，再用 ChainReducer.addMapper() 方法添加后续的步骤。全局的 JobConf 对象（作业）经历所有 5 个 add* 方法。此外，每个 mapper 和 reducer 都有一个本地 JobConf 对象（map1Conf、map2Conf、map3Conf、map4Conf 和 reduceConf），其优先级在配置各自的 mapper/reducer 时高于全局的对象。建议本地 JobConf 对象采用一个新的 JobConf 对象，且在初始化时不设置默认值——new JobConf(false)。

可通过 ChainMapper.addMapper() 方法的签名来详细了解如何一步步地链接作业。ChainReducer.setReducer() 的签名和功能与 ChainReducer.addMapper() 类似。

public static<K1,V1,K2,V2>void addMapper

(JobConfjob,Class<?extendsMapper<K1,V1,K2,V2>>kiass,

Class<?extendsK1>inputKeyClass,

Class<?extendsV1>inputValueClass,

Class<?extendsK2>outputKeyClass,

Class<?extendsV2>outputValueClass,

Boolean by Value,

JobConf mapperConf）

该方法有 8 个参数。第一个和最后一个分别为全局和本地的 JobConf 对象。第二个参数（kiass）是 Mapper 类，负责数据处理。余下 4 个参数 inputValueClass、inputKeyClass、outputKeyClass 和 outputValueClass 是这个 Mapper 类中输入 / 输出类的类型。

在标准的 Mapper 模型中，键值对输出序列之后写入磁盘，等待被洗牌到一个可能完全不同的节点上。形式上认为这个过程采用的是值传递（passed by value），发送的是键值对的副本。在目前情况下，可将一个 Mapper 与另一个相链接，在相同的 JVM（java 虚拟机）线程中一起执行。因此，键值对的发送有可能采用引用传递（passed by reference），初始 Mapper 的输出放在内存中，后续的 Mapper 直接引用相同的内存位置。当 Map1 调用 OutputCollector.collect（Kk, Vv）时，对象 k 和 v 直接传递给 Map2 的 map() 方法。Mapper 之间可能有大量的数据需要传递，利用 map() 方法可避免将重复数据传递给 Map2。但是，这样做会违背 Hadoop 中 MapReduce API 的一个更为微妙的"约定"，即对 OutputCollector.collect（Kk, Vv）的调用一定不会改变 k 和 v 的内容。Map1 调用 OutputCollector.collect（Kk, Vv）后，可继续使用对象 k 和 v，并完全相信它们的值会保持不变。

如果将这些对象通过引用传递给 Map2，接下来 Map 可能会改变它们，这就违反了 API 的约定。如果确信 Map1 的 map() 方法在调用 OutputCollector.collect（Kk, Vv）后不再使用 k 和 v 的内容，或者 Map2 并不改变 k 和 v 在其上的输入值，可以通过设置 byValue 为 false 来获取一定的性能提升。如果对 Mapper 的内部代码不太了解，为了安全起见，最好设置 byValue 为 true，仍旧采用值传递模式，确保 Mapper 按预期的方式工作。

四、链接不同的数据

在分析数据时，不可避免地需要从不同的来源提取数据。例如，对于所用的专利数据集，也许你会想知道某些国家引用的专利是否来自另一个国家。这时必须查看引用数据（city75_99.txt）以及专利数据中的国家信息（apat63_99.txt）。在数据库领域中，这只是两个表的链接，而大多数数据库都会自动提供对链接的处理。不过 Hadoop 中数据的链接更为复杂，并且有几种可能的方法，需要做不同的权衡。

下面通过示例来演示链接不同来源的数据。

（一）数据应用示例

用一个具体的例子展示如何用不同的链接方法实现链接多数据源。

设有两个文本数据源：一个为顾客（Customers），另一个为顾客订单（Orders）。顾客数据集为

Customer ID，Name，PhoneNumber

1，张三，027-3333-3333

2，张六，025-4444-4444

3，陈四，026-1111-1111

4，王贵，023-2222-2222

顾客订单数据集为，

Customer ID,Order ID,Price,Purchase Data

2，订单 1，100，2012.1.5

3，订单 2，125，2012.1.8

1，订单 3，140，2012.1.15

2，订单 4，160，2012.1.18

以 Customer ID 进行内链接（inner join）后的数据记录为，

Customer ID,Name,PhoneNumber,Order ID,Price,Purchase Data

1，张三，027-3333-3333，订单 3，140，2012.1.15

2，张六，025-4444-4444，订单 1，100，2012.1.5

2，张六，025-4444-4444，订单 4，160，2012.1.18

3，王贵，023-2222-2222，订单 4，160，2012.1.18

（二）用 DataJoin 类实现 Reduce 端链接

1.基本处理方法及过程

Hadoop 的 MapReduce 框架提供了一种较为通用的多数据源链接法。该方法用 DataJoin 类库为程序员提供了完成数据链接所需的编程框架和接口，可以帮助程序员完成一些数据链接所必须考虑的操作，以简化处理数据链接时的编程。用 DataJoin 类库完成数据源链接的基本处理方法和过程如下。

为了能完成不同数据源的链接，先要为不同数据源下的每个数据记录定义一

个数据源标签（Tag）。例如，上例中把两个数据源标签分别设置为 Customers 和 Orders。为了能准确地标识一个数据源下的每个数据记录并完成链接处理，需要为每个待链接的数据记录确定一个链接主键（GroupKey），如上例中，将每个数据记录中的 Customer ID 作为链接主键。

接着，DataJoin 类库分别在 Map 阶段和 Reduce 阶段提供一个处理框架，并尽可能帮助程序员完成一些处理工作，仅留下一些必须由程序员来完成的部分。

（1）Map 处理过程

DataJoin 类库首先提供了一个抽象的基类 DataJoinMapperBase。该基类实现了 map() 方法，帮助程序员对每个数据源下的文本数据记录生成一个带标签的数据记录对象。Map 处理过程中，将由程序员指定每个数据源的标签 Tag 是什么，将哪个字段作为链接主键 GroupKey（在本例中，主键为 Customer ID）。Map 处理过程结束后，这些确定了标签和链接主键的数据记录将被传递到 Reduce 阶段进行后续的处理。Map 阶段的处理过程如图 3-15 所示。

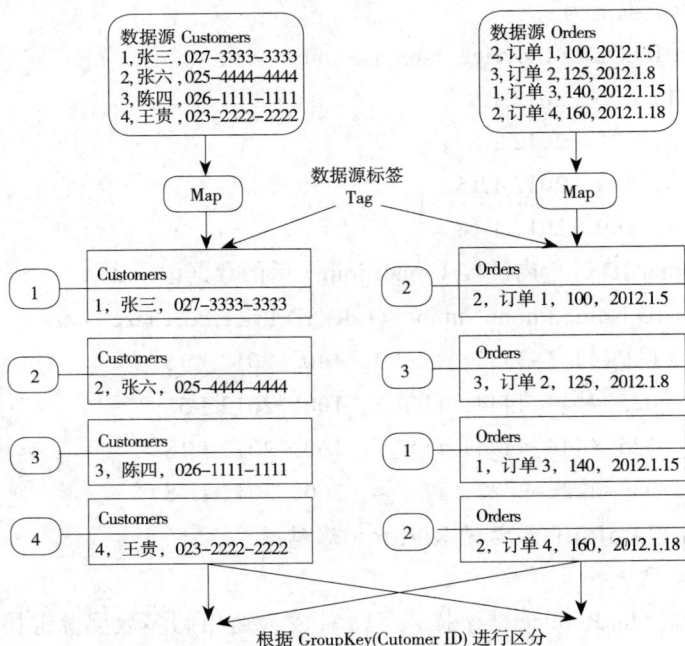

图 3-15 DataJoin 链接时的 Map 处理过程

经过以上的 Map 处理后，所有带标签的数据记录将根据链接主键 GroupKey 进行分区处理，因而所有带有相同链接主键 GroupKey 的数据记录将被分区到同一个 Reduce 节点上。

（2）Reduce 处理过程

Reduce 节点接收到这些带标签的数据记录后，如图 3-16 所示，将对不同数据源标签下具有同样 GroupKey 的记录进行笛卡尔叉积，自动生成所有不同的叉积组合。然后对每一个叉积组合，由程序员实现一个 combine() 方法，根据应用程序的需求将这些具有相同 GroupKey 的不同数据记录进行适当的合并处理，以此最终完成类似关系数据库中不同实体数据记录的链接。

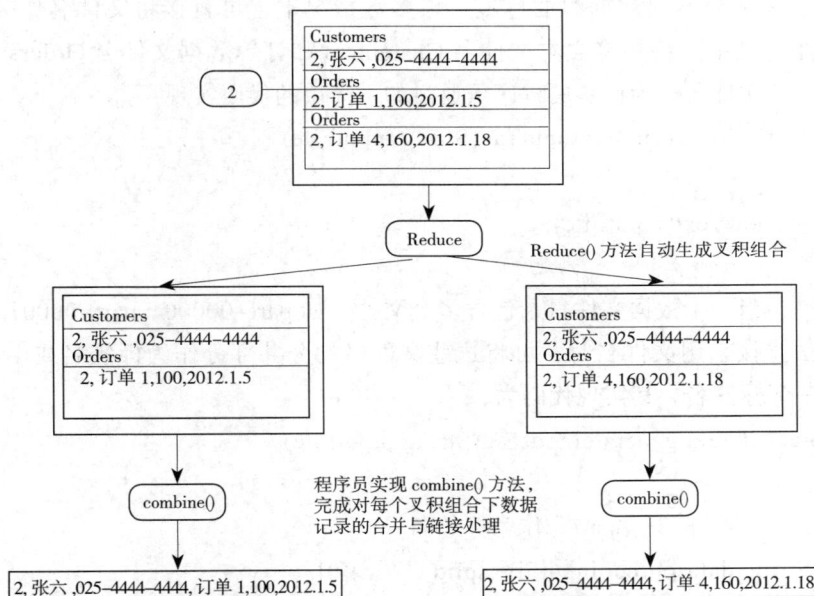

图 3-16　DataJoin 链接时的 Reduce 处理过程

DataJoin 类库提供了三个抽象类，以此提供基本的编程框架和接口。

第一，DataJoinMapperBase。程序员的 Mapper 类将继承这个基类。该基类已为程序员实现了 map() 方法用以完成标签化数据记录的生成，因此程序员仅需实现产生数据源标签、GroupKey 和标签化记录所需要的三个抽象方法。

第二，DataJoinReducerBase。程序员的 Reduce 类将继承这个基类。该基类已实现了 reduce() 方法用以自动生成多数据源记录的叉积组合，程序员仅需实现 combine() 方法以便对每个叉积组合中的数据记录进行合并链接处理。

第三，TaggedMapOutput。描述一个标签化数据记录，实现了 getTag() 和 setTag() 方法；作为 Mapper 的 key-value 输出中的 value 的数据类型，由于需要进行 1/0，程序员需要继承并实现 Writable 接口，并实现抽象的 getData() 方法用以读取记录数据。

2. Mapper 的实现与基类 DataJoinMapperBase 的使用

为了在 Map 过程中能让程序员定义具体的数据源标签 Tag 及确定用什么字段作为连接主键 GroupKey，继承抽象基类 DataJoinMapperBase 的 Mapper 类需要实现以下三个抽象方法。

（1）abstract Text generateInputTag（String inputFile）

通过该方法由程序员决定如何产生记录的数据源标签。程序员可使用任何有助于表示和区分不同数据源的标签。大多数情况下，可直接将文件名作为标签。例如，在上例中可将顾客文本文件名 Customers 和订单数据文件名 Orders 作为标签。直接将文件名作为标签的程序可通过如下简单的代码实现：

```
protected Text generateInputTag(String inputFile)
{
return newText(inputFile);
}
```

但是，当一个数据文件目录包含多个文件（如 part–00000、part–00001 等）以至于无法直接采用文件名时，可将这些文件名的公共部分作为标签名或由程序员自定义一个标签名。其实现代码为，

```
protected Text generateInputTag(String inputFile)
{
    // 取 "–" 前的 "part" 作为标签名
    String datasource=inputFile.split('–')[0];
    return new Text(datasource);
}
```

（2）abstract TaggedMapOutput generate TaggedMapOutput（Object value）

该抽象方法用于把数据源中的原始数据记录包装为一个带标签的数据记录。例如：

```
protected TaggedMapOutput generateTaggedMapOutput（Object value）
{
        //设程序员继承实现的 TaggedMapOutput 子类为 TaggedRecordWritable
        //把 value 所表示的数据记录封闭为一个 TaggedMapOutput 对象
        TaggedRecordWritable retv=new TaggedRecordWritable（Text）value）;
        //将 generateInputTag() 方法确定的、存储在 Mapper.inputTag 中的标签
```

设为数据源标签

```
        retv.setTag(this.inputTag);
        return retv;
    }
```

此外，每个记录的数据源标签可以是由 generateInputTag() 所产生的标签设置，但需要时也可以通过 SetTag() 方法为同一数据源的不同数据记录设置不同的标签。

（3）abstract Text generateGroupKey（TaggedMapOutput aRecord）

该方法主要用于根据数据记录确定具体的链接主键 GroupKey。例如，在顾客和订单数据记录示例中，把第一个字段 Customer ID 作为链接主键。其实现的代码为，

```
protected Text generateGroupKey(TaggedMapOutput aRecord)
{
        String line=((Text) aRecord.getData()).toString();
        String[] tokens=line.split(",");
        // 取 Customer ID 作为 GroupKey
        String groupKey=tokens[0];
        return new Text(groupKey);
}
```

基于以上介绍，实现顾客和订单数据链接的完整的 Mapper 代码如下：

```
public static class MapClass extends DataJoinMapperBase
{
        protected Text generateInputTag(String inputFile)
        {
                // 将输入文件名作为标签
                String datasource=inputFile.split("-")[0];
                // 该数据源标签将被 map() 保存在 inputTag 中
                return new Text(datasource);
        }
        protected Text generateGroupKey(TaggedMapOutput aRecord)
        {
                String line=((Text) aRecord.getData()).toString();
                String[] tokens=line.split(",");
```

```
            String groupKey=tokens[0];
            // 将 Customer ID 作为 GroupKey(key) return new Text(groupKey)
        }
        protected TaggedMapOutput generateTaggedMapOutput(Object value)
        {
            TaggedRecordWritable retv=new TaggedRecordWritable((Text) value);
            // 把一个原始数据记录包装为标签化的记录
            retv.setTag(this.inputTag);
            return retv;
        }
    }
```

此外，为了能实现数据记录的序列化处理和数据输出，还需要实现抽象类 TaggedMapOutput 的一个子类（设为 TaggedRecordWritable），该子类中必须实现带标签数据记录的输入 / 输出操作及从中读取具体的数据记录的操作。代码为，

```
    public static class TaggedRecordWritable extends TaggedMapOutput
    {
        private Writable data;
        public TaggedRecordWritable(Writable data)
        {
            this.tag=new Text("");
            this.data=data;
        }
        public Writable getData()
        {
            return data;
        }
        public void write(DataOutput out)throws IOException
        {
            this.tag.write(out);
            this.data.write(out);
        }
        public void readFields(DataInput in)throws IOException
```

```
    {
        this.tag.readFields(in);
        this.data.readFields(in);
    }
}
```

3. Reducer 的实现及基类 DataJoinReducerBase 的使用

系统所提供的抽象基类 DataJoinReducerBase 已经实现了 reduce() 方法，对从 Map 过程输出的带标签和链接主键的数据记录，具有同一 GroupKey 的数据记录将被分区到同一 Reduce 节点上，通过 reduce() 方法，将对这些来自不同数据源、具有同一 GroupKey 的数据记录自动完成叉积组合处理。然后对每一个叉积组合下的数据记录，程序员需要实现抽象方法 combine() 以告知系统如何具体完成数据记录的合并和链接处理。注意，这里的 combine() 方法与 MapReduce 框架中的 Combiner 类完全不同，要注意区分。

基于 DataJoinReducerBase 实现 Reducer 的完整代码如下：

```
public static class ReduceClass extends DataJoinReducerBase
{
    protected TaggedMapOutput combine(Object[] tags,Object[] values)
    {
        // 以下数据源，没有需要链接的数据记录 if(tags.length<2)
                return null;
        String joinedData="";
          for (int i=0;i<values.length;i++)
          {
            if(i>0)
                joinedData+="," ;
            TaggedRecordWritable trw=(TaggedRecordWritable)values[i];
            String recordLine=((Text)trw.getData()).toString();
            // 把 Customer ID 与后部的字段分为两段
            String[] tokens=recordLine.split(",",2);
            // 拼接一次 Customer ID
            if(i==0)
                joinedData+=tokens[0];
```

// 拼接每个数据源记录后部的字段

}

TaggedRecordWritable retv=new TaggedRecordWritable(new TextgomedData));

// 把第一个数据源标签设为 join 后记录的标签

retv.setTag((Text)tags[0]);

//join 后的数据记录将在 reduce() 中与 GroupKey 一起输出

return retv;

}

}

最后该示例程序的作业配置和执行代码如下：

```
public class DataJoinDemo
{
    public static void main(String[]args)throws Exception
    {
        Conngurationconf=getConf() ;
        JobConfjob=new JobConf(conf,DataJoinDemo.class);
        Path in=new Path(args[0]);
        Path out=new Path(args[l]);
        FileInputFormat.setInputPaths(job,in);
        FileOutputFormat.setOutputPaths(job.out);
        job.seUobName("DataJoin");
        job.setMapperClass(MapClass.class);
        job.setReducerClass(Reduce.class);
        job.setInputFormat(TextInputFormat.class);
        job.setOutputFormat(TextOutputFormat.class);
        job.setOutputKeyClass(Text.class);
        job.setOutputValueClass(TaggedRecordWritable.class);
        job.set("mapred.textoutputformat.separator",",") ;
        Job.waitForCompletion(true);
    }
}
```

108

第六节　MapReduce 递归扩展与集群算法

很多大规模计算实际上都是递归式求解。一个重要的例子就是后面章节介绍的 PageRank 计算。该计算简单而言即为一个矩阵——向量乘法不动点的计算。基于 MapReduce 计算 PageRank，可以通过迭代应用前面介绍的矩阵——向量乘法算法，或采用后面介绍的一种更为复杂的策略实现。通常整个计算过程会迭代一个未知的步数，每一步都是一个 MapReduce 任务，直到连续两步迭代间的结果充分接近才认为计算过程收敛。

一、MapReduce 递归扩展

递归通常通过 MapReduce 过程的迭代调用实现，其原因是一个真正的递归任务并不具备独立重启失效任务所必需的特性。对于一个相互递归的任务集，其中每个任务的输出至少为某些其他任务的输入，不可能直到任务结束才产生输出。如果所有任务都遵循这个原则，那么任何任务永远都不能收到任何输入，任何工作都无法完成。因此，在存在递归工作流（即工作流图是有向的）的系统中，必须要引入一些特别的机制处理任务失效问题而不只是简单地重启。以下为考察一个采用工作流的递归实现样例，讨论处理任务失效的各种方法。

例如，假设有一个有向图，它的边可以通过关系 $E(X,Y)$ 表示，$E(X,Y)$ 表示从节点 X 到节点 Y 有一条边。此处的目标是计算路径关系 $P(X,Y)$，即在 X 和 Y 之间存在一条路径，路径的长度至少为 1。一个简单的递归实现算法如下：

（1）令 $P(X,Y) = E(X,Y)$。

（2）当 P 发生改变时，将下列元组加入 P

$$\pi_{X,Y}\big(P(X,Y) \bowtie P(Z,Y)\big)$$

也就是说，寻找节点 X 和 Y，其中 X 到某个节点 Z 存在路径，而 Z 到 Y 也存在路径。

图 3-17 是组织递归任务执行计算的示意图。在此存在两类任务：连接任务和去重任务。其中，连接任务有 n 个，每个任务对应哈希函数 h 的一个输出结果。当发现 a、b 间存在路径时，元组 $P(a、b)$ 就会变成两个编号，分别是 $h(a)$ 和 $h(b)$ 的连续任务的输入。而当第 i 个连接任务收到输入元组 $P(a、b)$ 时，它的工作就是寻找某些以前看到过的元组。

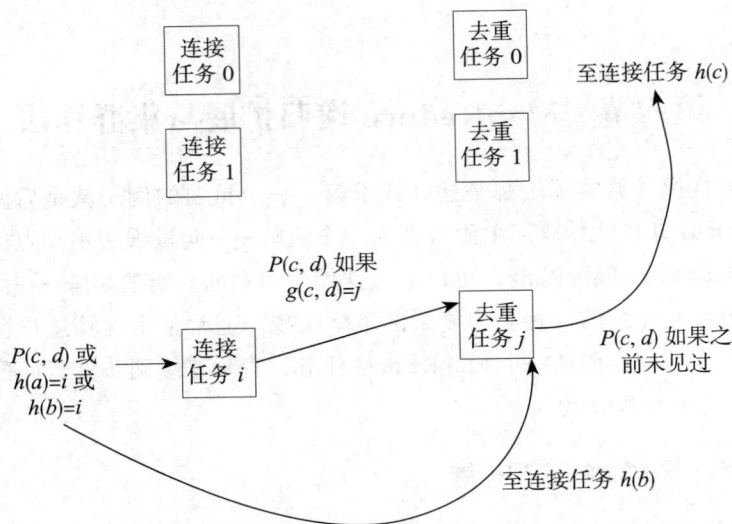

图 3-17 递归任务集上传递闭包的实现示意图

（1）将 $P(a、b)$ 存于本地。

（2）如果 $h(a) = i$，则寻找元组 $P(x，a)$ 并输出元组 $P(x、b)$。

（3）如果 $h(b) = i$，则寻找元组 $P(b，y)$ 并输出元组 $P(a、y)$。

注意，只有在极为罕见的情况下才会有 $h(a) = h(b)$，此时步骤（2）和步骤（3）才会同时执行。但通常来说，对于一个给定的输入元组，步骤（2）和步骤（3）只有一个会执行。

同时，还存在 m 个查重任务，每个任务对应哈希函数 g 的一个输出结果，而 g 有两个输入参数：如果 $P(c,d)$ 为某个连接任务的输出，那么它将传递给第 j 个查看任务，其中 $j = g(c,d)$。收到 $P(c,d)$ 后，第 j 个查看任务会检查以前是否收到过该元组，因为这是查看任务。如果以前收到过，该元组将被忽略。否则，它将会在本地存放并传递给两个编号为 $h(c)$ 和 $h(d)$ 的连接任务。

每个连接任务会输出 m 个文件，每个文件都对应一个查看任务，而每个查看任务又会输出 n 个文件，每个文件对应一个连接任务。这些文件可以按照任一策略进行分布。一开始，$E(a,b)$ 这个表示边的元组分布到查看任务，$E(a,b)$ 将以 $P(a,b)$ 的方式传送到编号为 $g(a,b)$ 的查看任务。主控进程将一直等待直到每个连接任务完成对其完整输入的一轮处理。然后，所有的输出文件分布到查重任务作为它们自己的输入。查看任务的输出结果又传递连接任务作为它们下一轮的输入。另一种可选的方式为，每个任务可以一直等待，直到它产生足够的输出证明传送输出文件到目标任务的合法性，即使该任务还没使用所有的输入，也可以这样做。

上例中，两类任务并不是必需的。其实，由于连接任务必须保存以前收到的元组，因此在收到重复元组时即可以进行去重处理。但是，当必须要从任务失效中恢复时，采用上例的做法即具有优势。如果每个任务都保存其曾经产生的所有输出文件，并且连接任务和查重任务分别置放在不同的机架上，即可以处理任何单计算节点故障或单机架故障。也就是说，一个必须重启的连接任务能够获得所有以前产生的结果，这些结果是查看任务所必需的输入，反之亦然。

在上述计算传递闭包的例子中，防止重启任务产生原先任务产生过的结果并无必要。在传递闭包的计算中，某条路径的重新发现也不影响最终的结果。然而，很多计算不能容忍的一种情况是，原始任务和重启任务都将同样输出传递给另外一个任务。例如，当计算的最后一步是聚合时，计算两次路径就会获得错误的结果。这种情况下，主控进程会记录每个任务产生并传递给其他任务的文件是哪些，然后重启失效任务并忽略那些重启任务中再次产生的文件。

二、集群计算算法的效率问题

（一）集群计算的通信开销模型

设想某个算法基于无环网络组成的任务实现。这些任务可以是标准MapReduce算法中Map任务输出给Reduce任务的方式，或者是多个MapReduce作业的串联，或者是一个更一般化的工作流结构。如果该结构中包含多个任务，每个任务均实现了图3-18所示的工作流，即某个任务的通信开销即为输入的大小。该大小可以通过字节数度量。但是，由于下面将以关系数据库运算为例，所以将元组的数目作为度量指标。

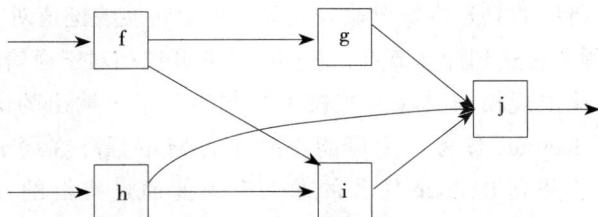

图3-18 比两步MapReduce更复杂的工作流示意图

一个算法的通信开销是实现该算法的所有任务的通信开销之和。我们将集中关注通过通信开销度量算法效率的方法。特别地，估计算法的运行时间并不考虑每个任务的执行时间。当存在例外时，即任务的执行时间占据主要比例时，要从以下几方面关注通信开销。

（1）算法中的每个执行任务一般都非常简单，时间复杂度最多和输入规模成线性关系。

（2）计算集群中典型的互联速度是 Gb/s，这看上去似乎很快，但是与处理器执行指令的速度相比，还是要低一些。因此，在任务传输元素的同等时间内，计算节点可以在收到输入元素后做大量工作。

（3）即使任务在某个计算节点执行时，该节点正好有任务需要的文件块，然而由于文件块通常存放在磁盘上，将它们输送到内存的时间可能会长于文件块到达内存后所需的处理时间。

假定通信开销占主要地位，那么为什么仅仅计算输入规模而不是输出规模？该问题的答案主要包括两个要点。

（1）如果任务 τ 的输出是另一个任务的输入，那么当度量接收任务的输入规模时，任务 τ 的输出规模已经被计算。因此，没有理由计算任务的输出规模，除非这些任务的输出直接构成整个算法的最终结果。

（2）实际应用中，任务的输出规模与输入规模或任务产生的中间数据相比，几乎都要更小一些。这主要是因为大量的输出如果不进行概括或聚合处理就不能用。

例如，假设对价 $R(A,B)$、$S(A,B)$ 这两个关系进行连接运算，即求解 $R(A,B) \bowtie S(A,B)$，关系 R 和 S 的规模分别为 r 和 s。R 和 S 文件的每个文件块传递给一个 Map 任务，因此所有 Map 任务的通信开销之和为 $r+s$。值得注意的是，在典型的执行过程中，每个 Map 任务将在一个拥有相应文件块的计算节点执行，因此 Map 任务的执行不需要节点间的通信。但是 Map 任务必须要从磁盘读入数据。由于所有 Map 任务所做的只是将每个输入元组简单地转换成键值对，所以不论输入来自本地还是必须要传送到计算节点，它们的计算开销相对于通信开销都会很小。

Map 任务的输出规模与其输入规模大体相当。每个输出的键值对传给一个 Reduce 任务，该 Reduce 任务不太可能与刚才的 Map 任务在同一计算节点上运行。因此，Map 任务到 Reduce 任务的通信有可能通过集群的互联实现，而不是从内存到磁盘的传输。该通信的开销为 $O(r+s)$，因此连接算法的通信开销是 $O(r+s)$。

注意，Reduce 任务可以使用所收到元组的哈希连接方式。该过程包括将收到的每一个元组基于万字段值进行哈希，该哈希函数不同于将元组分配给不同

Reduce 任务的哈希函数。本地的哈希连接花费的时间和收到的元组个数之间存在线性关系，因此其复杂度也是 $O(r+s)$。

哈希连接的输出规模可能比 $r+s$ 大也可能比 $r+s$ 小，这取决于给定的 R 元组和 S 元组能够连接的可能性。举例来说，如果有很多不等的 B 字段值，那么可以想象结果的规模会较小，而如果不同的 B 字段值很小，输出的规模可能会很大。然而，将遵循如下假设：如果哈希连接的输出规模较小，那么可以通过某些聚合操作减少输出的规模。而聚合运算往往在 Reduce 任务中执行并输出结果。

（二）多路连接

为了理解怎样通过分析通信开销选择集群计算环境下的算法，本节将以多路链接（Multiway Join）为例进行深入考察。存在一个一般性理论可供进行如下处理。

（1）选定自然链接中的关系的某些属性并将它们的值哈希到一定数量的桶中。

（2）每个属性选择桶的数目的乘积为 k，是即将使用的 Reduce 任务的数目。

（3）利用桶编号向量标记 k 个 Reduce 任务的每一个，其中向量的每一个分量对应属性上的哈希结果。

（4）将每个关系的元组传递给可能会找到元组与之链接的所有 Reduce 任务。也就是说，给定元组 t 的某些哈希属性值，因此可以对这些值进行哈希以确定 Reduce 任务标识向量中的部分分量。标识向量中的其他分量是未知的，因此 t 一定要传递给未知分量所有可能取值所对应的所有 Reduce 任务。

此处仅考察了三个关系的连接运算，即 $R(A,B) \bowtie S(A,B) \bowtie T(A,B)$。假定关系 R、S 和 T 的规模分别是 r、s 和 t。为简化起见，假定下列事件的概率为 p。

（1）一个 R 元组和一个 S 元组的 B 字段一致的概率。

（2）一个 S 元组和一个 T 元组的 C 字段一致的概率。

例如，假设 $b=c=4$，因此 $k=16$。这 16 个 Reduce 任务可以想象成按照矩形安排。

如果有一个假想的 S 元组 $S(v,w)$，其满足 $h(v)=2$ 且 $g(w)=1$。Map 任务仅将该元组传递给 Reduce 任务 (2, 1)。另一个 R 元组 $R(u,v)$，由于 $h(v)=2$，该元组被传递给所有形如 $(2,y)$ 的 Reduce 任务，其中 $y=1$，2，3，4。最后，看到有一个 T 元组 $T(w,x)$，由于 $g(w)=1$，它应该被传递给所有形如 $(z,1)$ 的 Reduce 任务，其中 $z=1$，2，3，4。注意，这是在进行元组链接运算，这三个元组仅仅只在一个编号为 (2,1) 的 Reduce 任务中才会相遇。

现假设 R、S 和 T 的规模各不相同，和前面一样，分别用 r、s 及 t 来表示。如果将 B 字段值哈希到 b 个桶，将 C 字段哈希到 c 个桶，其中 $bc = k$，那么将所有元组传递到合适的 Reduce 任务的总通信开销为下列值的和。

（1）s——将每个元组 $S(v,w)$ 仅仅传递一次到 Reduce 任务 $(h(v), g(w))$。

（2）cr——将每个元组 $R(u,v)$ 传递到 c 个 Reduce 任务 $(h(v), y)$，y 的可能取值有 c 个。

（3）bt——将每个元组 $T(w,x)$ 传递到 b 个 Reduce 任务 $(z, g(w))$，z 的可能取值有 b 个。

另外，将每个关系的每个元组输入到某个 Map 任务还有 $r + s + t$ 的开销，这个开销为固定的，与 b、c 和 k 无关。

必须选择 b 和 c，它们要满足限制条件 $bc = k$，并且要使 $s + cr + bt$ 最小。可以采用拉格朗日乘子法求解，即令函 $s + cr + bt - \lambda(bc - k)$ 对 b 和 c 的偏导数值为 0，即必须求解方程组

$$\begin{cases} r - \lambda b = 0 \\ t - \lambda c = 0 \end{cases}$$

由于 $r = \lambda b$ 且 $t = \lambda c$，将两个等式对应的左边与左边相乘，右边与右边相乘有 $rt = \lambda 2bc$，又由于 $bc = k$，于是得到 $rt = \lambda 2k$，求得 $\lambda = \sqrt{\dfrac{rt}{k}}$。因此，当 $c = \dfrac{t}{\lambda} = \sqrt{\dfrac{kt}{r}}$，$b = \dfrac{r}{\lambda} = \sqrt{\dfrac{kr}{t}}$ 时通信开销取最小值。

将上述取值代入 $s + cr + bt$ 得到 $s + 2\sqrt{krt}$。这就是 Reduce 任务的通信开销，然后再加上 Map 任务的通信开销 $s + r + t$。后者通常比前者小一个因子 $O(\sqrt{k})$，因此在大多数情况下，只要 Reduce 任务的数目足够大即可以忽略不计。

第四章 Hadoop RPC 框架结构

网络通信模块是分布式系统中最底层的模块。它直接支撑了上层分布式环境下复杂的进程间通信（Inter-Process Communication，IPC）逻辑，是所有分布式系统的基础。远程过程调用（Remote Procedure Call，RPC）是一种常用的分布式网络通信协议。它允许运行于一台计算机的程序调用另一台计算机的子程序，同时将网络的通信细节隐藏起来，使用户无须额外地为这个交互作用编程。由于 RPC 大大简化了分布式程序开发，因此它备受欢迎。作为一个分布式系统，Hadoop 实现了自己的 RPC 通信协议，是上层多个分布式子系统（如 MapReduce，HDFS，HBase 等）公用的网络通信模块。本章首先从框架设计及实现等方面介绍 Hadoop RPC，接着介绍该 RPC 框架在 Hadoop MapReduce 中的应用。

第一节 Hadoop RPC 基本框架分析

一、Hadoop RPC 框架概述

（一）Hadoop RPC 的特点

RPC 实际上是分布式计算中客户机 / 服务器（Client/Server）模型的一个应用实例。对于 Hadoop RPC 而言，它具有以下几个特点。

1.透明性

这是所有 RPC 框架的最根本特征，即当用户在一台计算机的程序调用另外一台计算机上的子程序时，用户自身不应感觉到其间涉及跨机器间的通信，而是感觉像是在执行一个本地调用。

2.高性能

Hadoop 的各个系统（如 HDFS，MapReduce）均采用了 Master/Slave 结构。其中，Master 实际上是一个 RPC server，它负责处理集群中所有 Slave 发送的服务请求。为了保证 Master 的并发处理能力，RPC server 应是一个高性能服务器，能够高效地处理来自多个 Client 的并发 RPC 请求。

3.可控性

JDK 中已经自带了一个 RPC 框架——RMI（Remote Method Invocation，远程方法调用）。之所以不直接使用该框架，主要是因为 RPC 是 Hadoop 最底层、最核心的模块，保证其轻量级、高性能和可控性显得尤为重要，而 RMI 重量级过大且用户可控之处太少（如网络连接、超时和缓冲等均难以定制或者修改）。

（二）Hadoop RPC 组成部分

与其他 RPC 框架一样，Hadoop RPC 主要分为四个部分，分别是序列化层、函数调用层、网络传输层和服务器端处理框架。

1.序列化层

主要作用是将结构化对象转为字节流以便于通过网络进行传输或写入持久存储。在 RPC 框架中，它主要用于将用户请求中的参数或者应答转化成字节流以便跨机器传输。Hadoop 自己实现了序列化框架，一个类只要实现 Writable 接口，即可支持对象序列化与反序列化。

2.函数调用层

主要功能是定位要调用的函数并执行该函数。

3.网络传输层

描述了 Client 与 Server 之间消息传输的方式。Hadoop RPC 采用了基于 TCP/IP 的 Socket 机制。

4 服务器端处理框架

可被抽象为网络 I/O 模型。它描述了客户端与服务器端间信息交互的方式。它的设计直接决定着服务器端的并发处理能力。常见的网络 I/O 模型有阻塞式 I/O、非阻塞式 I/O、事件驱动 I/O 等，而 Hadoop RPC 采用了基于 Reactor 设计模式的事件驱动 I/O 模型。

Hadoop RPC 总体架构如图 4-1 所示，自下而上可分为两层。第一层是一个基于 Java NIO（New 10）实现的客户机/服务器（Client/Server）通信模型。其中，客户端将用户的调用方法及其参数封装成请求包后发送到服务器端。服务器端收到请求包后，经解包、调用函数、打包结果等一系列操作后，将结果返回给服务器端。为了增强 Server 端的扩展性和并发处理能力，Hadoop RPC 采用了基于事件驱动的 Reactor 设计模式，在具体实现时，用到了 JDK 提供的各种功能包，主要包括 java.nio（NIO）、java.lang.reflect（反射机制和动态代理）、java.net（网络编程库）等。第二层是供更上层程序直接调用的 RPC 接口，这些接口底层即为客户机 / 服务器通信模型。

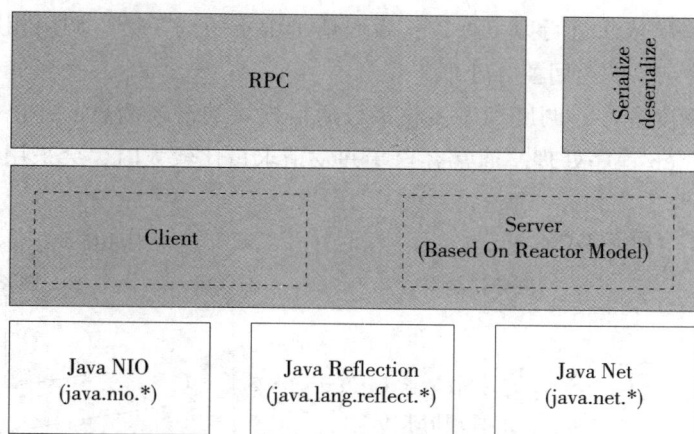

图 4-1 Hadoop RPC 总体架构图

二、RPC 的基本概念

RPC 是一种提供网络从远程计算机上请求服务，但不需要了解底层网络技术的协议。RPC 协议假定某些传输协议已经存在，如 TCP（传输控制协议）或 UDP（用户数据报协议）等，并通过这些传输协议在通信程序之间传递访问请求或者应答信息。在 OSI 网络通信模型中，RPC 跨越了传输层和应用层。RPC 使开发分布式应用程序更加容易。

RPC 通常采用客户机 / 服务器模型。请求程序是一个客户机，而服务提供程序则是一个服务器。一个典型的 RPC 框架主要包括以下几个部分。

第一，通信模块：两个相互协作的通信模块实现请求——应答协议。它们在客户机和服务器之间传递请求和应答消息，一般不会对数据包进行任何处理。

请求—应答协议的实现方式有两种，分别是同步方式和异步方式。如图 4-2 所示，同步模式下客户端程序一直阻止服务器端发送的应答请求到达本地；异步模式则不同，客户端将请求发送到服务器端后，不必等待应答返回，可以做其他事情，待服务器端处理完请求后，主动通知客户端。在高并发应用场景中，一般采用异步模式以降低访问延迟和提高带宽利用率。

第二，Stub 程序：客户端和服务器端均包含 Stub 程序，可将之看作代理程序。它使远程函数调用表现得跟本地调用一样，对用户程序完全透明。在客户端，它表现得就像一个本地程序，但不直接执行本地调用，而是将请求信息通过网络模块发送给服务器端。此外，当服务器端发送应答后，它会解码对应结果。在服务器端，Stub 程序依次进行以下处理：解码请求消息中的参数、调用相应的服务过程和编码应答结果的返回值等处理。

第三，调度程序：调度程序接收来自通信模块的请求消息，并根据其中的标识选择一个 Stub 程序处理。通常客户端并发请求量比较大时，会采用线程池提高处理效率。

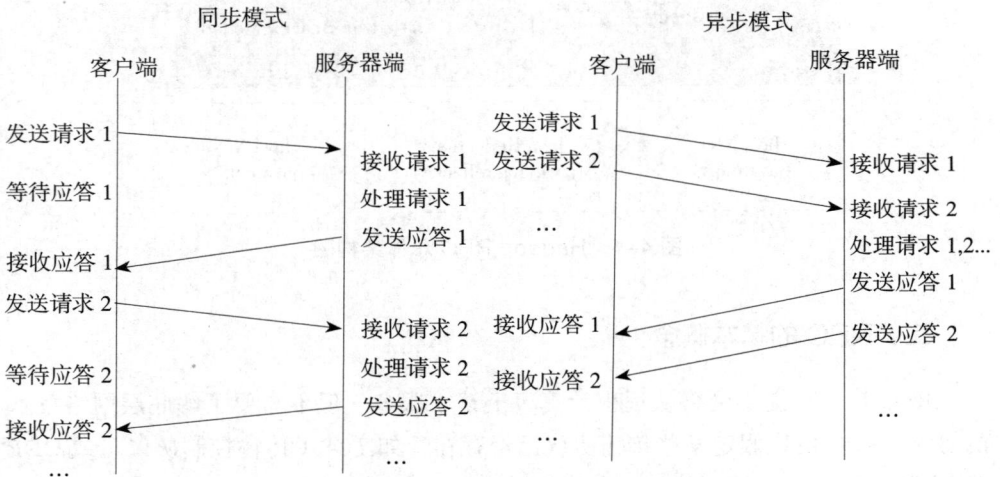

图 4-2　同步模式与异步模式对比

客户程序 / 服务过程：请求的发出者和请求的处理者。如果是单机环境，客户程序可直接通过函数调用访问服务过程，但在分布式环境下，需要考虑网络通信，这不得不增加通信模块和 Stub 程序（保证函数调用的透明性）。

通常而言，一个 RPC 请求从发送到获取处理结果，所经历的步骤如下（图 4-3）。

步骤 1：客户程序以本地方式调用系统产生的 Stub 程序。

步骤 2：该 Stub 程序将函数调用信息按照网络通信模块的要求封装成消息包，并交给通信模块发送到远程服务器端。

118

步骤 3：远程服务器端接收此消息后，将此消息发送给相应的 stub 程序。

步骤 4：Stub 程序拆封消息，形成被调过程要求的形式，并调用对应的函数。

步骤 5：被调用函数按照所获参数执行，并将结果返回给 Stub 程序。

步骤 6：Stub 程序将此结果封装成消息，通过网络通信模块逐级地传送给客户程序。

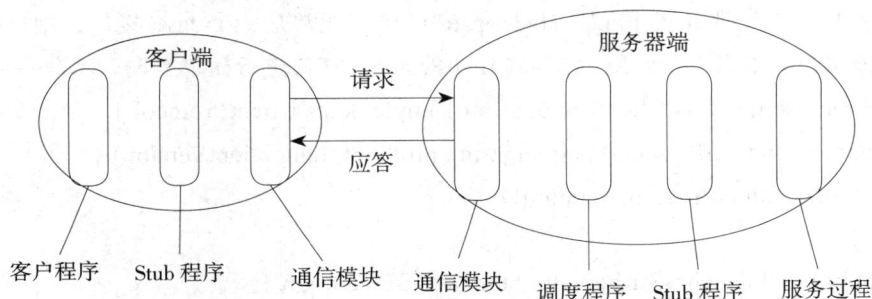

图 4-3　RPC 通用架构

三、Hadoop RPC 基本框架

（一）Hadoop RPC 的使用

在正式介绍 Hadoop RPC 基本框架之前，先介绍怎么使用它。Hadoop RPC 对外主要提供了两种接口。

第一，public static VersionedProtocol getProxy/waitForProxy()：构造一个客户端代理对象（该对象实现了某个协议），用于向服务器端发送 RPC 请求。

第二，public static Server getServer()：为某个协议（实际上是 Java 接口）实例构造一个服务器对象，用于处理客户端发送的请求。

通常而言，Hadoop RPC 使用方法可分为以下几个步骤。

步骤 1：定义 RPC 协议。RPC 协议是客户端和服务器端之间的通信接口，它定义了服务器端对外提供的服务接口。如以下代码所示，我们定义了一个 ClientProtocol 通信接口，它声明了两个方法：echo() 和 add()。需要注意的是，Hadoop 中所有自定义 RPC 接口都需要继承 VersionedProtocol 接口，它描述了协议的版本信息。

interface ClientProtocol extends org.apache.hadoop.ipc.VersionedProtocol {

// 版本号。默认情况下，不同版本号的 RPC Client 和 Server 之间不能相互通信

```
public static final long versionID = 1L;
    String echo(String value) throws
    IOException;
    int add(int v1, int v2) throws IOException;
}
```

步骤 2：实现 RPC 协议。Hadoop RPC 协议通常是一个 Java 接口，用户需要实现该接口。如以下代码所示，对 ClientProtocol 接口进行简单实现。

```
public static class ClientProtocolImp1 implements ClientProtocol {
public long getProtocolVersion(String protocol, long clientVersion) {
  return ClientProtocol.versionID;
  }
public string echo(String value) throws IOException {
return value;
  }
public int add{int v1, int v2) throws IOException {
return v1 + v2;
  }
}
```

步骤 3：构造并启动 RPC Server。直接使用静态方法 getServer() 构造一个 RPC Server，并调用函数 start() 启动该 Server:

```
server = RPC.getServer(new ClientProtocolImpl(), serverHost, serverPort,
numHandlers. false. conf);
 server.start();
```

其中，serverHost 和 serverPort 分别表示服务器的 host 和监听端口，而 numHandlers 表示服务器端处理请求的线程数目。到此为止，服务器处理监听状态，等待客户端的请求到达。

步骤 4：构造 RPCClient, 并发送 RPC 请求。使用静态方法 getProxy() 构造客户端代理对象，直接通过代理对象调用远程端的方法，具体如下所示：

```
proxy = (ClientProtocol)RPC.getProxy(
ClientProtocol.class, ClientProtocol.versionID, addr, conf);
int result = proxy.add(5,6);
String echoResult = proxy. echo ("result");
```

　　经过以上四步，我们就利用 Hadoop RPC 搭建了一个客户机/服务器网络模型。接下来，我们将深入 Hadoop RPC 内部，剖析它的设计原理及设计技巧。

　　Hadoop RPC 主要由三个大类组成，分别是 RPC、Client 和 Server，分别对应对外编程接口、客户端实现和服务器端实现。

（二）ipc.RPC 类分析

　　RPC 类实际上是对底层客户机/服务器网络模型的封装，以便为程序员提供一套更方便简洁的编程接口。

　　如图 4-4 所示，RPC 类自定义了一个内部类 RPC.Server。它继承 Server 抽象类，并利用 Java 反射机制实现了 call 接口（Server 抽象类中并未给出该接口的实现），即根据客户端请求中的调用方法名称和对应参数完成方法调用。RPC 类包含一个 ClientCache 类型的成员变量，它根据用户提供的 SocketFactory 缓存 Client 对象，以达到重用 Client 对象的目的。

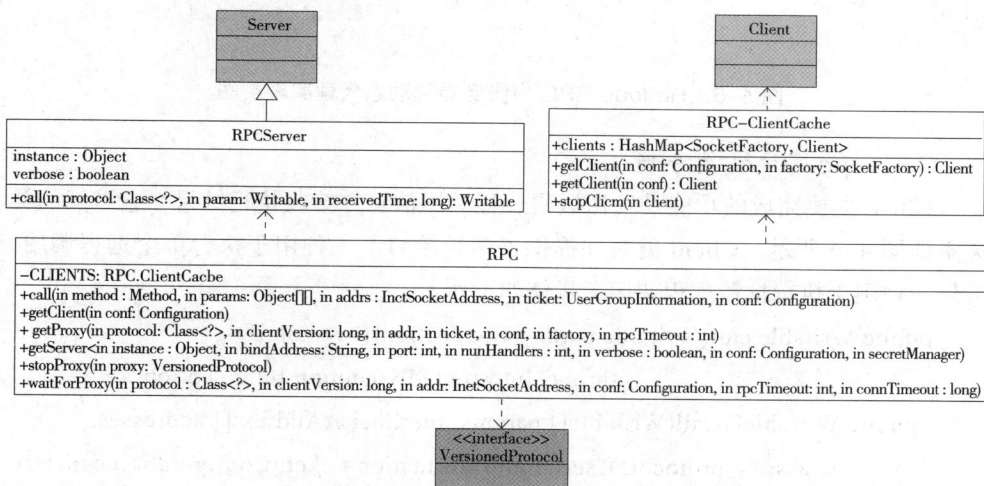

图 4-4　**Hadoop RPC 的主要类关系图**

　　Hadoop RPC 使用了 Java 动态代理完成对远程方法的调用。我们介绍了 Java 动态代理机制：用户只需实现 java.lang.reflect.InvocationHandler 接口，并按照自己的需求实现 invoke 方法即可完成动态代理类对象上的方法调用；我们还在代码中给出了一个本地动态代理实例。但对于 Hadoop RPC，函数调用由客户端发出，并在服务器端执行并返回，不能通过本地动态代理实例代码直接在 invoke 方法中本地调用相关函数。它的做法是，在 invoke 方法中，将函数调用信息（函数名、函数参数列表等）打包成可序列化的 Invocation 对象，并通过网络发送给服务器端，服务器端收到该调用信息后，解析出函数名和函数参数列表等信息，利用 Java 反射机制完成函数调用，其间涉及的类关系如图 4-5 所示。

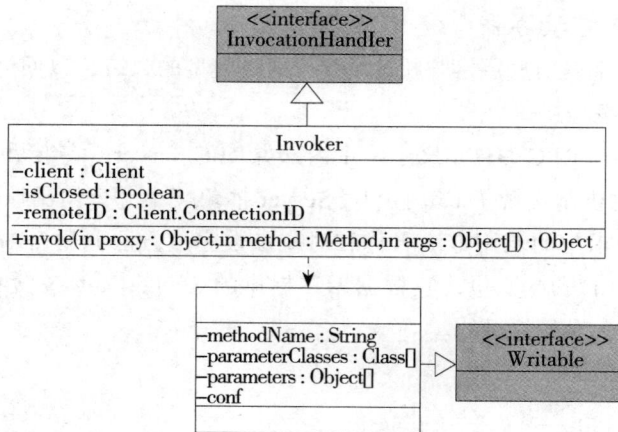

图 4-5　Hadoop RPC 中服务器端动态代理实现类图

（三）ipc.Client 类分析

Client 主要完成的功能是发送远程过程调用信息并接收执行结果。它涉及的类关系如图 4-6 所示。Client 类对外提供了两种接口，一种用于执行单个远程调用。另外一种用于执行批量远程调用，具体如下所示：

public Writable call(Writable param, ConnectionID remoteID)
　　　　　　　　　　　　throws InterruptedException,IOException;
　public Writable[] call(Writable[] params, InerSocketAddress[] addresses,
　　　　Class<?> protocol, UserGroupInformation ticket, Configuration conf)
　　　　throws IOException, InterruptedException ;

Client 内部有两个重要的内部类，分别是 Call 和 Connection。

1.Call 类

该类封装了一个 RPC 请求，它包含五个成员变量，分别是唯一标识 id、函数调用信息 param、函数执行返回值 value，异常信息 error 和执行完成标识符 done。由于 Hadoop RPC Server 采用了异步方式处理客户端请求，这使远程过程调用的发生顺序与结果返回顺序无直接关系，而 Client 端正是通过 id 识别不同的函数调用。当客户端向服务器端发送请求时，只需填充 *id* 和 *param* 两个变量，而剩下的三个变量：*value*，*error* 和 *done*，则由服务器端根据函数执行情况填充。

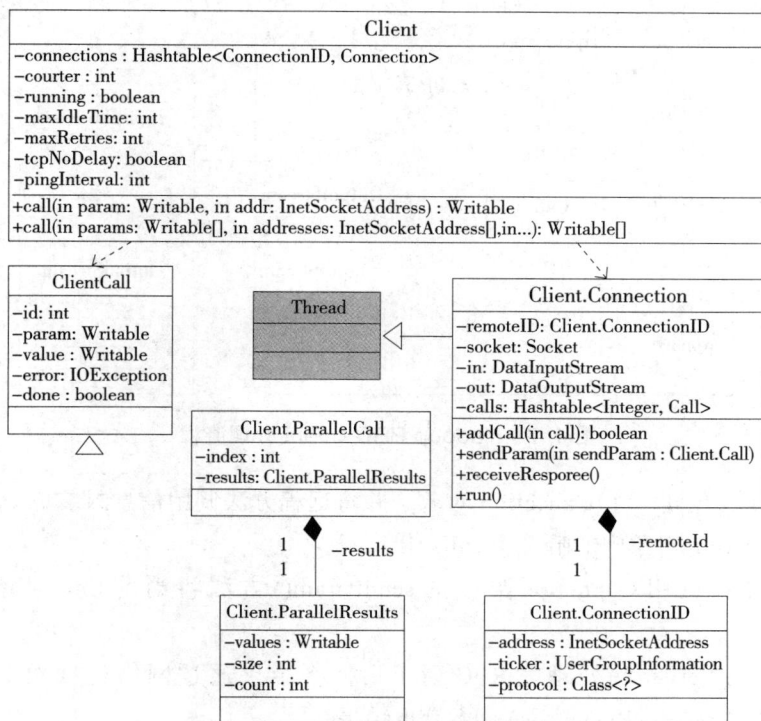

图 4-6　Client 类图

2.Connection 类

用 Client 与每个 Server 之间维持一个通信链接。该链接相关的基本信息及操作被封装到 Connection 类中。其中，基本信息主要包括：通信链接唯一标识 (remoteID)，与 Server 端通信的 Socket (socket)，网络输入数据流 (in)，网络输出流 (out)，保存 RPC 请求的哈希表 (calls)，等等。操作则包括以下步骤。

步骤 1：addCall，将一个 Call 对象添加到哈希表中。

步骤 2：sendParam，向服务器端发送 RPC 请求。

步骤 3：receiveResponse，从服务器端接收已经处理完成的 RPC 请求。

步骤 4：runConnetion:，是一个线程类，它的 run 方法调用了 receiveResponse 方法，会一直等待接收 RPC 返回结果。

当调用 call 函数执行某个远程方法时，Client 端需要进行如图 4-7 所示的几个步骤。

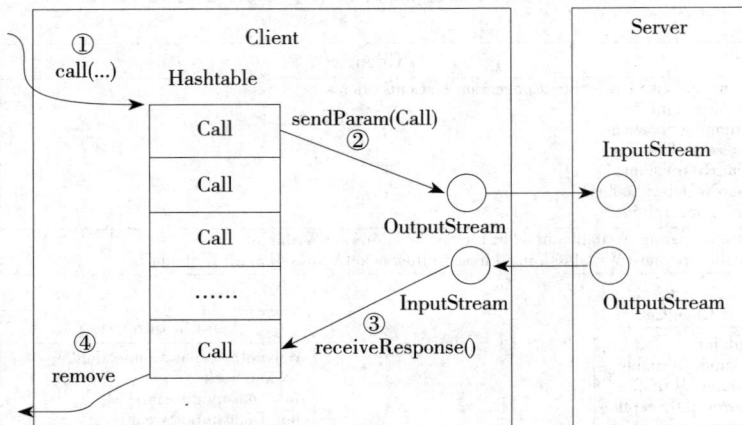

图 4-7　Hadoop PRC Client 处理流程

步骤 1：创建一个 Cnnection 对象，并将远程方法调用信息封装成 Call 对象，放到 Connection 对象中的哈希表 calls 中。

步骤 2：调用 Connetion 类中的 sendParam() 方法将当前 Call 对象发送给 Server 端。

步骤 3：Server 端处理完 RPC 请求后，将结果通过网络返回给 Client 端，Client 端通过 receiveResponse() 函数获取结果。

步骤 4：Client 端检查结果处理状态（成功还是失败），并将对应的 Call 对象从哈希表中删除。

（四）ipc.Server 类分析

1.ipc.Server 采用的技术

Hadoop 采用了 Master/Slave 结构。其中，Master 是整个系统的单点，如 NameNode 或 JobTracker，这是制约系统性能和可扩展性的最关键的因素之一，而 Master 通过 ipc.Server 接收并处理所有 Slave 发送的请求，这就要求 ipc.Server 将高并发和可扩展性作为设计目标。为此，ipc.Server 采用了很多具有提高并发处理能力的技术，主要包括线程池、事件驱动和 Reactor 设计模式等。这些技术均采用了 JDK 自带的库实现。这里重点分析它是如何利用 Reactor 设计模式提高整体性能的。

Reactor 是并发编程中的一种基于事件驱动的设计模式。它具有以下两个特点：①通过派发 / 分离 I/O 操作事件提高系统的并发性能。②提供了粗粒度的并发控制，

使用单线程实现，避免了复杂的同步处理。典型的 Reactor 实现原理图如图 4–8
所示。

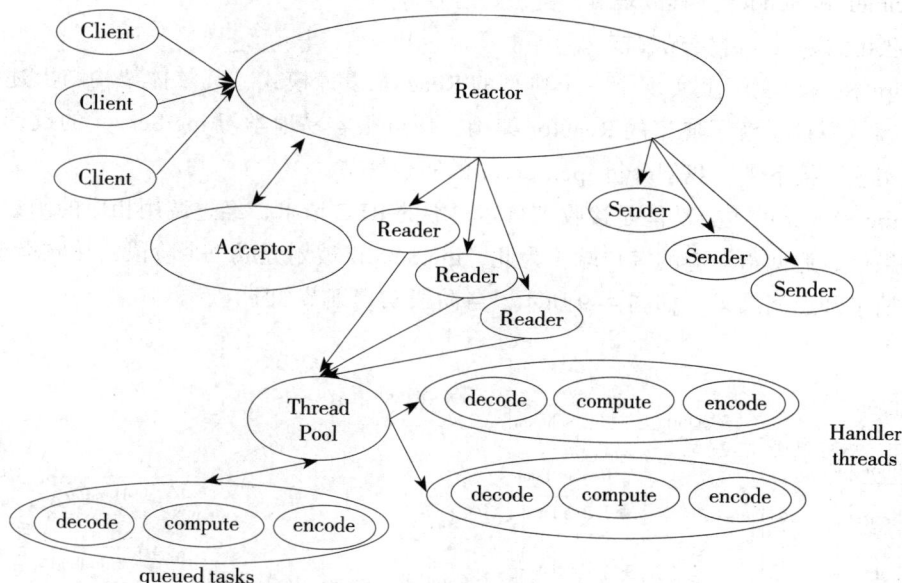

图 4-8　Reactor 模式工作原理图

典型的 Reactor 模式中主要包括以下几个角色。

（1）Reactor

I/O 事件的派发者。

（2）Acceptor

接受来自 Client 的连接，建立与 Client 对应的 Handler，并向 Reactor 注册此
Handler。

（3）Handler

与一个 Client 通信的实体，并按一定的过程实现业务的处理。Handler 内部
往往会有更进一步的层次划分，用来抽象诸如 read，decode，compute，encode
和 send 等的过程。在 Reactor 模式中，业务逻辑被分散的 I/O 事件打破，所以
Handler 需要有适当的机制在所需的信息还不全（读到一半）的时候保存上下文，
并在下一次 I/O 事件到来的时候（另一半可读）能从上次中断处继续处理。

（4）Reader/Sender

为了加快处理速度，Reactor 模式往往构建一个存放数据处理线程的线程池，

这样数据读出后，立即扔到线程池中等待后续处理即可。为此，Reactor 模式一般分离 Handler 中的读和写两个过程，分别注册成单独的读事件和写事件，并由对应的 Reader 和 Sender 线程处理。

2.ipc.Server 的实现细节

ipc.Server 实际上实现了一个典型的 Reactor 设计模式，其整体架构与上述完全一致。一旦了解了典型的 Reactor 架构，便可很容易地学习 ipc.Server 的设计思路及实现。接下来，我们分析 ipc.Server 的实现细节。

ipc.Server 的主要功能是接收来自客户端的 RPC 请求，经过调用相应的函数获取结果后，返回给对应的客户端。为此，ipc.Server 被划分成三个阶段：接收请求、处理请求和返回结果。如图 4-9 所示，各阶段实现细节如下。

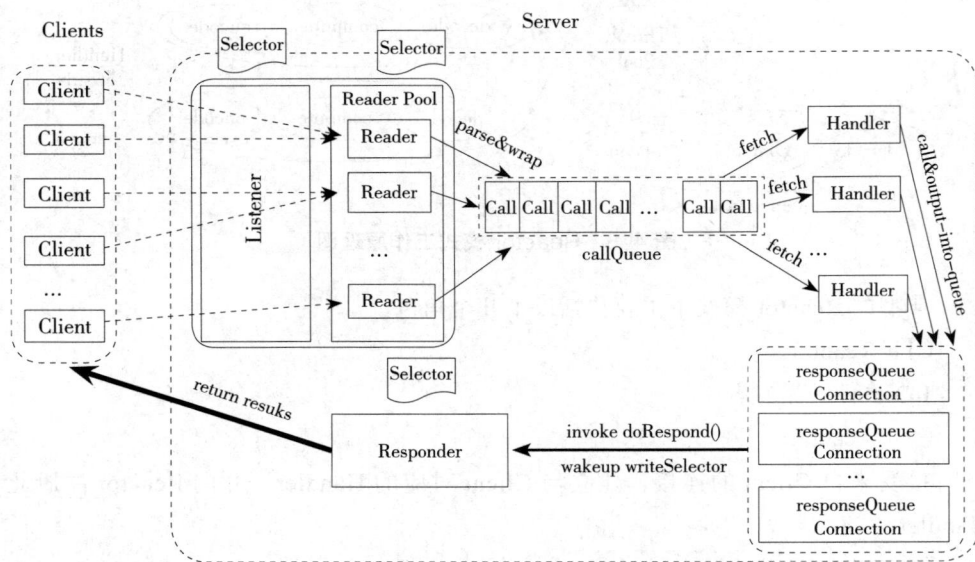

图 4-9　Hadoop PRC Server 处理流程

（1）接收请求

该阶段的主要任务是接收来自各个客户端的 RPC 请求，并将它们封装成固定的格式（Call 类）放到一个共享队列（callQueue）中，以便进行后续处理。该阶段内部又分为两个子阶段：建立连接和接收请求，分别由两种线程完成：Listener 和 Reader。

整个 Server 只有一个 Listener 线程，统一负责监听来自客户端的连接请求。

126

一旦有新的请求到达，它会采用轮询的方式从线程池中选择一个 Reader 线程进行处理。而 Reader 线程可同时存在多个，它们分别负责接收一部分客户端连接的 RPC 请求。至于每个 Reader 线程负责哪些客户端连接，完全由 Listener 决定。当前 Listener 只是采用了简单的轮询分配机制。

　　Listener 和 Reader 线程内部各自包含一个 Selector 对象，分别用于监听 SelectionKey，OP_ACCEPT 和 SelectionKey，OP_READ 事件。对于 Listener 线程，主循环的实现体是监听是否有新的连接请求到达，并采用轮询策略选择一个 Reader 线程处理新连接；对于 Reader 线程，主循环的实现体是监听（它负责的那部分）客户端连接中是否有新的请求到达，并将新的 RPC 请求封装成 Call 对象，放到共享队列 callQueue 中。

　　（2）处理请求

　　该阶段的主要任务是从共享队列 callQueue 中获取 Call 对象，执行对应的函数调用，并将结果返回给客户端，这全部由 Handler 线程完成。

　　Server 端可同时存在多个 Handler 线程。它们并行从共享队列中读取 Call 对象，经执行对应的函数调用后，将尝试着直接将结果返回给对应的客户端。但考虑到某些函数调用返回的结果很大或者网络速度过慢，可能难以将结果一次性发送到客户端，此时 Handler 将尝试着将后续发送任务交给 Responder 线程。

　　（3）返回结果

　　前面提到，每个 Handler 线程执行完函数调用后，会尝试着将执行结果返回给客户端，但对于特殊情况，如函数调用返回的结果过大或者网络异常情况（网速过慢），会将发送任务交给 Responder 线程。

　　Server 端仅存在一个 Responder 线程。它的内部包含一个 Selector 对象，用于监听 SelectionKey，OP_WRITE 事件。当 Handler 没能将结果一次性发送到客户端时，会向该 Selector 对象注册 SelectionKey，OP_WRITE 事件，进而由 Responder 线程采用异步方式继续发送未发送完成的结果。

　　（五）Hadoop RPC 参数调优

　　Hadoop RPC 对外提供了一些可配置参数，以便于用户根据业务需求和硬件环境对其进行调优，主要的配置参数如下。

　　1.Reader 线程数目

　　由参数 ipc.server.read.threadpool.size 配置，默认是 1。也就是说，默认情况下，一个 RPC Server 只包含一个 Reader 线程。

2.每个 Handler 线程对应的最大 Call 数目

由参数 ipc.server.handler.queue.size 指定，默认是 100。也就是说，默认情况下，每个 Handler 线程对应的 Call 队列长度为 100。比如，如果 Handler 数目为 10, 则整个 Call 队列（共享队列 callQueue）最大长度为：$100 \times 10 = 1\,000$。

3.Handler 线程数目

在 Hadoop 中，JobTracker 和 NameNode 分别是 MapReduce 和 HDFS 两个子系统中的 RPC Server，其对应的 Handler 数目分别由参数 mapredjob. tracker.handler. count 和 dfs.namenode.service.handler.count 指定，默认值均为 10。当集群规模较大时，这两个参数值会大大影响系统性能。

4.客户端最大重试次数

在分布式环境下，因网络故障或者其他原因迫使客户端重试连接是很常见的，但尝试次数过多可能不利于对实时性要求较高的应用。客户端最大重试次数由参数 ipc.client.connect.max.retries 指定，默认值为 10，也就是会连续尝试 10 次（每两次之间相隔 1 秒钟）。

四、集成其他开源 RPC 框架

（一）其他开源 RPC 框架的特点

当前存在非常多的开源 RPC 框架，比较有名的有 Thrift，Protocol Buffers 和 Avro。与 Hadoop RPC 一样，它们均由两部分组成：对象序列化和远程过程调用。相比于 Hadoop RPC，它们有以下几个特点。

1.跨语言特性

前面提到，RPC 框架实际上是客户机 / 服务器模型的一个应用实例。对于 Hadoop RPC 而言，由于 Hadoop 采用 Java 语言编写，因而其 RPC 客户端和服务器端仅支持 Java 语言；但对于更通用的 RPC 框架，如 Thrift 或者 Protocol Buffers 等，其客户端和服务器端均可采用任何语言编写，如 Java，C++，Python 等，这给用户编程带来了极大的方便。

2.引入 IDL

开源 RPC 框架均提供了一套接口描述语言（Interface Description Language, IDL)。它提供一套通用的数据类型，并以这些数据类型来定义更为复杂的数据类型和对外服务接口。一旦用户按照 IDL 定义的语法编写完接口文件后，即可根据实际应用需要生成特定的编程语言（如 Java，C++，Python 等）的客户端和服务器端代码。

3. 协议兼容性

开源 RPC 框架在设计上均考虑到了协议兼容性问题，即当协议格式发生改变时，如某个类需要添加或者删除一个成员变量（字段）后，旧版本代码仍然能识别新格式的数据。也就是说，旧版本具有向后兼容性。

（二）Hadoop RPC 的不足

随着 Hadoop 版本的不断演化，研发人员发现 Hadoop RPC 在跨语言支持和协议兼容性两个方面存在不足，具体表现如下。

第一，从长远发展看，Hadoop RPC 应允许某些协议的客户端或者服务器端采用其他语言实现，如用户希望直接使用 C/C++ 语言读写 HDFS 中的文件，这就需要有 C/C++ 语言的 HDFS 客户端。

第二，当前 Hadoop 版本较多，而不同版本之间不能通信。比如，0.20.2 版本的 JobTracker 不能与 0.21.0 版本中的 TaskTracker 通信，如果用户企图这样做，会抛出 VersionMismatch 异常。

为了解决以上两个问题，从 0.21.0 版本开始，Hadoop 尝试着将 RPC 中的序列化部分剥离开，以便将现有的开源 RPC 框架集成进来。经过改进之后，Hadoop RPC 的类关系如图 4-10 所示。RPC 类变成了一个工厂，它将具体的 RPC 实现授权给 RpcEngine 实现类，而现有的开源 RPC 只要实现 RpcEngine 接口，便可以集成到 Hadoop RPC 中。在该图中，WritableRpcEngine 是采用 Hadoop 自带的序列化框架实现的 RPC，而 AvroRpcEngine 和 ProtobufRpcEngine 分别是开源 RPC 框架 Avro 和 Protocol Buffers 对应的 RpcEngine 接口实现。用户可通过配置参数 rpc.engine.{protocol} 以指定协议 {protocol} 采用的 RPC 框架。需要注意的是，当前实现中，Hadoop RPC 只采用这些开源框架的序列化机制，底层的函数调用机制仍采用 Hadoop 自带的。

```
                              RPC
─ORITOOL_ENGINES: Map<Class,RpcEngine>
─PROXY_ENGINES:Map<Class,RpcEngine>
+call(in method:Methed,in params:Object[][],in addrs:InetSocketAddress,in ticket:UserGroupInformation,in conf:Configuration):Object[]
+getProxy(in protocol:Class<?>,in client Version:long,in addr:InetSocketAddress,in...):Object
+getServer(in protocol:Class<?>,in instance:Object,in bindAddress:String,in port:int,in numHandlers:int,in...):RPC.Server
+stopProxy(in proxe:Object)
+waitForProxy(in protocol:Class<?>,in clientVersion:long,in addr:InetSocketAddress,in conf:Configuration,in tinme:long):Object
+getProtocolEngine():RpcEngine
+getProxyEngine():RpcEngine
+setProtocolEngine(in conf:Configuration,in protocol:Class in engine:Class)
```

1
*

```
                    <<interface>>
                     RpcEngine
+getProxy(in protocol:Class,in clientVersion: long,in addr: InetSocketAddress,in...):Object
+stopProxy(): Object
+call(in method: Methed,in params: Object[][],in...):Object[]
+getServer(in protocol: Class, in instance: Object,in bindAddress:S tring,in port:int,in...):RPC.Server
```

| WritableRpcEngine | AvroRpcEngine | ProtobufRpcEngine |

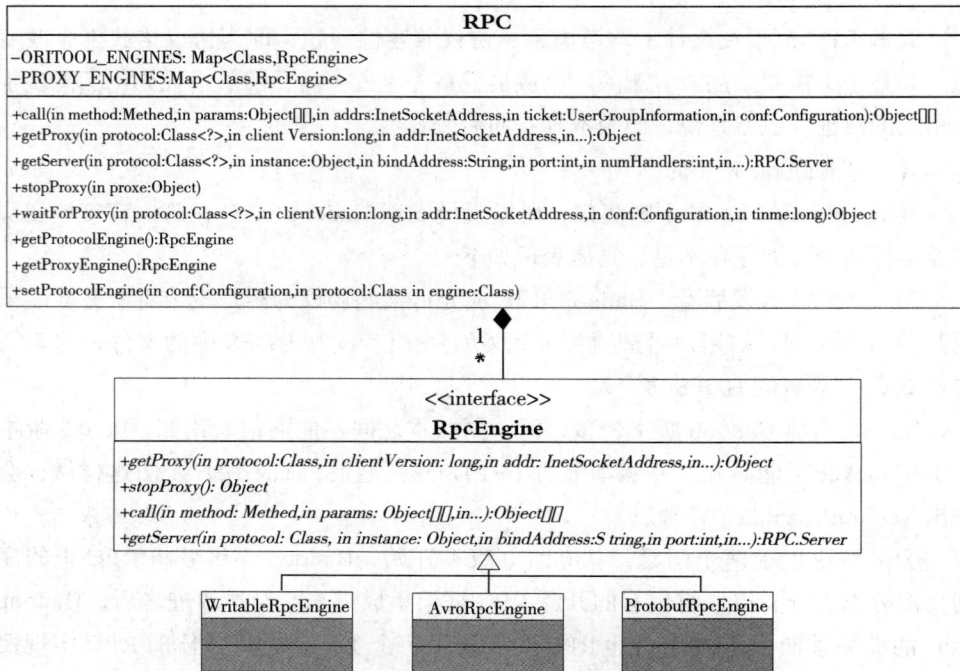

图 4-10　Hadoop RPC 集成多种开源 RPC 框架

（三）下一代 Hadoop 的优点

在下一代的 Hadoop 中，已将 ProtocolBuffers 作为默认的序列化机制（而不是 Hadoop 自带的 Writable），这带来的好处主要表现在以下几个方面。

1. 继承了 Protocol Buffers 的优势

Protocol Buffers 已在实践中证明了其高效性、可扩展性、紧凑性和跨语言特性。首先，它允许在保持向后兼容性的前提下修改协议，如为某个定义好的数据格式添加一个新的字段。其次，它支持多种语言，进而方便用户为某些服务（如 HDFS 的 NameNode) 编写非 Java 客户端。最后，实验表明 Protocol Buffers 比 Hadoop 自带的 Writable 在性能方面有很大提升。

2. 支持升级回滚

Hadoop 2.0.0 及其以上版本中已经将 NameNode HA 方案合并进来。在该方案中，NameNode 有两种角色：Active 和 Standby。其中，Active NameNode 是当前对外提供服务，而 Standby NameNode 则能够在 Active NameNode 出现故障时接替它。在采用 Protocol Buffers 序列化机制后，管理员能够在不停止 NameNode 对外服务的前提下，通过主备 NameNode 之间的切换，依次对主备 NameNode 进行在线升级（不用考虑版本和协议兼容性等问题）。

第二节 MapReduce 通信协议分析

之前重点介绍 MapReduce，因此对 Hadoop RPC 上层系统的分析也只限于 MapReduce 分布式计算框架。在 Hadoop MapReduce 中，不同组件之间的通信协议均是基于 RPC 的。它们就像系统的骨架，支撑起整个 MapReduce 系统。下面我们将详细介绍 Hadoop MapReduce 中所有基于 RPC 的通信协议。

一、MapReduce 通信协议概述

（一）*直接面向* Client 的通信协议

在 Hadoop 1.0.0 版本中，MapReduce 框架中共有 6 个主要的通信协议，具体如图 4-11 所示。其中，直接面向 Client（用户）的通信协议共有 4 个。

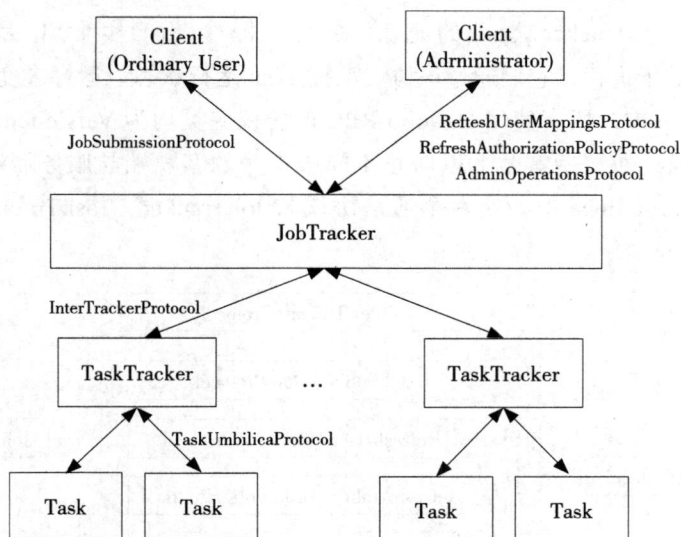

图 4-11 Hadoop MapReduce 通信协议概览

1. JobSubmissionProtocol

Client（一般为普通用户）与 JobTracker 之间的通信协议。用户通过该协议提

交作业，查看作业运行情况等。

2. RefreshUserMappingsProtocol

Client（一般为管理员）通过该协议更新用户—用户组映射关系。

3. RefreshAuthorizationPolicyProtocol

Client（一般为管理员）通过该协议更新 MapReduce 服务级别访问控制列表。

4. AdminOperationsProtocol

Client（一般为管理员）通过该协议更新队列（存在于 JobTracker 或者 Scheduler 中）访问控制列表和节点列表。

在 Hadoop 线上环境中，考虑到安全因素，通常将 JobSubmissionProtocol 使用权限授予普通用户，而其他三个通信协议的权限授予管理员。

（二）位于 MapReduce 框架内部的通信协议

另外，两个通信协议位于 MapReduce 框架内部，具体如下。

1. InterTrackerProtocol

TaskTracker 与 JobTracker 之间的通信协议。TaskTracker 通过相关接口汇报下面节点的资源使用情况和任务运行状态等信息，并执行 JobTracker 发送的命令。

2. TaskUmbilicalProtocol

Task 与 TaskTracker 之间的通信协议。每个 Task 实际上是其同节点 TaskTracker 的子进程，它们通过该协议汇报 Task 运行状态、运行进度等信息。

在 Hadoop 中，所有使用 Hadoop RPC 的协议基类均为 VersionedProtocol。该类主要用于描述协议版本号，以防止不同版本号的客户端与服务器端之间通信。在 Hadoop MapReduce 中，这六个通信协议与 JobTracker，TaskTracker 的类关系如图 4-12 所示。

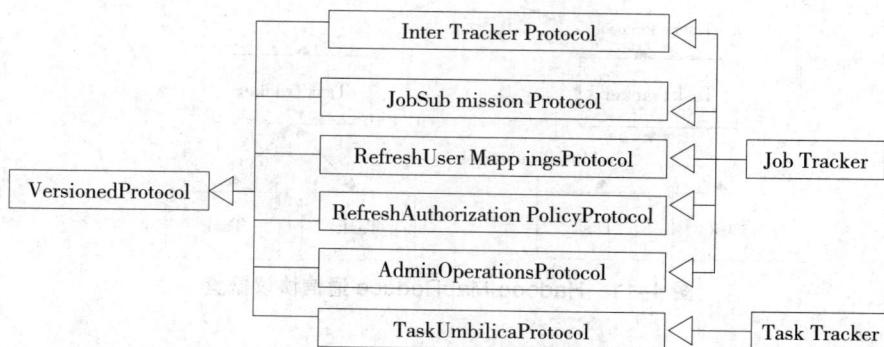

图 4-12　Hadoop MapReduce 通信协议类关系图

二、JobSubmissionProtocol 通信协议

JobSubmissionProtocol 是 Client 与 JobTracker 之间的通信协议。用户可通过该协议提交作业和查看作业运行状态。该协议中的接口可分为三类。

（一）作业提交

Client 可通过以下 RPC 函数提交作业。

public JobStatus submitJob(JobID jobName, String jobSubmitDir, Credentials ts) throws IOException;

其中，jobName 为该作业的 ID, Client 可通过 getNewJobID() 函数为作业获取一个唯一的 ID，jobSubmitDir 为作业文件（如 jar 包、xml 文件等）所在的目录，一般为 HDFS 上的一个目录；ts 是该作业分配到该函数的密钥或者安全令牌。

（二）作业控制

当用户提交作业之后，可进一步控制该作业，主要有三个操作：修改其作业优先级（setJobPriority 函数）、杀死一个作业（killJob 函数）、杀死一个任务（killTask 函数）。

（三）查看系统状态和作业运行状态

该协议提供了一系列函数以供 Client 查看集群状态。下面是其中几个函数的声明：

// 获取集群当前状态，如 Slot 总数，所有正在运行的 Task 数目等
public ClusterStatus getClusterStatus(boolean detailed) throws IOException;
// 获取某个作业的运行状态
public JobStatus getJobStatus(JobID jobid) throws IOException;
// 获取所有作业的运行状态
public JobStatus[] getAllJobs() throws IOException;

三、InterTrackerProtocol 通信协议

InterTrackerProtocol 是 TaskTracker 与 JobTracker 之间的通信协议。TaskTracker 通过该协议向 JobTracker 汇报所在节点的资源使用情况和任务运行状况，并接收和执行 JobTracker 返回的命令。

该协议中最重要的一个方法是 heartbeat。它周期性地被调用，进而形成了 TaskTracker 与 JobTracker 之间的心跳。其定义如下：

HeartbeatResponse heartbeat(TaskTrackerStatus status,

```
                              boolean restarted,
                              boolean initialContact,
                              Boolean
                              acceptNewTasks,
                               short responseid)
    throws IOException;
```

该函数的一个重要输入参数为 TaskTrackerStatus 类型的 status。它封装了所在节点的资源使用情况（物理内存和虚拟内存总量和使用量、CPU 个数以及利用率等）和任务运行情况（每个任务运行进度、状态以及所处的阶段等）。函数返回值类型为 HeartbeatResponse。它包含了一个 TaskTracker Action 类型的数组。该数组包含了 JobTracker 向 TaskTracker 传达的各种命令，主要分为以下几种类型。

（1）CommitTaskAction：Task 运行完成，提交其产生的结果。

（2）ReinitTrackerAction：重新对自己（TaskTracker）初始化。

（3）KillJobAction：杀死某个作业，并清理其使用的资源。

（4）KillTaskAction：杀死某个任务。

（5）LaunchTaskAction：启动一个新任务。

该协议中其他几个均是 getter 方法，用于从 JobTracker 中获取信息：

// 从 JobTracker 中获取某个作业已经完成的 Task 列表，这主要是为 Reduce Task 获取已完成的 Map Task 列表，以便开始远程复制（shuffle）数据；

TaskCompletionEvent [] getTaskCompletionEvents (JobID jobid, int fromEventid,int maxEvents) throws IOException;

// 获取 JobTracker 指定的系统目录，以便 TaskTracker 将作业相关的文件存放到该目录中 public String getSystemDir();

// 获取 JobTracker 编译版本号，TaskTracker 与 JobTracker 编译版本号一致才可启动 public String getBuildVersion() throws IOException;

四、TaskUmbilicalProtocol 通信协议

TaskUmbilicalProtocol 是 Task 与 TaskTracker 之间的通信协议。每个 Task 通过该协议向对应的 TaskTracker 汇报自己的运行状况或者出错信息。

按照调用频率，该协议中的方法可分为两类：一类是周期性被调用的方法，另一类是按需调用的方法。

（一）该通信协议的第一类方法

第一类方法主要有以下两个。

//Task 向 TaskTracker 汇报自己的当前状态，状态信息被封装到 TaskStatus 中

boolean statusUpdate(TaskAttemptID taskid, TaskStatus taskStatus,

　　　　　　JvmContext jvmContext) throws IOException, InterruptedException;

//Task 周期性探测 TaskTracker 是否活着

boolean ping(TaskAttemptID taskid, JvmContext jvmContext) throws

IOException;

这两个方法并不是相互独立的，它们之间相互合作，共同完成 Task 状态汇报的任务。一般情况下，Task 每隔 3s 会调用一次 statusUpdate 函数向 TaskTracker 汇报最新进度。然而，如果 Task 在 3s 内没有处理任何数据（如当前记录处理速度太慢），则不再汇报进度，而是直接调用 ping 方法探测 TaskTracker，以确保当前数据处理过程中它一直是活的。

（二）该通信协议的第二类方法

第二类方法在 Task 的不同运行阶段被调用，其调用时机依次如下。

1.Task 初始化

TaskTracker 从 JobTracker 那里接收到一个启动新 Task 的命令（LaunchTaskAction）后，首先创建一个子进程（Child），并由该子进程调用 getTask 方法领取对应的 Task。

2.Task 运行中

（1）汇报错误及异常

Task 运行过程中可能会出现各种异常或者错误，而 reportDiagnosticInfo/fsError/fatalError 方法则分别用以汇报出现的 Exception/FSError/ Throwable 异常和错误。对于 Reduce Task 而言，还提供了 shuffleError 方法汇报 Shuffle 阶段出现的错误。

（2）汇报记录范围

Hadoop 可通过跳过坏记录提高程序的容错性。

为了便于定位坏记录的位置，Task 需要通过 reportNextRecordRange 方法不断向 TaskTracker 汇报将要处理的记录范围。

（3）获取 Map Task 完成列表

在 MapReduce 框架中，Reduce Task 与 Map Task 之间存在数据依赖关系。读协议专门为 Reduce Task 提供了 getMapCompletionEvent 方法，以方便其从

TaskTracker 中获取已经完成的 Map Task 列表，进而能够获取 Map Task 产生的临时数据存放位置，并远程读取（对应 Reduce Task 的 Shuffle 阶段）这些数据。

3.Task 运行完成

当 Task 处理完最后一条记录后，会依次调用 commitPending，canCommit 和 done 三个方法完成最后的收尾工作。

五、其他通信协议

其他三个通信协议，即 RefreshUserMappingsProtocol，RefreshAuthorizationP-olicyProtocol 和 AdminOperationsProtocol，均为用于动态更新 Hadoop MapReduce 的相关配置文件。这些配置文件涉及对 Hadoop 某些模块的访问权限，因而往往只将其使用权限授予一些级别高的用户（如 Hadoop 管理员）。

（一）RefreshUserMappingsProtocol *协议*

该协议有两个作用：更新用户—用户组映射关系和更新超级用户代理列表，分别对应以下两个方法：

public void refreshUserToGroupsMappings() throws IOException;

public void refreshSuperUserGroupsConfiguration() throws IOException;

为了方便用户执行以上两个操作，Hadoop 对其进行了封装，用户直接使用相应的 Shell 命令即可完成更新操作。

默认情况下，Hadoop 使用 UNIX/Linux 系统中自带的用户—用户组映射关系，且对其进行了缓存。如果管理员在 UNIX 中修改了某些用户的映射关系，则可使用以下 Shell 命令更新到 Hadoop MapReduce 缓存中：

bin/hadoop mradmin –refreshUserToGroupsMappings

Hadoop 提供了一种代理机制，允许某些用户伪装成其他用户执行某些操作。用户可在 core-site.xml 配置文件中添加以下配置选项：

```
<property>
  <name>hadoop.proxyuser.oozie.groups</name>
  <value>group1,group2</value>
  <description> 超级用户 oozie 可伪装成分组 group1 和 group2 中的任何用户
</description> </property>
<property>
  <name>hadoop.proxyuser.oozie.hosts</name>
  <value>host1,host2</value>
```

〈description〉超级用户 oozie 只能在 hostl 和 host2 两个节点上进行伪装
</description> </property>

经过以上配置后，只要用户 oozie 拥有 HadoopKerberoskey，则 host1 和 host2 两个节点上 group1 和 group2 两个组中的所有用户可统一以用户 oozie 的身份提交作业。

管理员可动态修改这种超级用户代理列表，并通过以下命令完成更新操作：

bin/hadoop mradmin –refreshSuperUserGroupsConfiguration

（二）RefreshAuthorizationPolicyProtocol 协议

该协议用于更新 MapReduce 服务级别访问控制列表，其中服务级别访问控制列表，实际上是每个通信协议的访问控制列表。每种通信协议均对应一定的访问权限。比如，拥有 JobSubmissionProtocol 协议访问权限的用户可以提交作业，查看作业运行情况等。每个协议的访问控制列表可在配置文件 hadoop–policy.xml 中配置，比如：

```
<property>
    <name>security.job.submission.protocol.acl</name>
    <value>user1,user2 groupl,group2</value>
</property>
```

经 过 以 上 配 置 后，用 户 user1、user2，用 户 组 group1、group2 拥 有 了 JobSubmission Protocol 协议的访问权限，他们可以向 Hadoop 提交作业、查看作业运行情况等。

管理员可以直接通过以下命令动态更新配置文件 hadoop–policy.xml：

bin/hadoop mradmin –refreshServiceAcl

该 命 令 最 终 会 调 用 RefreshAuthorizationPolicyProtocol 协 议 中 的 refresh ServiceAcl 方法完成更新操作。

（三）AdminOperationsProtocol 协议

该协议提供了用于更新队列访问控制列表（refreshQueues）和更新节点列表（refreshNodes) 两个方法。

（1）更新队列访问控制列表：Hadoop 以队列为单位管理用户，管理员可配置队列与操作系统用户和用户组之间的映射关系，每个队列对应的用户或者用户组称为该队列的访问控制列表。在 Hadoop 中，队列访问控制列表信息可能存在于配置文件 mapred–queue–acls.xml 和调度器配置文件中。在配置文件 mapred–queue–acls.xml 中，管理员可为每个队列配置两种权限：提交作业权限和管理作业权限。

对于某个用户而言，拥有某个队列的作业提交权限意味着该用户可向该队列提交作业并使用该队列中的计算资源，而拥有该队列的作业管理权限意味着该用户可以改变任何作业的优先级、杀死任何作业等，比如：

```
<property>
    <name>mapred.queue.myqueue.acl-submit-job</name>
    <value>user1,user2 groupl</value>
     <description> 用户 user1、user2 和用户组 groupl 可向队列 myqueue 中提交
作业
</description> </property>
<property>
    <name>mapred.queue.myqueue.acl-adrainister-job</name>
    <value>userl </value>
    <description> 用户 userl 可管理队列 myqueue </description>
</property>
```

管理员可通过以下命令动态加载相关配置文件：

bin/hadoop mradmin−refreshQueues

第二，更新节点列表。Hadoop 允许管理员为节点建立白名单（完全可以信赖的节点列表）和黑名单（不允许加入 Hadoop 集群的节点列表）。其中，白名单可通过配置选项 mapred.hosts（在 mapred−site.xml 中）指定，而黑名单可通过 mapred.hosts.exclude 配置选项指定（在 mapred−site.xml 中）。管理员可通过以下命令动态更新这两个名单：

bin/hadoop mradmin −refreshNodes

第五章　作业提交与初始化过程分析

在本章中，我们将深入分析一个 MapReduce 作业的提交与初始化过程，即从用户输入提交作业命令到作业初始化的整个过程。该过程涉及 JobClient、JobTracker 和 TaskScheduler 三个组件，它们的功能分别是准备运行环境、接收作业以及初始化作业。

第一节　作业提交与初始化过程

一、作业提交过程

作业提交过程比较简单，它主要为后续作业执行准备环境，主要涉及创建目录、上传文件等操作。而一旦用户提交作业后，JobTracker 端便会对作业进行初始化。作业初始化的主要工作是根据输入数据量和作业配置参数将作业分解成若干个 Map Task 以及 Reduce Task，并添加到相关数据结构中，以等待后续被调度执行。总之，可将作业提交与初始化过程分为 4 个步骤，如图 5-1 所示。

步骤 1：用户使用 Hadoop 提供的 Shell 命令提交作业。

步骤 2：JobClient 按照作业配置信息（JobConf）将作业运行需要的全部文件上传到 JobTracker 文件系统（通常为 HDFS）的某个目录下。

步骤 3：JobClient 调用 RPC 接口向 JobTracker 提交作业。

步骤 4：JobTracker 接收到作业后，将其告知 TaskScheduler，由 TaskScheduler 对作业进行初始化。

在步骤 2 中，之所以将作业相关文件（包括应用程序 jar 包、xml 文件及其依赖的文件等，后面简称作业文件）上传到 HDFS 上，主要是出于以下两点考虑。

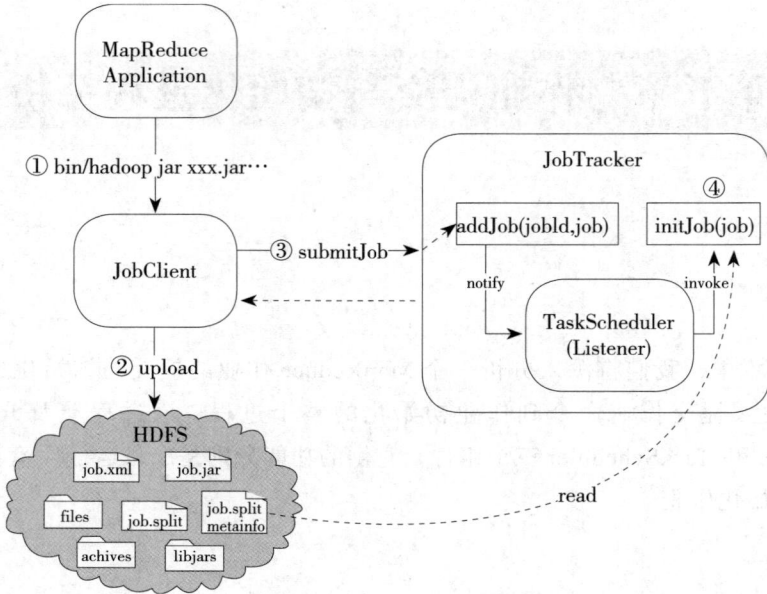

图 5-1　MapReduce 作业提交与初始化过程

第一，HDFS 是一个分布式文件系统，Hadoop 集群中任何一个节点可以直接从该系统中下载文件。也就是说，HDFS 上所有文件都是在节点间共享的（不考虑文件权限）。

第二，作业文件是运行 Task 所必需的。它们一旦被上传到 HDFS 上后，任何一个 Task 只需知道存放路径便可以下载到自己的工作目录中使用，因而可看作一种非常简便的文件共享方式。

我们介绍了 Hadoop 提供的三种应用程序开发方法，包括原始 Java API、Hadoop Streaming 和 Hadoop Pipes，考虑到后两种方法的底层实际上均调用了 Java API。因此，我们以 Java MapReduce 程序为例讲解作业提交过程。

（一）执行 Shell 命令

假设用户采用 Java 语言编写了一个 MapReduce 程序，并将其打包成 xxx.jar，然后通过以下命令提交作业：

$HADOOP_HOME/bin/hadoop jar xxx.jar \

–D mapred .job. name=" xxx" \

–D mapred.reduce.tasks=2 \

　–files=blacklist. txt, whitelist. txt \

–libjars=third–party.jar \

–archives=dictionaty.zip\

–input /test/input\

–output /test/output

当用户输入以上命令后，bin/hadoop 脚本根据"jar"命令将作业交给 RunJar 类处理，相关 Shell 代码如下：

…

elif ["$COMMAND" = "jar"]　　　; then

CLASS=org.apache.hadoop.util.RunJar

…

RunJar 类中的 main 函数经解压 jar 包和设置环境变量后，将运行参数传递给 MapReduce 程序，并运行之。

用户的 MapReduce 程序已经配置了作业运行时所需要的各种信息（如 Mapper 类、Reducer 类、Reduce Task 个数等），它最终在 main 函数中调用 JobClient.runJob 函数（新 MapReduce API 则使用 job.waitForCompletion(true) 函数）提交作业，这之后会依次经过图 5-2 所示的函数调用顺序才会将作业提交到 JobTracker 端。

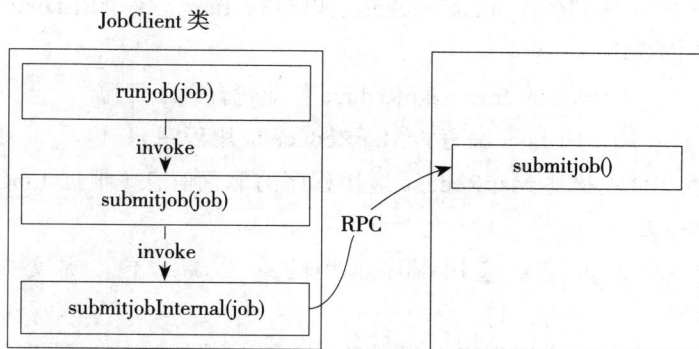

图 5-2　作业提交过程中函数调用关系

（二）作业文件上传

JobClient 将作业提交到 JobTracker 端之前，需要进行一些初始化工作，包括获取作业 ID、创建 HDFS 目录、上传作业文件以及生成 Split 文件等。这些工作由函数 JobClient. submitJobInternal(job) 实现，具体流程如图 5-3 所示。

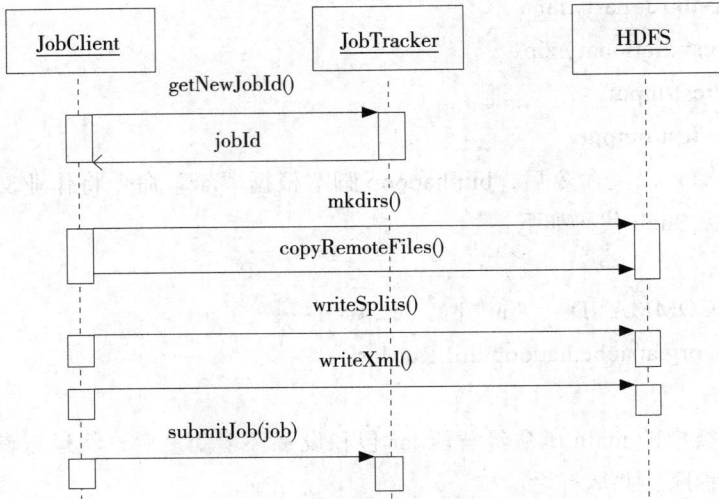

图 5-3　作业提交过程时序图

MapReduce 作业文件的上传与下载是由 DistributedCache 工具完成的。它是 Hadoop 为方便用户进行应用程序开发而设计的数据分发工具。其整个工作流程对用户而言是透明的。也就是说，用户只需在提交作业时指定文件位置，至于这些文件的分发（需广播到各个 TaskTracker 上以运行 Task）完全由 DistributedCache 工具完成，不需要用户参与。

通常而言，一个典型的 Java MapReduce 作业包含以下资源。

程序 jar 包：用户用 Java 编写的 MapReduce 应用程序 jar 包。

作业配置文件：描述 MapReduce 应用程序的配置信息（根据 JobConf 对象生成的 xml 文件）。

依赖的第三方 jar 包：应用程序依赖的第三方 jar 包，提交作业时用参数 –libjars 指定。

依赖的归档文件：应用程序中用到多个文件，可直接打包成归档文件（通常为一些压缩文件），提交作业时用参数 –archives 指定。

依赖的普通文件：应用程序中可能用到普通文件，如文本格式的字典文件，提交作业时用参数 –files 指定。

注意应用程序依赖的文件可以存放在本地磁盘上，也可以存放在 HDFS 上，默认情况下是存放在本地磁盘上的，如作业提交命令参数 –iibjars=third-party.jar 指定的 third-party.jar 文件便存在本地目录。如果程序依赖的文件已经事先上传到

HDFS 上，如目录 /data/ 中，则可以使用参数 –libjars=hdfs:///data/third–party.jar 指定。

上述所有文件在 JobClient 端被提交到 HDFS 上，涉及的父目录如表 5–1 所示。

表 5–1　作业文件在 HDFS 中涉及的父目录

作业属性	属性值	说　明
mapreduce.jobtracker. staging.root.dir	$ {hadoop.tmp.dir}/mapred/staging	HDFS 上作业文件的上传 目录，由管理员配置
mapreduce.job.dir	$ { mapreduce.jobtracker.staging.root.	用户 ${user} 的作业 {jobld} 相关
	dir }/${user}/.staging/S {jobid}	文件存放目录

MapReduce 作业在 HDFS 中的目录组织结构如图 5–4 所示。

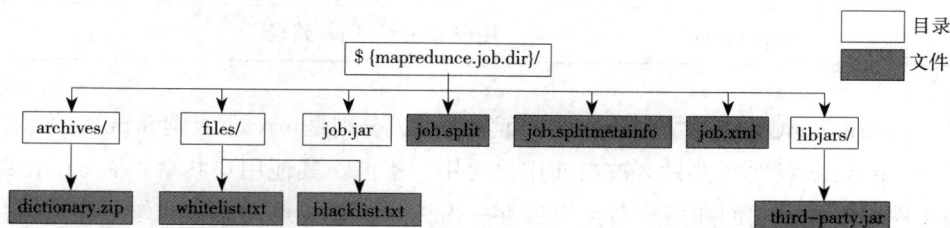

图 5–4　一个应用程序在 HDFS 上的目录组织结构

在这个例子中，参数 –libjars、–archives 和 –files 指定的文件均属于本地文件，因而 JobClient 会将这些文件上传到 HDFS 上；如果有些文件已经存在于 HDFS 上，则不需要上传。

文件上传完毕后，这些目录信息会保存到作业配置对象 JobConf 中，其对应的作业属性如表 5–2 所示。

表 5–2　作业文件上传后添加的新配置选项

作业属性	说　明
mapred.cache.files	作业依赖的普通文件在 HDFS 上的存放路径

作业属性	说明
mapred.job.classpath.archives	作业依赖的 jar 包在 HDFS 上的存放路径
mapred.cache.archives	作业依赖的压缩文件在 HDFS 上的存放路径
mapreduce.job.cache.files. visibilities	作业依赖的普通文件的可见性。如果是 public 可见性，则为 true, 否则为 false
mapreduce.job.cache.archives, visibilities	作业依赖的归档文件的可见性。如果是 public 级别的可见性，则为 true, 否则为 false
mapred.cache.files.timestamps	作业依赖的普通文件的最后一次修改时间的时间戳
mapred.cache.archives.timestamps	作业依赖的压缩文件的最后一次修改时间的时间戳
mapred.cache, files, filesizes	作业依赖的普通文件的大小
mapred.cache.archives.filesizes	作业依赖的归档文件的大小
mapred .jar	用户应用程序 jar 路径

DistributedCache 将文件分为两种可见级别，分别是 private 级别和 public 级别。其中，private 级别文件只会被当前用户使用，不能与其他用户共享。而 public 级别文件则不同，它们在每个节点上保存一份，可被下面点上的所有作业和用户共享，这样可以极大降低文件复制代价，提高作业运行效率。一个文件 / 目录要成为 public 级别文件 / 目录，需同时满足以下两个条件：

第一，该文件 / 目录对所有用户 / 用户组均有可读权限。

第二，该文件 / 目录的父目录、父目录的父目录……对所有用户 / 用户组有可执行权限。

作业文件上传到 HDFS 后可能会有大量节点同时从 HDFS 上下载这些文件，进而产生文件访问热点现象，造成性能"瓶颈"。为此，JobClient 上传这些文件时会调高它们的副本数（由参数 mapred.submit.replication 指定，默认是 10）以通过分摊负载方式避免产生访问热点。

（三）产生 InputSplit 文件

用户提交 MapReduce 作业后，JobClient 会调用 InputFormat 的 getSplits 方

144

法生成 InputSplit 相关信息。该信息包括两部分：InputSplit 元数据信息和原始 InputSplit 信息。其中，第一部分将被 JobTracker 使用，用以生成 Task 本地性（Task Locality）相关的数据结构；第二部分将被 Map Task 初始化时使用，用以获取自己要处理的数据。这两部分信息分别被保存到目录 ${mapreduce.jobtracker.staging. root.dir}/${user}/.staging/${JobId} 下的文件 job.split 和 job.splitmetainfo 中。

InputSplit 相关操作放在包 oig.apache.hadoop.mapreduce.split 中，主要包含 JobSplit、JobSplitWriter 和 SplitMetaInfoReader。

JobSplit 封装了读写 InputSplit 相关的基础类，主要包括以下三个类型。

（1）SplitMetainfo：描述一个 InputSplit 的元数据信息，包括以下三项内容。

private long startOffset; // 该 InputSplit 元信息在 job.split 文件中的偏移量。

private long inputDataLength; // 该 InputSplit 的数据长度。

private String [] locations; // 该 InputSplit 所在的 host 列表。

所有 InputSplit 对应的 SplitMetainfo 将被保存到文件 job.splitmetainfo 中。该文件内容组织方式如图 5-5 所示，内容依次为，一个用于标识 InputSplit 元数据文件头部的字符串 META-SP，文件版本号为 splitVersion（当前值是 1），作业对应的 InputSplit 数目 length，最后是 length 个 InputSplit 对应的 SplitMetainfo 信息。

META-SP	splitVersion	length
splitMetainfo		
splitMetainfo		
...		

图 5-5　job.splitmetainfo 文件内容组织方式

作业在 JobTracker 端初始化时，需读取 job.splitmetainfo 文件创建 Map Task。

（2）TaskSplitMetainfo：// 用于保存 InputSplit 元信息的数据结构，包括以下三项内容。

private TaskSplitIndex splitIndex; //Split 元信息在 job. split 文件中的位置。

private long inputDataLength; // InputSplit 的数据长度。

private String [] locations: // InputSplit 所在的 host 列表。

这些信息是在作业初始化时，JobTracker 从文件 job.splitmetainfo 中获取的。其中，host 列表信息是任务调度器判断任务是否具有本地性的重要因素，而

splitindex 信息保存了新任务需处理的数据位置信息在文件 job.split 中的索引，TaskTracker（从 JobTracker 端）收到该信息后，便可以从 job.split 文件中读取 InputSplit 信息，进而运行一个新任务。

（3）TaskSplitindex：JobTracker 向 TaskTracker 分配新任务时，TaskSplitindex 用于指定新任务待处理数据位置信息在文件 job.split 中的索引，主要包括两项内容。

private String splitLocation://job. split 文件的位置（目录）。

private long startoff set://InputSplit 信息在 job. split 文件中的位置。

（四）作业提交到 JobTracker

JobClient 最终调用 RPC 方法 submitJob 将作业提交到 JobTracker 端，在 JobTracker. submitJob 中会依次进行以下操作。

1. 为作业创建 JobInProgress 对象

JobTracker 会为每个作业创建一个 JobInProgress 对象，以维护作业的运行时信息。它在作业运行过程中一直存在，主要用于跟踪正在运行作业的运行状态和进度。

2. 检查用户是否具有指定队列的作业提交权限

Hadoop 以队列为单位管理作业和资源，每个队列均分配有一定量的资源，每个用户属于一个或者多个队列且只能使用所属队列中的资源。

3. 检查作业配置的内存使用量是否合理

用户提交作业时，可分别用参数 mapred.job.map.memory.mb 和 mapred.job. reduce. memory.mb 指定 Map Task 和 Reduce Task 占用的内存量。管理员可通过参数 mapred. cluster.max.map.memory.mb 和 mapred.cluster.max.reduce.memory.mb 限制用户配置的任务最大内存使用量，一旦用户配置的内存使用量超过系统限制，则作业提交失败。

4. 通知 TaskScheduler 初始化作业

JobTracker 收到作业后，并不会马上对其初始化，而是交给调度器，由它按照一定的策略对作业进行初始化。之所以不选择 JobTracker 而让调度器初始化，主要考虑到以下两个原因：

第一，作业一旦初始化后便会占用一定量的内存资源，为了防止大量初始化的作业排队等待调度而占用大量不必要的内存资源，Hadoop 按照一定的策略选择性地初始化作业以节省内存资源。

第二，任务调度器的职责是根据每个节点的资源使用情况对其分配最合适的任务，而只有经过初始化的作业才有可能得到调度，因而将作业初始化策略嵌到调度器中是一种比较合理的设计。

　　Hadoop 的调度器是一个可插拔模块，用户可通过实现 TaskScheduler 接口设计自己的调度器。当前 Hadoop 默认的调度器是 JobQueueTaskScheduler。它采用的调度策略是"先来先服务"（First In First Out, FIFO）。另外两个比较常用的调度器是 Fair Scheduler 和 Capacity Scheduler。

　　JobTracker 采用了观察者设计模式（也称为发布—订阅模式）将提交新作业这一事件告诉 TaskScheduler，如图 5-6 所示。

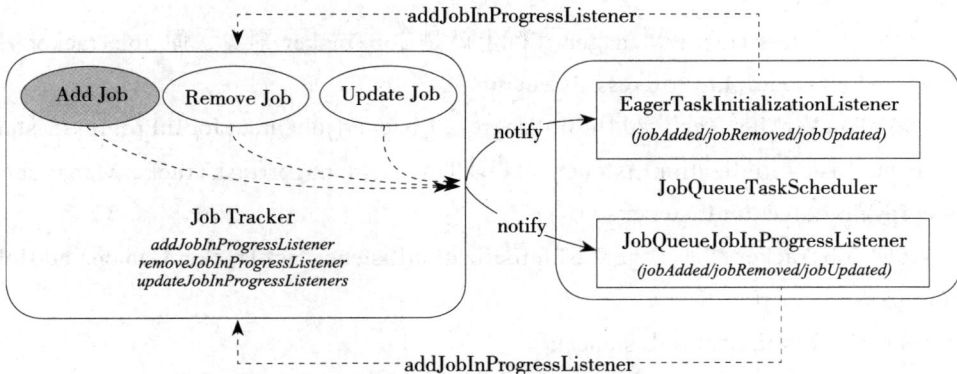

图 5-6　JobTracker 采用观察者设计模式将作业变化
（添加 / 删除 / 更新作业）通知 TaskScheduler

```
private synchronized JobStatus addJob(JobiD jobld, JobInProgress job)
  throws IOException {
…
  synchronized (jobs) {
    synchronized (taskScheduler) {
    jobs .put (job . get Profile () .get JobID () ,
    job);
    for (JobInProgressListener listener : JobInProgressListeners) {
     listener. jobAdded( job) ;// 依次通知每个已注册的
       JobInProgressListener
    }
    }
```

147

```
        }
    …
        }
```

JobTracker 启动时会根据配置参数 mapred.jobtracker.taskScheduler 构造相应的任务调度器，并调用它的 start() 方法进行初始化。在该方法中，调度器会向 JobTracker 注册 JobInProgressListener 对象以监听作业的添加 / 删除 / 更新等事件。以默认调度器 JobQueueTaskScheduler 为例，它的 start() 方法如下：

```
public synchronized void start() throws IOException {
super.start();
```

// 此处的 taskTrackerManager 实际上就是 JobTracker 对象，向 JobTracker 注册一个 //JobQueueJobInProgressListener

```
taskTrackerManager _ addJobInProgress Listener(jobQueueJobInProgressListener); eagerTaskInitializationListener.setTaskTrackerManager(taskTrackerManager);
eagerTaskInitializationListener.start();;
```

// 向 JobTracker 注册 EagerTaskInitializationListener taskTrackerManager.addJobInProgressListener(

```
eagerTaskInitializationListener);
    }
```

在上面的代码中，JobQueueTaskScheduler 向 JobTracker 注册了两个 JobInProgress Listener：EagerTaskInitializationListener 和 JobQueueJobInProgressListener，它们分别用于作业初始化和作业排序。需要注意的是，代码中的 taskTrackerManager 实际上就是 JobTracker，其在 JobTracker 类中的相关代码如下：

```
public static JobTracker startTracker(JobConf conf, String identifier)
throws IOException, InterruptedException {
…
    result = new JobTracker (conf, identifier);  // 创建唯一的 JobTracker 实例
    …
    result. taskScheduler. setTaskTrackerManager (result);  // 将 JobTracker 实例
传递给
    TaskScheduler
    …
    }
```

二、作业初始化过程概述

调度器调用 JobTracker.initJob() 函数对新作业进行初始化。作业初始化的主要工作是构造 Map Task 和 Reduce Task 并对它们进行初始化。

如图 5-7 所示，Hadoop 将每个作业分解成 4 种类型的任务，分别是 Setup Task、Map Task、Reduce Task 和 Cleanup Task。它们的运行时信息由 TaskInProgress 类维护，因此创建这些任务实际上是创建 TaskInProgress 对象。

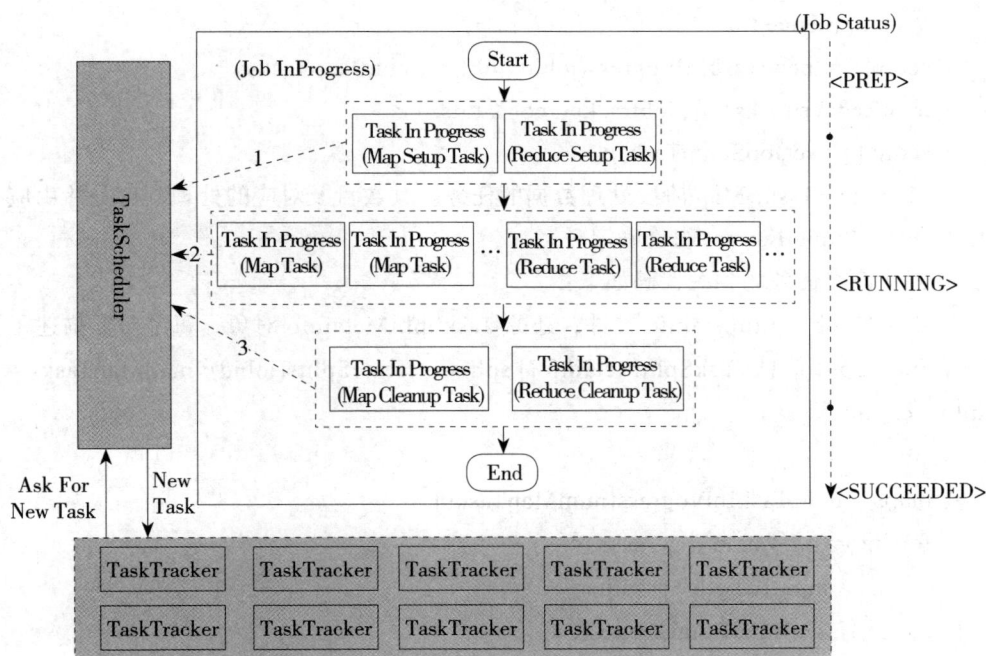

图 5-7　作业初始化过程

上述 4 种任务的作用及创建过程如下。

（1）Setup Task：作业初始化标志性任务。它进行一些非常简单的作业初始化工作，如将运行状态设置为 "setup"，调用 OutputCommitter.setupJob() 函数等。该任务运行完成后，作业由 PREP 状态变为 RUNNING 状态，并开始运行 Map Task。该类型任务又被分为 Map Setup Task 和 Reduce Setup Task 两种，且每个作业各有一个。它们运行时分别占用一个 Map slot 和 Reduce slot。这两种任务功能相同，因此有且只有一个可以获得运行的机会（只要有一个开始运行，另一个马上

149

被杀掉，而具体哪一个能够运行，取决于当时存在的空闲 slot 种类及调度策略）。

创建该类任务的相关代码如下：

…

// 创建两个 TIP，Map 和 Reduce 各一个

setup = new TaskInProgress[2];

// setup map tip. 这个 Map 不会使用任何 split, 只赋予它一个空 split

setup[0] = new TaskInProgress(jobld, jobFile, emptySplit,

      jobtracker, conf, this, numMapTasks + 1, 1)；setup[0].setJobSetupTask()；

// setup reduce tip.

setup[l] = new TaskInProgress(jobld, jobFile, numMapTasks,

numReduceTasks + 1, jobtracker, conf, this, 1);

setup [1] .setJobSetupTask();

（2）Map Task: Map 阶段处理数据的任务。其数目及对应的处理数据分片由应用程序中的 InputFormat 组件确定。

创建该类任务的相关代码如下：

// 读取 job. splitmetainfo 文件，还原 TaskSplitMetainfo 对象，每个对象描述了一个 inputSplit 信息 TaskSplitMetainfo[] splits = createSplits(jobid); numMapTasks = splits.length;

…

maps = new TaskInProgress[numMapTasks];

for(int i=0; i < numMapTasks; ++i) {

      inputLength += splits

    [i] .getInputDataLength();

      maps [i] = new TaskInProgress(jobld,

    jobFile,

                                 splits[i],

                                jobtracker, conf, this, i,

                                numSlotsPerMap);

}

（3）Reduce Task：Reduce 阶段处理数据的任务。其数目由用户通过参数 mapred.reduce. tasks（默认数目为 1）指定。考虑到 Reduce Task 能否运行依赖于 Map Task 的输出结果，因此 Hadoop 刚开始只会调度 Map Task，直到 Map Task 完

成数目达到一定比例（由参数 mapred.reduce.slowstart.completed.maps 指定，默认是 0.05，即 5%) 后，才开始调度 Reduce Task。

创建该类任务的相关代码如下：

```
this.reduces = new
TaskInProgress[numReduceTasks]; for (int i = 0; i
< numReduceTasks; i++){
    reduces[i] = new TaskInProgress(jobld, jobFile,
                                    numMapTasks, i,
                                    jobtracker, conf, this, numSlotsPerReduce);
    nomRunningReduces.add(reduces[i]);
}
```

（4）Cleanup Task：作业结束标志性任务，主要完成一些作业清理工作，如删除作业运行过程中用到的一些临时目录（如 _temporary 目录）。一旦该任务运行成功后，作业由 RUNNING 状态变为 SUCCEEDED 状态。

随着 Hadoop 的普及和衍化，有人发现引入 Setup/Cleanup Task 会拖慢作业执行进度且降低作业的可靠性，这主要是因为 Hadoop 除了需保证每个 Map/Reduce Task 运行成功外，还要保证 Setup/Cleanup Task 成功。Map/Reduce Task 可通过推测执行机制避免出现拖后腿任务。然而，由于 Setup/CleanupTask 不会处理任何数据，两种任务进度只有 0% 和 100% 两个值，不适用于推测式任务机制。为解决该问题，从 0.21.0 版本开始，Hadoop 将是否启用 Setup/Cleanup Task 变成了可配置的选项，用户可通过参数 mapred.committer.job.setup.cleanup.needed 确认配置是否为作业 Setup/Cleanup Task 创建。

这 4 种任务的调度顺序是 Setup Task、Map Task、Reduce Task 和 Cleanup Task，其中 Map Task 完成一定比例后便开始调用 Reduce Task。

第二节　Hadoop DistributedCache 原理分析

DistributedCache 是 Hadoop 为方便用户进行应用程序开发而设计的文件分发工具。它能够将只读的外部文件自动分发到各个节点上进行本地缓存，以便 Task 运行时加载使用。它的大体工作流程如下：用户提交作业后，Hadoop 将由 −files 和 −archives 选项指定的文件复制到 JobTracker 的文件系统（一般为 HDFS) 中；之后，当某个 TaskTracker 收到该作业的第一个 Task 后，该任务将负责从 JobTracker 文件系统中将文件下载到本地磁盘进行缓存，这样后续的 Task 就可以直接在本地访问这些文件了。除了文件分发外，DistributedCache 还可用于软件自动安装部署。例如，用户使用 PHP（超文本预处理器）语言编写了 MapReduce 程序，为了能够让程序成功运行，用户要求运维人员在 Hadoop 集群的各个节点上提前安装好 PHP 解释器，而当需要升级 PHP 解释器时，可能需要通知 Hadoop 运维人员进行一次升级，这使软件升级变得非常麻烦。为了让软件升级可控，用户可采用 DistributedCache 将 PHP 解释器分发到各个节点上，每次运行程序时，DistributedCache 会检查 PHP 解释器是否被改过（如升级新版本），如果是，则会自动重新下载。下面介绍 Hadoop DistributedCache 的使用方法，接着介绍其工作原理。

一、使用方法介绍

用户编写的 MapReduce 应用程序往往需要一些外部的资源，如分词程序需词表文件，或者依赖于三方的 jar 包。我们希望每个 Task 初始化时能够加载这些文件，而 DistributedCache 正是为了完成该功能而提供的。

使用 Hadoop DistributedCache 通常有两种方法：调用相关 API 和设置命令行参数。

（一）调用相关 API

Hadoop DistributedCache 允许用户分发归档文件（后缀为 .zip、.jar、.tar、.tgz 或者 .tar. gz 的文件）和普通文件，对应的 API 如下：

// 添加归档文件

void addCacheArchive (URI uri, Configuration conf)

void setCacheArchives (URI [] archives, Configuration conf)

// 添加普通文件

void addCacheFile (URI uri, Configuration conf) void setCacheFiles (URI [] files, Configuration conf)

// 将三方 jar 包或者动态库添加到 classpath 中

void addFileToClassPath(Path file, Configuration conf)

// 在任务工作目录下建立文件软连接

void createSyml ink (Configuration conf)

使用 Hadoop DistributedCache 可分为 3 个步骤。

步骤 1：在 HDFS 上准备好文件（文本文件、压缩文件、jar 包等），并按照文件可见级别设置目录 / 文件的访问权限。

步骤 2：调用相关 API 添加文件信息，这里主要是配置作业的 JobConf 对象。

步骤 3：在 Mapper 或者 Reducer 类中使用文件，Mapper 或者 Reducer 开始运行前，各种文件已经下载到本地的工作目录中，直接调用文件读写 API 即可获取文件内容。

【实例】假设一个 MapReduce 应用程序需要 dictionary.zip、blacklist.txt、whitelist.txt 和 third-party.jar 四个文件。其中，dictionary.zip 和 third-party.jar 为 private 可见级别，而 blacklist.txt 和 whitelist.txt 为 public 可见级别，则可按以下步骤分发这些文件。

步骤 1：准备文件。将文件 dictionary.zip 和 third-party.jar 上传到 HDFS 上的目录 / data/ private / 中，blacklist.txt 和 whitelist.txt 上传到目录 /data/public/ 中，如图 5-8 所示。其中，目录 /data/ private/ 的权限为 drwxr-xr--，目录 /data/public/ 的权限为 "drwxr-xr-。

```
$ bin/hadoop fs -copyFromLocal dicionary.zip/data/private/
$ bin/hadoop fs -copyFromLocal third-party.jar/data/private/
$ bin/hadoop fs -copyFromLocal blacklist.txt/data/private/
$ bin/hadoop fs -copyFromLocal whitelist.txt/data/private/
```

图 5-8　四个文件上传目录

步骤 2：配置 JobConf。

JobConf job = new JobConf()；

DistributedCache.addCacheFile(new URI("/data/public/blacklist.txt#blacklist"), job);

DistributedCache.addCacheFile(new URI("/data/public/whitelist.txt#whitelist", job);

DistributedCache.addFileToClassPath(new Path("/data/private/third-party. jar ")，job);

DistributedCache.addCacheArchive(new URI("/data/private/dictionary.zip", job))

DistributedCache.createSymlink(job);

步骤 3：在 Mapper 或者 Reducer 类中使用文件。

public static class MapClass extends MapReduceBase

　　implements Mapper<K, V, K, V> {

　　private Path[] localArchives;

153

```
private Path[] localFiles;
public void configure (JobConf job) {
    // 在本地获取 archives 或者 files
    localArchives = DistributedCache.getLocalCacheArchives(job);
    localFiles = DistributedCache.getLocalCacheFiles(job);
    // 调用文件 API 读取文件内容，保存到相关变量中
    …
public void map(K key, V value,
                OutputCollector<K, V> output. Reporter reporter)
throws IOException {
    // 在此使用缓存中的 archives/files
    //…
    output.collect(k, v);
    }
    }
```

（二）设置命令行参数

这是一种比较简单、灵活的方法，但前提是用户编写 MapReduce 应用程序时实现了 Tool 接口支持常规选项。该方法包括两个步骤：第一个步骤与调用相关 API 的步骤 1 相同；第二个步骤则是使用以下两种 Shell 命令之一提交作业。

Shell 命令 1：

```
$HADOOP_HOME/bin/hadoop jar xxx.jar \
    -files=hdf s : ///data/public/blacklist. txt#blacklist, \
    hdfs : ///data/public/whitelist.txt#whitelist \
    -libjars=hdfs : ///data/private/third-party.jar \
    -archives=hdfs : ///data/private/dictionary.zip \
```

Shell 命令 2：

```
$HADOOP_HOME/bin/hadoop jar xxx.jar \
    -D mapred.cache.files=/data/public/blacklist.txt#blacklist, \
                          /data/public/whitelist.txt#whitelist \
    -D mapred.cache.archives=/data/private/dictionary.zip \
    -D mapred.job.classpath.files=/data/private/third-party.jar \
    -D mapred.create.symlink=yes \
```

二、工作原理分析

Hadoop DistributedCache 工作原理如图 5-9 所示。它主要的功能是将作业文件分发到各个 TaskTracker 上，具体流程可分为 4 个步骤。

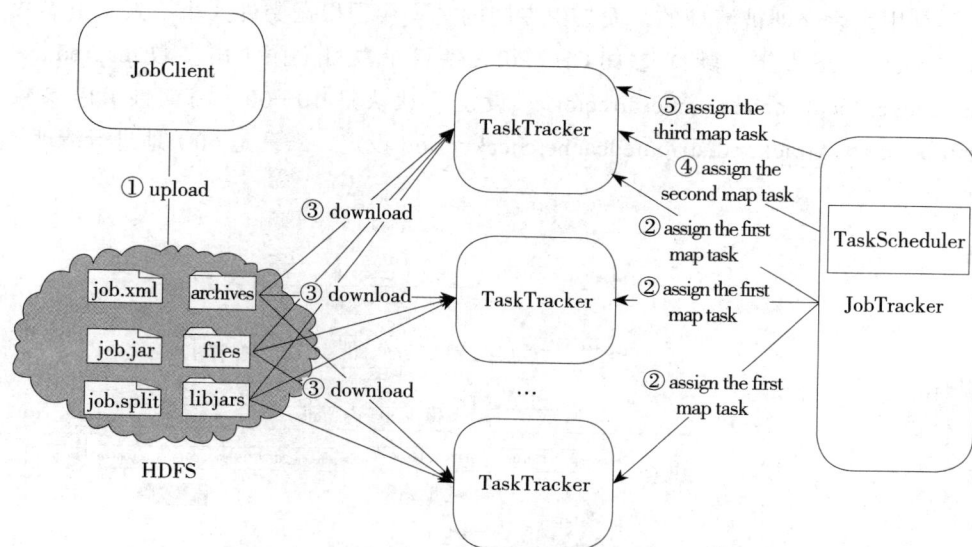

图 5-9　Hadoop DistributedCache 工作原理图

步骤 1：用户提交作业后，DistributedCache 将作业文件上传到 HDFS 上的固定目录中。

步骤 2：JobTracker 端的任务调度器将作业对应的任务发派到各个 TaskTracker 上。

步骤 3：任何一个 TaskTracker 收到该作业的第一个任务后，由 DistributedCache 自动将作业文件缓存到本地目录下（后缀为 .zip、.jar、.tar、.tgz 或者 .tar.gz 的文件会自动进行解压缩），然后开始启动该任务。

步骤 4：对于 TaskTracker 接下来收到的任务，DistributedCache 不会再重复为其下载文件，而是直接运行。

下面分析 TaskTracker 中作业目录组织结构，具体如图 5-10 所示。在 TaskTracker 本地目录中，不同可见级别的文件被存放于不同的目录中，public 级别的文件会被保存到公共目录 $ {mapred.local.dir}/taskTracker/distcache 中，该目录中的文件可被该 TaskTracker 上所有用户共享，也就是说这些文件只会被下载一遍，后面的任何用户的作业都可直接使用；private 级别的文件被保存到用户私有目

录 ${mapred.local.dir}/ taskTracker/${user} 下，在该目录下将 DistributedCache 文件和作业运行需要文件分别放到子目录 distcache 和 jobcache 中。其中，jobcache 目录相当于作业的工作目录，它里面的文件大多是指向其他文件和目录的软链接，这些目录中的文件只能被该用户的作业共享。DistributedCache 中的文件或者目录并不是用完后立即被清理的，而是由专门的一个线程根据文件大小上限（由参数 local.cache.size 设定，默认是 10 GB）和文件目录数目上限（由参数 mapreduce.tasktracker.local.cache.numberdirectories 设定，默认是 10 000）周期性（由参数 mapreduce.tasktracker.distributedcache.checkperiod 设定，默认是 60）地进行清理。

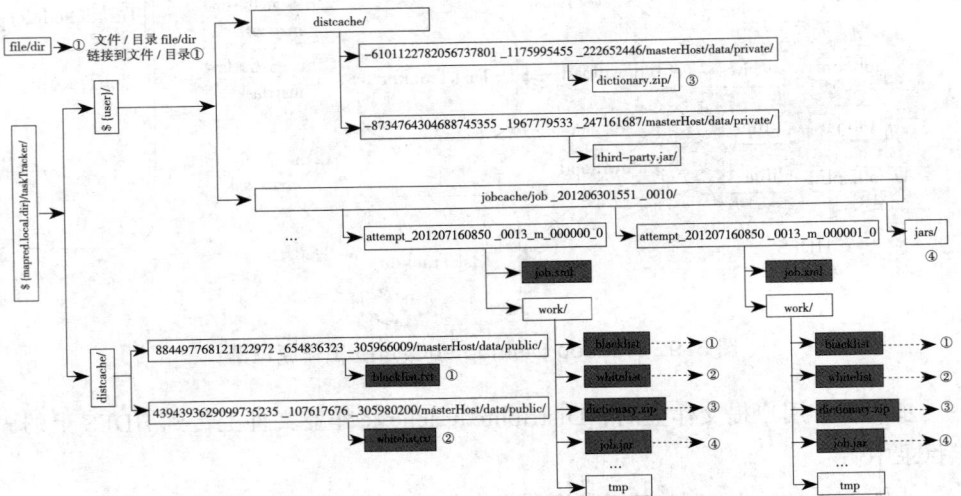

图 5–10　TaskTracker 端作业目录组织结构

Hadoop DistributedCache 的实现在包 org.apache.hadoop.filecache 中，主要包括 DistributedCache、TaskDistributedCacheManager 和 TrackerDistributedCacheManager 三个类。它们的功能如下。

第一，DistributedCache 类：可供用户直接使用的外部类。它提供了一系列 addXXX、setXXX 和 getXXX 方法以配置作业，需借用 DitributedCache 分发的只读文件。

第二，TaskDistributedCacheManager 类：Hadoop 内部使用的类，用于管理一个作业相关的缓存文件。

第三，TrackerDistributedCacheManager 类：Hadoop 内部使用的类，用于管理一个 TaskTracker 上所有的缓存文件。它只用于缓存 public 可见级别的文件，而对于 private 可见级别的文件，则由 org.apache.hadoop.mapred 包中的 JobLocalizer 类进行缓存。

第六章 JobTracker 内部实现分析

Hadoop MapReduce 采用了 Master/Slave 结构。其中，Master 便是这一章将要讲解的 JobTracker，它是整个集群中唯一的全局管理者，涉及的功能包括作业管理、状态监控、任务调度器等。它的设计思路直接决定着 Hadoop MapReduce 计算框架的容错性和可扩展性的好坏，因此它是整个系统中最重要的组件，是系统高效运转的关键。本章将详细介绍 JobTracker 的实现细节。总的来看，JobTracker 主要包含两个功能：资源管理和作业控制。本章将以这两个功能为切入点深入剖析 JobTracker 的实现细节，包括状态监控、容错机制、推测执行原理和任务调度机制等。

第一节 JobTracker 概述

一、JobTracker 的定义

JobTracker 是整个 MapReduce 计算框架中的主服务，相当于集群的管理者，负责整个集群的作业控制和资源管理。在 Hadoop 内部，每个应用程序被表示成一个作业，每个作业又被进一步分成多个任务，而 JobTracker 的作业控制模块则负责作业的分解和状态监控。其中，最重要的是状态监控，主要包括 TaskTracker 状态监控、作业状态监控和任务状态监控等。其主要作用有两个：容错和为任务调度提供决策依据。一方面，通过状态监控，JobTracker 能够及时发现存在的异常或者出现故障的 TaskTracker、作业或者任务，从而启动相应的容错机制进行处理；另一方面，由于 JobTracker 保存了作业和任务的近似实时运行信息，这些可作为任务调度时进行任务选择的依据。资源管理模块的作用是通过一定的策略将各个

158

节点上的计算资源分配给集群中的任务。它由可插拔的任务调度器完成，用户可根据自己的需要编写相应的调度器。

JobTracker 的设计原理如图 6-1 所示。JobTracker 是一个后台服务进程，启动之后，会一直监听并接收来自各个 TaskTracker 发送的心跳信息，这里面包含节点资源使用情况和任务运行情况等信息。JobTracker 会将这些信息统一保存起来，并根据需要为 TaskTracker 分配新任务。

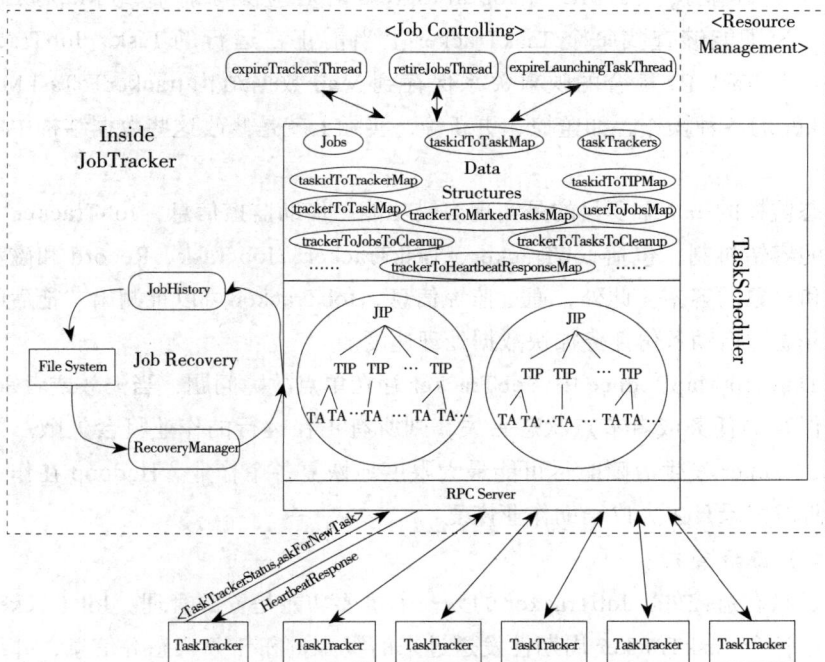

图 6-1　JobTracker 设计原理

（一）作业控制

JobTracker 在其内部以三层多叉树的方式描述和跟踪每个作业的运行状态，作业被抽象成三层，从上往下依次为作业监控层、任务监控层和任务执行层。在作业监控层中，每个作业由一个 JobInProgress（JIP）对象描述和跟踪其整体运行状态以及每个任务的运行情况；在任务监控层中，每个任务由一个 TaskInProgress（TIP）对象描述和跟踪其运行状态；在任务执行层中，考虑到任务在执行过程中可能会失败，因而每个任务可能尝试执行多次，直到成功。JobTracker 将每次尝试运行一次任务称为任务运行尝试，而对应的任务运行实例称为 TaskAttempt（TA）。

159

当任何一个 TaskAttempt 运行成功后，其上层对应的 TaskInProgress 会标注该任务运行成功。而当所有的 TaskInProgress 运行成功后，JobInProgress 则会标注整个作业运行成功。

为了方便查找和定位各种对象（如 TaskTracker、作业或者任务等），JobTracker 将其相关信息封装成各种对象后，以 key/value 的形式保存到数据结构 Map 中。例如，为了能够根据作业 ID 找到对应的 JobInProgress 对象，JobTracker 将所有运行作业按照 JobID 与 JobInProgress 的对应关系保存到 Map 数据结构 jobs 中；为了能够查找每个 TaskTracker 上当前正在运行的 Task，JobTracker 将 trackerID 与 Task ID 集合的映射关系保存到 Map 数据结构 trackerToTaskMap 中。JobTracker 的各种操作，如监控、更新等，实际上就是修改这些数据结构中的映射关系。

状态监控的一个重要目的是实现容错功能。借助监控信息，JobTracker 实现了全方位的容错机制，包括 JobTracker、TaskTracker、Job/Task、Record 和磁盘等关键服务和对象的容错。此外，通过监控信息，JobTracker 可以推测出"拖后腿"的任务，并通过启动备份任务加快数据处理速度。

在 Hadoop MapReduce 中，JobTracker 存在单点故障问题，当失效或者重启后，如果已保存的任务或者节点状态丢失，则所有正在运行的作业将会失败。为了能够在 JobTracker 发生故障时尽可能最大限度地恢复各个作业，Hadoop 在作业运行的各个阶段记录日志，以辅助作业恢复。

（二）资源管理

除了状态监控外，JobTracker 的另一个重要功能是资源管理。JobTracker 不断接收来自各个 TaskTracker 周期性发送过来的资源量和任务状态等信息，并综合考虑 TaskTracker（所在 DataNode）的数据分布、资源剩余量、作业优先级、作业提交时间等因素，为 TaskTracker 分配最合适的任务。

二、JobTracker 启动过程概述

JobTracker 是一个后台进程，它包含一个 main 函数。我们可以从 main 函数入手，逐步分析 JobTracker 启动过程。在 main 函数中有以下两行启动 JobTracker 的核心代码：

JobTracker tracker = startTracker (new JobConf ()) ; // 创建 JobTracker 对象
tracker.offerService ();// 启动各个服务

下面主要分析这两行代码的实现细节。其中，函数 startTracker() 的主要工作

是创建一个 JobTracker 对象，其构造函数的主要工作是对一些重要变量进行初始化。而函数 offerService() 则是启动 JobTracker 内部一些重要的服务或者线程。

三、重要对象初始化

跟踪 startTracker() 函数内部的执行过程可定位到它最终创建的一个 JobTracker 对象。该对象对一些重要对象进行了初始化，具体如表 6-1 所示。

表 6-1　JobTracker 需初始化的变量列表

对象名	对应类名	意义解释
secretManager	DelegationTokenSecretManager	MapReduce 安全管理相关的类
aclsManager	ACLsManager	作业级别和队列级别的管理和访问权限控制。作业级别权限包括 VIEW JOB 和 MODIFY_JOB，而队列级别权限包括 ADMINI^TER_JOBS 和 SUBMIT_JOB
taskScheduler	TaskScheduler	调度器对象
interTrackerServer	Server	RPC Server
infoServer	HttpServer	将 Job、Task 和 TaskTracker 的相关信息显示到 Web 前端
recoveryManager	RecoveryManager	作业恢复管理，即 JobTracker 启动时，恢复上次停止时正在运行的作业，并恢复各个任务的运行状态
JobHistoryServer	JobHistoryServer	用于查看作业历史信息的 Server
dnsToSwitchMapping	DNSToSwitchMapper	用于构造集群的网络拓扑结构，它能将节点地址（IP 或者 host）映射成网络位置

其中，重点分析 ACLsManager、HttpServer 和 DNSToSwitchMapper 三个类。

（一）ACLsManager 类

它是权限管理类，提供了 checkAccess 方法以对用户的各种操作进行权限检查。例如，用户提交作业后，JobTracker.submitJob 函数中包含以下代码检查用户是否可以提交作业。

```
try {
        aclsManager.checkAccess(job, ugi, Operation.SUBMIT_JOB);
    } catch (IOException ioe) {
    LOG.warn("Access denied for user " + job.getJobConf().getUser()
        + ". Ignoring job " + jobId, ioe);
        job. fail ();
        throw ioe;
    }
```

该类涉及两种权限：队列权限和作业权限，分别由 QueueManager 类和 JobACLsManager 类进行管理。

（1）QueueManager 类：队列权限管理类。在 Hadoop 中，队列权限包括两部分：作业提交权限（哪些用户可向队列中提交作业）和作业管理权限（哪些用户可以管理该队列中的作业），分别由参数 mapred.queue.<queue–name>.acl–submit–job 和 mapred.queue.<queue– name>.acl–administer–jobs 指定，具体在配置文件 mapred–queue–acls.xml 中设置。

（2）JobACLsManager 类：作业权限管理类。用户提交作业时，可设定该作业的查看权限和修改权限，分别由参数 mapreduce.job.adl–view–job 和 mapreduce.job.acl–modity–job 指定。

作业查看权限主要用于限制访问作业相关的敏感信息，这些信息包括以下内容：

第一，作业级别的 Counter。

第二，任务级别的 Counter。

第三，任务的诊断信息。

第四，TaskTracker 的 web UI 上显示的 log 信息。

第五，JobTracker 的 web UI 上显示的 job.xml 文件。

作业修改权限主要用于防止其他用户修改自己作业的信息，这些信息包括以下内容：

第一，杀掉作业。

第二，杀掉 / 终止任务。

第三，修改作业的优先级。

（二）HttpServer 类

Hadoop 对外提供 Web 服务的 HTTP 服务器，它封装了轻量级开源 Web 服务器 Jetty。

（三）DNSToSwitchMapper 接口

该接口定义了将 DNS 名称或者节点 IP 地址转换成网络位置的规则。Hadoop 以层次树的方式定义节点的网络位置，并依据该位置存取数据或者调度任务。例如，一个节点 nodeX 在数据中心 dcX 中的机架 rackX 上，可以这样表示它的物理位置：/dcX/rackX/nodeX。

默认情况下，Hadoop 提供了一个默认实现 ScriptBasedMapping，它允许用户通过编写一个脚本（通过参数 topology.script.file.name 指定）定义转换规则。下面举例说明 ScriptBasedMapping 的使用方法。

步骤 1：用户将节点与网络位置映射关系放到目录 ${HADOOP_HOME}/conf 下的 topology.data 文件中。形式如下：

```
nodel        /dcl/rackl
node2        /dcl/rackl
node3        /dcl/rackl
node4        /dc2/rack2
```

步骤 2：编写 Shell 脚本 node2rack.sh。内容如下：

```
#!/bin/bash
HADOOP_CONF= ${HADOOP_HOME}/conf
while [ $# -gt 0 ]      ; do
    nodeArg=$l
    exec< ${HADOOP_CONF}/topology.data
    result = " "
    while read line ; do ar=( $line )
        if [ "${ar [0] } " = "$nodeArg" ]          ; then
            result="${ar[1]}"
            fi
        done
    shift
    if [ -z  "$result " ]       ; then
        echo -n "/default/rack "
```

```
        else
        echo -n "$result "
        fi
done
```

步骤 3：在 core-site.xml 中添加配置选项。具体如下：

```
<property>
    <name>topology. script .file. name</name>
    <value>/opt/scripts/node2rack.sh</value>
</property>
```

当然，用户也可以实现 DNSToSwitchMapper 接口，并通过配置参数 topology. node. switch.mapping.impl 指定对应的实现类。

四、各种线程功能

函数 offerServer 会启动 JobTracker 内部几个比较重要的后台服务线程，分别是 expireTrackersThread、retireJobsThread、expireLaunchingTask Thread 和 completed JobsStoreThread。下面分别介绍这几个服务线程。

（一）expireTrackersThread 线程

该线程主要用于发现和清理死掉的 TaskTracker。每个 TaskTracker 会周期性地通过心跳向 JobTracker 汇报信息，而 JobTracker 会记录每个 TaskTracker 最近的汇报心跳时间。如果某个 TaskTracker 在 10 分钟内未汇报心跳，则 JobTracker 认为它已死掉，并将它的相关信息从数据结构 trackerToJobsToCleanup、trackerToTasksToCleanup、trackerToTaskMap、trackerToMarkedTasksMap 中清除，同时将正在运行的任务状态标注为 KILLED_ UNCLEAN。

（二）retireJobsThread 线程

该线程主要用于清理长时间驻留在内存中的已经运行完成的作业信息。JobTracker 会将已经运行完成的作业信息存放到内存中，以便外部查询，但随着完成的作业越来越多，势必会占用 JobTracker 的大量内存。为此，JobTracker 通过该线程清理驻留在内存中较长时间的已经运行完成的作业信息。

当一个作业满足如下条件 1、条件 2 或者条件 1、条件 3 时，将从数据结构 jobs 转移到过期作业队列中。

条件 1：作业已经运行完成，即运行状态为 SUCCEEDED、FAILED 或 KILLED。

164

条件 2：作业完成时间距现在已经超过 24 小时（可通过参数 mapred. jobtracker. retirejob.interval 配置）。

条件 3：作业拥有者已经完成作业总数超过 100 个（可通过参数 mapred. jobtracker. completeuserjobs.maximum 配置）个。

过期作业被统一保存到过期队列中。当过期作业超过 1 000 个（可通过参数 mapred. job.tracker.retiredjobs.cache.size 配置）时，将会从内存中彻底删除。

（三）expireLaunchingTaskThread *线程*

该线程用于发现已经被分配给某个 TaskTracker 但一直未汇报信息的任务。当 JobTracker 将某个任务分配给 TaskTracker 后，如果该任务在 10 分钟内未汇报进度，则 JobTracker 认为该任务分配失败，并将其状态标注为 FAILED。

（四）completedJobsStoreThread *线程*

该线程将已经运行完成的作业运行信息保存到 HDFS 上，并提供了一套存取这些信息的 API。该线程能够解决以下两个问题。

第一，用户无法获取很久之前的作业运行信息。前面提到线程 retireJobsThread 会清除长时间驻留在内存中的完成作业，这会导致用户无法查询很久之前某个作业的运行信息。

第二，JobTracker 重启后作业运行信息丢失。当 JobTracker 因故障重启后，所有原本保存到内存中的作业信息将会全部丢失。

该线程通过保存作业运行日志的方式，使用户可以查询任意时间提交的作业，还原作业的运行信息。

默认情况下，该线程不会启用，用户可通过表 6-2 所示的几个参数配置并启用该线程。

表 6-2　completedJobsStoreThread 线程控制参数

配置参数	参数含义
mapred.job.tracker.persist.jobstatus.active	是否启用该线程
mapred.job.tracker.persist.jobstatus.hours	作业运行信息保存时间
mapred.job.tracker.persist.jobstatus.dir	作业运行信息保存路径

165

五、作业恢复

在 MapReduce 中，JobTracker 存在单点故障问题。如果它因异常退出后重启，那么所有正在运行的作业运行时信息将丢失。如果不采用适当的作业恢复机制对作业信息进行恢复，则所有作业须重新提交，且已经计算完成的任务须重新计算。这势必造成资源浪费。

为了解决 JobTracker 面临的单点故障问题，Hadoop 设计了作业恢复机制，过程如下：作业从提交到运行结束的整个过程中，JobTracker 会为一些关键事件记录日志（由 JobHistory 类完成）。对于作业而言，关键事件包括作业提交、作业创建、作业开始运行、作业运行完成、作业运行失败、作业被杀死等；对于任务而言，关键事件包括任务创建、任务开始运行、任务运行结束、任务运行失败、任务被杀死等。当 JobTracker 因故障重启后（重启过程中，所有 TaskTracker 仍然活着），如果管理员启用了作业恢复功能（将参数 mapred.jobtracker.restart.recover 置为 true），则 JobTracker 会检查是否存在需要恢复运行状态的作业，如果有，则通过日志恢复这些作业的运行状态（由 RecoveryManager 类完成），并重新调度那些未运行完成的任务（包括产生部分结果的任务）。

第二节　JobTracker 心跳接收与应答

心跳是沟通 TaskTracker 与 JobTracker 的桥梁，它实际上是一个 RPC 函数。TaskTracker 周期性地调用该函数汇报节点和任务状态信息，从而形成心跳。在 Hadoop 中，心跳主要有三个作用：

第一，判断 TaskTracker 是否活着。

第二，及时让 JobTracker 获取各个节点上的资源使用情况和任务运行状态。

第三，为 TaskTracker 分配任务。

注意: JobTracker 与 TaskTracker 之间采用了 pull 而不是 push 模型，即 JobTracker 从不会主动向 TaskTracker 发送任何信息，而是由 TaskTracker 主动通过心跳领取属于自己的信息。JobTracker 只能通过心跳应答的形式为各个 TaskTracker 分配任务。

TaskTracker 周期性地调用 RPC 函数 heartbeat 向 JobTracker 汇报信息和领取任务。该函数定义如下：

public synchronized HeartbeatResponse heartbeat(TaskTrackerStatus status, boolean restarted,

boolean

initialContact,

boolean

acceptNewTasks,

short responseId)

该函数的各个参数含义如下。

Status：// 该参数封装了 TaskTracker 上的各种任务信息

String trackerName：//TaskTracker 名称，形式如 tracker_mymachine: localhost. localdomain/127.0.0.1：34196

String host：//TaskTracker 主机名

int httpPort：//TaskTracker 对外的 HTTP 端口数

int failures：// 该 TaskTracker 上已经失败的任务总数

List<TaskStatus> taskReports：// 正在运行的各个任务运行状态

volatile long lastSeen：// 上次汇报心跳的时间

private int maxMapTasks：/*Map slot 总数，即允许同时运行的 Map Task 总数，由参数 mapred.tasktracker .map. tasks .maximum：设定 */

private int maxReduceTasks：//Reduce slot 总数

private TaskTrackerHealthStatus healthStatus：//TaskTracker 健康状态

private ResourceStatus resStatus：//TaskTracker 资源（内存、CPU 等）信息

Restarted：表示 TaskTracker 是否刚刚重新启动。

initialContact：表示 TaskTracker 是否初次连接 JobTracker。

acceptNewTasks：表示 TaskTracker 是否可以接收新任务，这通常取决于 slot 是否有剩余和节点健康状况等。

responseID：表示心跳响应编号，用于防止重复发送心跳。每接收一次心跳后，该值加 1。

该函数的返回值为一个 HeartbeatResponse 对象，该对象主要封装 JobTracker 向 TaskTracker 下达的命令，具体如下：

class HeartbeatResponse implements Writable, Configurable {

…

short responseID; // 心跳响应编号

int heartbeatInterval; // 下次心跳的发送间隔

TaskTrackerAction [] actions；/* 来自 JobTracker 的命令，可能包括杀死作业、杀死任务、提交任务、运行任务等 */

Set< JobID> recovered Jobs = new HashSet< JobID> ()；// 恢复完成的作业列表

该函数的内部实现逻辑主要分为两个步骤：更新状态和下达命令。JobTracker 先将 TaskTracker 汇报的最新任务运行状态保存到相应数据结构中，然后根据这些状态信息和外界需求（如用户杀死一个作业）为其下达相应的命令。

一、更新状态

函数 heartbeat 首先会更新 TaskTracker/Job/Task 的状态信息。相关代码如下：

/* 检查是否允许该 TaskTracker 连接 JobTracker。当一个 TaskTracker 在 host list（由参数 mapred.hosts 指定）中，但不在 exclude list（由参数 mapred.hosts. exclude 指定）中时，可接入 JobTracker*/

```
if (!acceptTaskTracker(status)) {
        throw new DisallowedTaskTrackerException(status);
    }
    …
```

/* 如果该 TaskTracker 被重启了，则将之标注为健康的 TaskTracker，并从黑名单或者灰名单中清除，否则启动 TaskTracker 容错机制以检查它是否处于健康状态 */

```
if (restarted) {
    faultyTrackers.markTrackerHealthy(status.getHost());
} else {
    faultyTrackers.checkTrackerFaultTimeout(status.getHost(), now);
}
…
short newResponseID = (short) {responseID + 1);// 响应编号加 1
```

/* 记录心跳发送时间，以发现在一定时间内未发送心跳的 TaskTracker，并将之标注为死亡的 TaskTracker，此后不可再向其分配新任务 */

```
status.setLastSeen(now);
if ( InprogessHeartbeat (status, initialContact, now) ) { // 处理心跳
…
```

接下来，跟踪进入函数 processHeartbeat 内部。该函数先进行一系列异常情况

检查，然后调用以下两个函数更新 TaskTracker/Job/Task 的状态信息。

updateTaskStatuses (trackerStatus)：// 更新 Task 状态信息

updateNodeHealthStatus (trackerStatus, timestamp)：// 更新节点健康状态

二、下达命令

更新完成状态信息后，JobTracker 要为 TaskTracker 构造一个 HeartbeatResponse 对象作为心跳应答。该对象主要有两部分内容：下达给 TaskTracker 的命令和下次汇报心跳的时间间隔。下面分别对它们进行介绍。

（一）下达命令

JobTracker 将下达给 TaskTracker 的命令封装成 TaskTrackerAction 类，主要包括 ReinitTrackerAction（重新初始化）、LaunchTaskAction（运行新任务）、KillTaskAction（杀死任务）、KillJobAction（杀死作业）和 CommitTaskAction（提交任务）5 种。下面依次对这几种命令进行介绍。

1. ReinitTrackerAction

JobTracker 收到 TaskTracker 发送过来的心跳信息后，先要进行一致性检查，如果发现异常情况，则会要求 TaskTracker 重新对自己进行初始化，以恢复到一致的状态。当出现以下两种不一致的情况时，JobTracker 会向 TaskTracker 下达 ReinitTrackerAction 命令。

丢失上次心跳应答信息：JobTracker 会保存向每个 TaskTracker 发送的最近心跳应答信息，如果 JobTracker 未刚刚重启且一个 TaskTracker 并非初次连接 JobTracker（initialContact!=true），而最近的心跳应答信息丢失了，则这是一种不一致状态。

丢失 TaskTracker 状态信息：JobTracker 接收到任何一个心跳信息后，会将 TaskTracker 状态（封装在类 TaskTrackerStatus 中）信息保存起来。如果一个 TaskTracker 非初次连接 JobTracker 但状态信息却不存在，则这也是一种不一致的状态。

2. LaunchTaskAction

该类封装了 TaskTracker 新分配的任务。TaskTracker 接收到该命令后会启动一个子进程运行该任务。Hadoop 将一个作业分解后的任务分成两大类：计算型任务和辅助型任务。其中，计算型任务是处理实际数据的任务，包括 Map Task 和 Reduce Task 两种（对应 TaskType 类中的 MAP 和 REDUCE 两种类型），由专门的任务调度器对它们进行调度。而辅助型任务则不会处理实际的数据，通常用于同

步计算型任务或者清理磁盘上无用的目录，包括 job-setup task、job-cleanup task 和 task-cleanup task 三种（对应 TaskType 类中的 JOB_SETUP、JOB_CLEANUP 和 TASK_CLEANUP 三种类型）。其中，job-setup task 和 job-cleanup task 分别用作计算型任务开始运行同步标识和结束运行同步标识，而 task-cleanup task 则用于清理失败的计算型任务已经写到磁盘上的部分结果，这种任务由 JobTracker 负责调度，且运行优先级高于计算型任务。

如果一个正常（不在黑名单中）的 TaskTracker 尚有空闲 slot (acceptNewTasks 为 true)，则 JobTracker 会为该 TaskTracker 分配新任务，任务选择顺序是先辅助型任务，再计算型任务。对于辅助型任务，选择顺序依次为 job-cleanup task、task-cleanup task 和 job-setup task,具体代码如下：

/* 优先选择辅助型任务，选择优先级从高到低依次为 job-cleanup task、task-cleanup task 和 job-setup task，这样可以让运行完成的作业快速结束，新提交的作业立刻进入运行状态 */

```
List<Task> tasks = getSetupAndCleanupTasks(taskTrackerStatus);
// 如果没有辅助型任务，则选择计算型任务
if (tasks == null )    {
    // 由任务调度器选择一个或多个计算型任务
    tasks = taskScheduler.assignTasks(taskTrackers.get(trackerName));
}
if (tasks != null) {
for (Task task : tasks) {
    expireLaunchingTasks.addNewTask(task.getTaskID());
    // 将分配的任务封装成 LaunchTaskction 对象
    actions.add(new LaunchTaskAction(task)) ;
}

}
```

3. KillTaskAction

该类封装了 TaskTracker 需杀死的任务。TaskTracker 收到该命令后会杀掉对应的任务、清理工作目录和释放 slot。导致 JobTracker 向 TaskTracker 发送该命令的原因有很多，主要包括以下几个：

第一，用户使用命令 bin/hadoop job-kill-task 或者 bin/hadoop job-fail-task 杀

死一个任务或者使一个任务失败。

第二，启用推测执行机制后，同一份数据可能同时由两个 Task Attempt 处理。当其中一个 Task Attempt 执行成功后，另外一个处理相同数据的 Task Attempt 将被杀掉。

第三，某个作业运行失败，它的所有任务将被杀掉。

第四，TaskTracker 在一定时间内未汇报心跳，则 JobTracker 认为其死掉，它上面的所有 Task 均被标注为死亡。

4. KillJobAction

该类封装了 TaskTracker 待清理的作业。TaskTracker 接收到该命令后，会清理作业的临时目录。导致 JobTracker 向 TaskTracker 发送该命令的原因有很多，主要包括以下几个：

第一，用户使用命令 bin/hadoop job-kill 或者 bin/hadoop job-fail 杀死一个作业或者使一个作业失败。

第二，作业运行完成，通知 TaskTracker 清理该作业的工作目录。

第三，作业运行失败，即同一个作业失败的 Task 数目超过一定比例。

5. CommitTaskAction

该类封装了 TaskTracker 需提交的任务。为了防止同一个 TaskInProgress 的两个同时运行的 TaskAttempt（如打开推测执行功能，一个任务可能存在备份任务）同时打开一个文件或者往一个文件中写数据而产生冲突，Hadoop 让每个 Task Attempt 写到单独一个文件（以 TaskAttemptID 命名，如 attempt 201208071706_0008_r_000000_0）中。通常而言，Hadoop 让每个 Task Attempt 将计算结果写到临时目录 ${mapred.output.dir}/_ temporary/_${taskid} 中，当某个 Task Attempt 成功运行完成后，再将运算结果转移到最终目录 ${mapred.output.dir} 中。Hadoop 将一个成功运行完成的 Task Attempt 结果文件从临时目录提升至最终目录的过程，称为任务提交。当 TaskInProgress 中一个任务被提交后，其他任务将被杀死，同时意味着该 TaskInProgress 运行完成。

（二）调整心跳间隔

TaskTracker 心跳时间间隔大小应该适度，如果太小，则 JobTracker 需要处理高并发的心跳连接请求，必然产生不小的并发压力；如果太大，空闲的资源不能及时汇报给 JobTracker(进而为之分配新的 Task），造成资源空闲，进而降低系统吞吐率。

TaskTracker 汇报心跳的时间间隔并不是一成不变的，它会随着集群规模的动态调整（如节点死掉或者用户动态添加新节点）而变化，以便能够合理利用

JobTracker 的并发处理能力。在 Hadoop MapReduce 中，只有 JobTracker 知道某一时刻集群的规模，因此由 JobTracker 为每个 TaskTracker 计算下一次汇报心跳的时间间隔，并通过心跳机制告诉 TaskTracker。

　　JobTracker 允许用户通过参数配置心跳的时间间隔加速比，即每增加 mapred. heartbeats.in.second（默认是 100，最小是 1）个节点，心跳时间间隔增加 mapreduce. jobtracker.heartbeats.scaling.factor（默认是 1，最小是 0.01）秒。同时，为了防止用户参数设置不合理而对 JobTracker 产生较大负荷，JobTracker 要求心跳时间间隔至少为 3 秒。具体计算方法如下：

```
public int getNextHeartbeatInterval(){
    // 获取当前 TaskTracker 总数，即集群当前规模
    int clusterSize = getClusterStatus().getTaskTrackers();
    // 计算新的心跳间隔
    int heartbeatInterval = Math.max(
                        (int)(1000 * HEARTBEATS_SCALING_FACTOR *
                        Math.ceil((double)clusterSize /
                        NUM_HEARTBEATS_IN_SECOND)),
                                HEARTBEAT_INTERVAL_
    MIN);

    return heartbeatInterval;
```

第三节　Job 和 Task 运行时信息维护

　　状态监控是 JobTracker 的重要功能之一，包括 TaskTracker、Job 和 Task 等运行时状态的监控。其中，TaskTracker 状态监控比较简单，只要记录其最近心跳汇报时间和健康状况（由 TaskTracker 端的监控脚本检测，并通过心跳将结果发送给 JobTracker）即可。下面重点分析 Job 和 Task 的监控方法，内容包括作业描述模型、作业/任务运行时监控信息、作业/任务状态转换等。

一、作业描述模型

　　如图 6-2 所示，JobTracker 在其内部以"三层多叉树"的方式描述和跟踪每个作业的运行状态。JobTracker 为每个作业创建一个 JobInProgress 对象以跟踪和监

控其运行状态。该对象存在于作业的整个运行过程中：它在作业提交时创建，作业运行完成时销毁。同时，为了采用分而治之的策略解决问题，JobTracker 会将每个作业拆分成若干个任务，并为每个任务创建一个 TaskInProgress 对象以跟踪和监控其运行状态。而任务在运行过程中可能会因为软件 Bug、硬件故障等运行失败，此时 JobTracker 会按照一定的策略重新运行该任务。也就是说，每个任务可能会尝试运行多次，直到运行成功或者因超过尝试次数而失败。JobTracker 将每运行一次任务称为一次任务运行尝试，即 Task Attempt。对于某个任务，只要有一个 Task Attempt 运行成功，则相应的 TaskInProgress 对象会标注该任务运行成功，而当所有的 TaskInProgress 均标注其对应的任务运行成功后，JobInProgress 对象会标识整个作业运行成功。

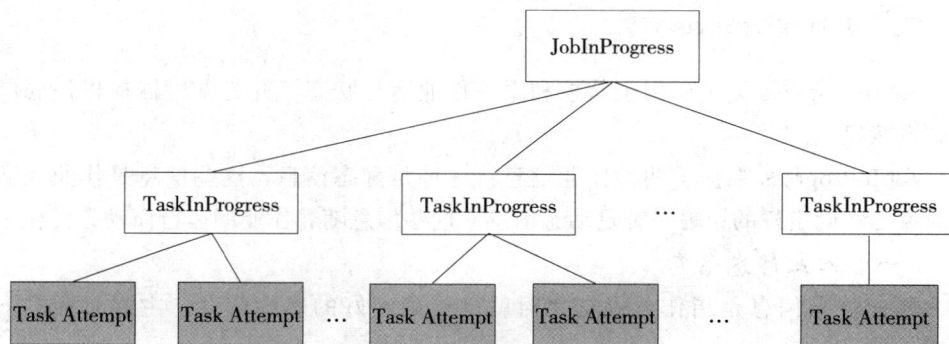

图 6-2　三层多叉树作业描述方式

如图 6-3 所示，为了区分各个作业，JobTracker 会赋予每个作业一个唯一的 ID。该 ID 由三部分组成：作业前缀字符串、JobTracker 启动时间和作业提交顺序。各部分通过连接起来组成一个完整的作业 ID，如 job_201208071706_0009，对应的三部分分别是 job、201208071706 和 0009（JobTracker 运行以来第 9 个作业）。每个任务的 ID 继承了作业的 ID，并在此基础上进行了扩展，它由三部分组成：作业 ID（其中前缀字符串变为 task）、任务类型（map 还是 reduce）和任务编号（从 000000 开始，一直到 999999）。例如，task_201208071706_0009_m_000000，表示它的作业 ID 为 task_201208071706_0009，任务类型为 map，任务编号为 000000。每个 TaskAttempt 的 ID 继承了任务的 ID，它由两部分组成：任务 ID（其中前缀字符串变为 "attempt"）和运行尝试次数（从 0 开始）。例如，attempt_201208071706_0009_m_000000_0 表示任务 task_201208071706_0009_m_000000 的第 0 次尝试。

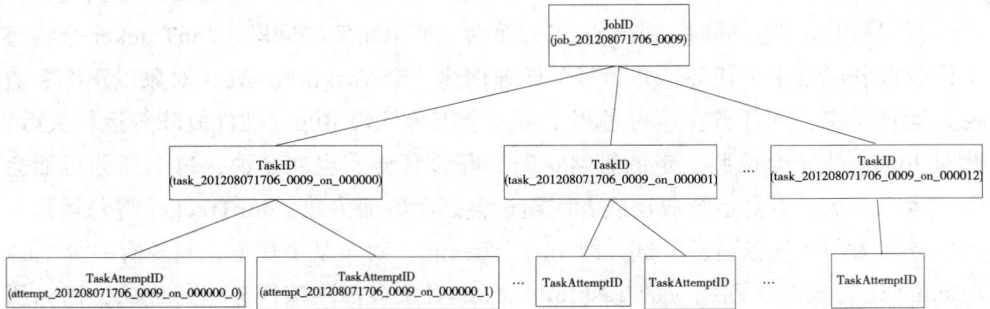

图 6-3　Job/Task/TaskAttempt 的 ID 继承关系

二、JobInProgress

JobInProgress 类主要用于监控和跟踪作业运行状态，并为调度器提供最底层的调度接口。

JobInProgress 维护了两种作业信息：一种是静态信息，这些信息是作业提交之时就已经确定好的；另一种是动态信息，这些信息随着作业的运行而动态变化。

（一）作业静态信息

作业静态信息是指作业提交之时就已经确定好的属性信息，主要包括以下几项：

//map task, reduce task, cleanup task 和 setup task 对应的 TaskInProgress

TaskInProgress maps [] = new TaskInProgress[0];

TaskInProgress reduces[] = new TaskInProgress[0];

TaskInProgress cleanup[] = new TaskInProgress[0];

TaskInProgress setup [] = new TaskInProgress[0];

int numMapTasks = 0; //Map Task 个数

int numReduceTasks = 0; //Reduce Task 个数

final long memoryPerMap; // 每个 Map Task 需要的内存量

final long memoryPerReduce ; // 每个 Reduce Task 需要的内存量

volatile int numSlotsPerMap = 1; // 每个 Map Task 需要的 slot 个数

volatile int numSlotsPerReduce = 1; // 每个 Reduce Task 需要的 slot 个数

/* 允许每个 TaskTracker 上失败的 Task 个数，默认是 4，通过参数 mapred. max. tracker. failures 设置。当该作业在某个 TaskTracker 上失败的个数超过该值时，

会将该节点添加到该作业的黑名单中，调度器便不再为该节点分配该作业的任务 */

　　Final int maxTaskFailuresPerTracker ;

　　…

　　private static float DEFAULT_COMPLETED_MAPS_PERCENT_FOR_
REDUCE_SLOWSTART = 0.05f;

　　// 当有 5% 的 Map Task 完成后，才可以调度 Reduce Task

　　int completedMapsForReduceSlowstart = 0; // 多少 Map Task 完成后开始调度
Reduce Task

　　…

　　// 允许的 Map Task 失败比例上限，通过参数 mapred.max.map.failures.percent
设置

　　final int mapFailuresPercent ;

　　// 允许的 Reduce Task 失败比例上限，通过参数 mapred.max.reduce.failures.
percent 设置

　　 final int reduceFailuresPercent ;

　　…

　　JobPriority priority = JobPriority.NORMAL; // 作业优先级

（二）作业动态信息

　　作业动态信息是指作业运行过程中会动态更新的信息。这些信息对发现
TaskTracker/ Job/Task 故障非常有用，也可以为调度器进行任务调度提供决策依据。

　　int runningMapTasks = 0; // 正在运行的 Map Task 数目

　　int runningReduceTasks = 0; // 正在运行的 Reduce Task 数目

　　int finishedMapTasks = 0; // 运行完成的 Map Task 数目

　　int finishedReduceTasks = 0; // 运行完成的 Reduce Task 数目

　　int failedMapTasks = 0; // 失败的 Map Task Attempt 数目

　　int failedReduceTasks = 0; // 失败的 Reduce Task Attempt 数目

　　int speculativeMapTasks = 0; // 正在运行的备份任务（MAP）数目

　　int speculativeReduceTasks = 0; // 正在运行的备份任务（REDUCE）数目

　　int failedMapTIPs = 0; /* 失败的 TaskInProgress（MAP）数目，这意味着对应
的输入数据将被去掉，不会产生最终结果 */

　　int failedReduceTIPs = 0; // 失败的 TaskInProgress（REDUCE）数目

　　private volatile boolean launchedCleanup = false; // 是否已启动 Cleanup Task private volatile boolean launchedSetup = false; // 是否已启动 Setup Task

private volatile boolean jobKilled = false; // 作业是否已被杀死

private volatile boolean jobFailed = false; // 作业是否已失败

// 节点与 TaskInProgress 的映射关系，即 TaskInProgress 输入数据位置与节点的对应关系

Map<Node, List<TaskInProgress>> nonRunningMapCache；

// 节点及其上面正在运行的 Task 映射关系

MapcNode, Set<TaskInProgress > > runningMapCache；

/* 不需要考虑数据本地性的 Map Task, 如果一个 Map Task 的 InputSplit Location 为空，则进行任务调度时不需考虑本地性 */

final List<TaskInProgress> nonLocalMaps;

// 按照失败次数进行排序的 TIP 集合

final SortedSet<TaskInProgress> failedMaps；

// 未运行的 Map Task 集合

Set<TaskInProgress> nonLocalRunningMaps;

// 未运行的 Reduce Task 集合

Set<TaskInProgress> nonRunningReduces;

// 正在运行的 Reduce Task 集合

Set<TaskInProgress> runningReduces;

// 待清理的 Map Task 列表，如用户直接通过命令 "bin/hadoop job-kill" 杀死的 Task

List<TaskAttemptID> mapCleanupTasks = new LinkedList<TaskAttemptID>();

List<TaskAttemptID> reduceCleanupTasks = new LinkedList<TaskAttemptID>();

long startTime; // 作业提交时间

long launchTime; // 作业开始执行时间

long finishTime; // 作业完成时间

三、TaskInProgress

TaskInProgress 类维护了一个 Task 运行过程中的全部信息。在 Hadoop 中，一个任务可能会推测执行或者重新执行，所以会存在多个 Task Attempt，且同一时刻可能有多个处理相同的 Task Attempt 在执行，而这些任务被同一个 TaskInProgress 对象管理和跟踪，只要任何一个 Task Attempt 运行成功，TaskInProgress 就会标注

该任务执行成功。

    private final TaskSplitMetainfo splitinfo; //Task 要处理的 Split 信息

    private int numMaps; //Map Task 教目，只对 Reduce Task 有用

    private int partition; // 该 Task 在 task 列表中的索引

    private JobTracker jobtracker; //JobTracker 对象，用于获取全局时钟

    private TaskID id; //task ID, 其后面加下标构成 Task Attempt ID

    private JobInProgress job; // 该 TaskInProgress 所在的 JobInProgress

    private final int numSlotsRequired; // 运行该 Task 所需要的 slot 数目

    private int successEventNumber = -1;

    private int numTaskFailures = 0; //Task Attempt 失败次数

    private int numKilledTasks = 0; //Task Attempt 被杀死次数

    private double progress = 0 ; // 任务运行进度 String state = " "; // 运行状态

    private long startTime = 0; //TaskInProgress 对象创建时间

    private long execStartTime = 0; // 第一个 Task Attempt 开始运行时间

    private long execFinishTime = 0; // 最后一个运行成功的 Task Attempt 完成时间

    private int completes = 0; //Task Attempt 运行完成数目，实际只有两个值：0
和 1

    private boolean failed = false; // 该 TaskInProgress 是否运行失败

    private boolean killed = false ; // 该 TaskInProgress 是否被杀死

    private boolean jobCleanup = false; // 该 TaskInProgress 是否为 Cleanup Task

    private boolean jobSetup = false ; // 该 TaskInProgress 是否为 Setup Task

    // 该 TaskInProgress 的下一个可用 Task Attempt ID

    int nextTaskID = 0 ;

    // 使该 TaskInProgress 运行成功的那个 Task ID

    private TaskAttemptID successfulTaskId;

    // 第一个运行的 Task Attempt 的 ID

    private TaskAttemptID firstTaskID;

    // 正在运行的 Task ID 与 TaskTracker ID 之间的映射关系

    private TreeMap<TaskAttempt ID, String> activeTasks = new TreeMap<Task
AttemptID, String> ();

    // 该 TaskInProgress 已运行的所有 TaskAttempt ID，包括已经运行完成的和正
在运行的

```
    private TreeSet<TaskAttemptID> tasks = new TreeSet<TaskAttemptID>();
    //Task ID 与 TaskStatus 映射关系
    private TreeMap<TaskAttemptID/TaskStatus> taskStatuses =
     new TreeMap<TaskAttemptID,TaskStatus>();
    // Cleanup Task ID 与 TaskTracker ID 映射关系
    private TreeMap<TaskAttemptID, String> cleanupTasks =
            new TreeMap<TaskAttemptID/ String>();
    // 所有已经运行失败的 Task 所在的节点列表
    private TreeSet<String> machinesWhereFailed = new TreeSet<String>();
    // 某个 Task Attempt 运行成功后，其他所有正在运行的 Task Attempt 保存在该
集合中
    private TreeSet<TaskAttemptID> tasksReportedClosed = new TreeSet
<TaskAttemptID>();
    // 待杀死的 Task 列表
    private TreeMapcTaskAttemptID, Boolean> tasksToKill = new TreeMap
<TaskAttemptID/ Boolean>();
    // 等待被提交的 Task Attempt，该 Task Attempt 最终使得 TaskInProgress 运行
成功
    private TaskAttemptID taskToCommit;
```

四、作业和任务状态转换图

在 Hadoop MapReduce 中，作业和任务是有生命周期的，它们的状态受各种行为的影响而发生变化。在本部分中，我们将分析作业和任务涉及的状态转移以及导致状态转移的事件。

（一）作业状态转换图

作业运行时的信息由 JobInProgress 类进行监控和维护，作业状态转移也由该类进行更新。在 Hadoop 中，一个作业在运行过程中可能涉及所有可能的状态转移，如图 6-4 所示。

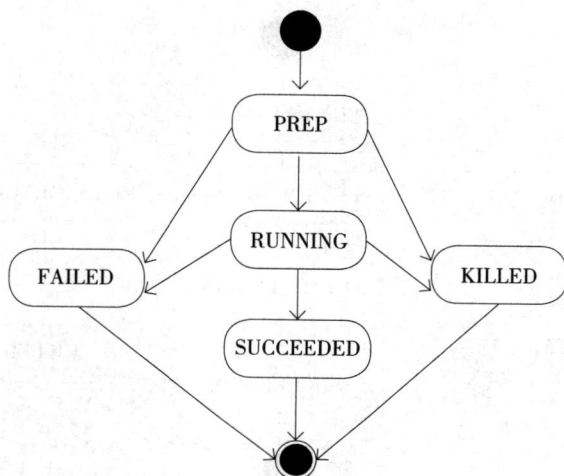

图6-4　作业状态转换图

图6-4中涉及的状态转换以及对应事件如下。

第一，PREP → RUNNING：作业的 Setup Task（job-setup Task）成功执行完成。

第二，RUNNING → SUCCEEDED：作业的 Cleanup Task（job-cleanup Task）执行成功。

第三，PREP → FAILED/KILLED：人为使用 Shell 命令杀死作业，即 bin/hadoop job [-kill|- fail] <jobid>。

第四，RUNNING → FAILED：多种情况可导致该状态转移，包括人为使用 Shell 命令杀死作业（使用 bin/Hadoop job-fail<jobid> 命令），作业的 Cleanup/SetupTask 运行失败和作业失败的任务数超过了一定比例。

第五，RUNNING → KILLED：人为使用 Shell 命令杀死作业，如使用 "bin/hadoop job-kill <jobid>" 命令。

（二）任务状态转换图

在 Hadoop 中，一个任务的状态变化可能发生在 JobTracker 端或者 TaskTracker 端。总结起来，一个任务在运行过程中可能涉及所有的状态转移，如图6-5 所示。

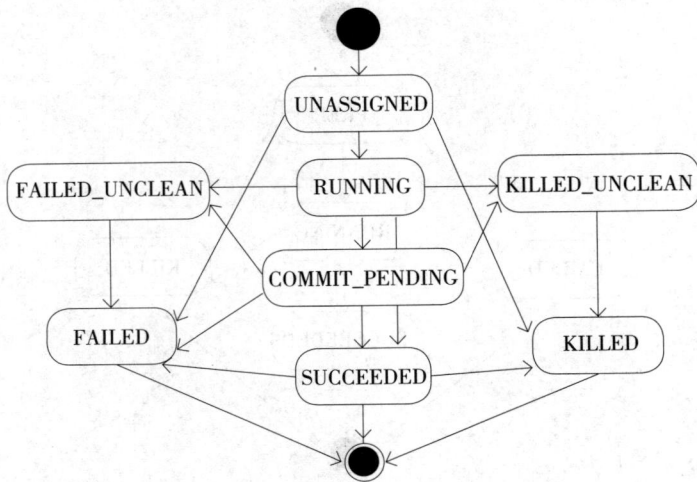

图 6-5　任务状态转换图

图 6-5 中涉及的任务状态转换以及对应事件如下。

第一，UNASSIGNED → RUNNING：任务初始化状态为 UNASSIGNED，当 JobTracker 将任务分配给某个 TaskTracker 后，该 TaskTracker 会为它准备运行环境并启动它，之后该任务进入 RUNNING 状态。

第二，RUNNING → COMMIT_PENDING：该状态转换存在于产生最终结果的任务（Reduce Task 或者 map-only 类型作业的 Map Task）中，当任务处理完最后一条记录后进入 COMMIT_PENDING 状态，以等待 JobTracker 批准其提交最后结果。

第三，RUNNING → SUCCEEDED：该状态转换只存在于 Map Task（且这些 Map Task 的结果将被 Reduce Task 进一步处理）中，当 Map Task 处理完最后一条记录后便意味着任务运行成功。

第四，RUNNING/COMMIT_PENDING → KILLEDJJNCLEAN：TaskTracker 收到来自 JobTracker 的 KillTaskAction 命令后，会将对应任务由 RUNNING/COMMIT_PENDING 状态转化为 KILLEDJJNCLEAN 状态，通常产生的场景是人为杀死任务，同一个 TIP 的多个同时运行的 Task Attempt 中有一个成功运行完成而杀死其他 Task Attempt，TaskTracker 因超时导致其上所有任务状态变为 KILLEDJJNCLEAN 等。

第五，RUNNING/COMMIT_PENDING → FAILED_UNCLEAN：多种情况下

会导致该状态转移，包括本地文件读写错误、Shuffle 阶段错误、任务在一定时间内未汇报进度（从而被 TaskTracker 杀掉）、内存使用量超过期望值或者其他运行过程中出现的错误。

第六，UNASSIGNED → FAILED/KILLED：人为杀死任务。

第七，KILLED_UNCLEAN/FAILED_UNCLEAN → FAILED/KILLED：一旦任务进入 KILLED_UNCLEAN/FAILED_UNCLEAN 状态，接下来必然进入 FAILED/KILLED 状态，以清理已经写入 HDFS 上的部分结果。

第八，SUCCEEDED → KILLED：一个 TIP 已有一个 Task Attempt 运行完成，而备份任务也汇报成功，则备份任务将被杀掉或者用户人为杀死某个 Task，而 TaskTracker 刚好汇报对应 Task 执行成功。

第九，SUCCEEDED/COMMIT_PENDING → FAILED：Reduce Task 从 Map Task 端远程读取数据时，发现数据损坏或者丢失，则将对应 Map Task 状态标注为 FAILED 以便重新得到调度。

第四节　容错机制

一、JobTracker 容错

在 MapReduce 中，JobTracker 掌握着整个集群的运行时信息，包括节点健康状况、资源分布情况以及所有作业的运行时信息等。如果 JobTracker 因故障而重启，部分信息很容易通过心跳机制重新构造，如节点健康情况和资源分布情况。但作业的运行时信息可能全部丢失，这使用户不得不重新提交未运行完成的作业，这意味着之前已经运行完成的任务不得不重新运行，进而造成资源浪费。从以上分析可看出，JobTracker 容错的关键技术点是如何保存和恢复作业的运行时信息。

从作业恢复粒度角度看，前三种不同级别的恢复机制由低到高依次是作业级别、任务级别和记录级别。其中，级别越低，实现越简单，但造成的资源浪费越严重。在 1.0.0 以及之前版本中，Hadoop 采用了任务级别的恢复机制，即以任务为基本单位进行恢复，这种机制是基于事务型日志完成作业恢复的，它只关注两种任务：运行完成的任务和未运行完成的任务。在作业执行过程中，JobTracker 会以日志的形式将作业以及任务状态记录下来，一旦 JobTracker 重启，则可从日志中恢复作业的运行状态，其中已经运行完成的任务无须再运行，而未开始运行或者运行中的任务需重新运行。这种方案实现比较复杂，需要处理的特殊情况比较多。为了简化设计，从 0.21.0 版本开始，Hadoop 采用了作业级别的恢复机制。该机制不再关注各个任务的运行状态，而是以作业为单位进行恢复，它只关注两种作业状态：运行完成或者未运行完成。当 JobTracker 重启后，凡是未运行完成的作业将自动被提交到 Hadoop 中重新运行。除了这两种方案，学术界还尝试着研究记录级别的恢复机制。该机制尝试着从失败作业的第一条尚未处理的记录（断点）开始恢复一个任务，以尽可能地减少任务重新计算的代价。

二、TaskTracker 容错

TaskTracker 负责执行来自 JobTracker 的各种命令，并将命令执行结果定时汇报给它。

在一个 Hadoop 集群中，TaskTracker 数量通常非常多，设计合理的 TaskTracker 容错机制对及时发现存在问题的节点显得非常重要。Hadoop 提供了三种 TaskTracker 容错机制，分别是超时机制、灰名单与黑名单机制和 Exclude list 与 Include list。

（一）超时机制

超时机制是一种在分布式环境下常用的发现服务故障的方法。如果一种服务在一定时间内未响应，则可认为该服务出现了故障，从而启动相应的故障解决方案。Hadoop 也采用了类似的方法发现出现故障的 TaskTracker，具体如下：

第一，TaskTracker 第一次汇报心跳后，JobTracker 会将其放入过期队列 trackerExpiryQueue 中，并将其加入网络拓扑结构中。

第二，TaskTracker 以后每次汇报心跳，JobTracker 均会记录最近一次的心跳时间（TaskTrackerStatus. lastSeen）。

第三，线程 expireTrackersThread 周期性地扫描过期队列 trackerExpiryQueue，如果发现某个 TaskTracker 在 10 分钟（可通过参数 mapred.tasktracker.expiry. interval 配置）内未汇报心跳，则将其从集群中移除。

移除 TaskTracker 之前，JobTracker 会将该 TaskTracker 上所有满足以下两个条件的任务杀掉，并将它们重新加入任务等待队列中，以便被调度到其他健康节点上重新运行。

条件 1：任务所属作业处于运行或者等待状态。

条件 2：未运行完成的 Task（包括 Map Task 和 Reduce Task）或者 Reduce Task 数目不为零的作业中已运行完成的 Map Task。

注意：所有运行完成的 Reduce Task 和无 Reduce Task 的作业中已运行完成的

Map Task 无须重新运行，因为它们将结果直接写入 HDFS 中。而包含 Reduce Task 的作业中已运行完成的 Map Task 仍需重新运行，因为正常的 TaskTracker 无法通过 HTTP 获取死亡 TaskTracker 上的本地磁盘数据。

（二）灰名单与黑名单机制

这两种名单中的 TaskTracker 均不可以再接收作业，也就是说它们已被宣判死亡（尽管可能还活着，但由于短时间内性能表现"太差"，JobTracker 不得不让它休息一会）。

通过启发式算法将存在问题的 TaskTracker 加入灰名单，一段时间之后，这些 TaskTracker 将重新获得一次接收任务的机会。

通过用户设定的脚本监控将存在问题的 TaskTracker 加入黑名单，这些 TaskTracker 不会复活，直到监控脚本发现 TaskTracker 又活过来了。

1. 灰名单

每个作业在运行过程中会动态生成 TaskTracker 黑名单（一个 TaskTracker 列表），而位于黑名单中的 TaskTracker 将不会再有运行该作业的任何任务的机会。TaskTracker 黑名单生成的方法是，作业在运行过程中记录每个 TaskTracker 使其失败的 Task Attempt 数目，一旦该数目超过 mapred.max.tracker.failures（默认是 4），对应的 TaskTracker 会被加入该作业的黑名单中。

JobTracker 将记录每个 TaskTracker 被作业加入黑名单的次数 #blacklist。当某个 TaskTracker 同时满足以下条件时，将被加入 JobTracker 的灰名单中。

条件 1：#blacklist 大小超过 mapred.max.tracker.blacklists 值（默认为 4）。

条件 2：该 TaskTracker 的 #blacklists 大小超过所有 TaskTracker 的 #blacklist 平均值的 mapred.cluster.average.blacklist.threshold（默认是 50%）倍。

条件 3：当前灰名单中 TaskTracker 的数目小于所有 TaskTracker 数目的 50%。

JobTracker 为每个存在问题的 TaskTracker（#blacklist 大于 0）维护了一个环形桶数据结构。该数据结构保存了最近一段时间内 TaskTracker 对应的 #blacklist 值，该值随着时间推移不断变化，因此 TaskTracker 可能会不断进出灰名单。

一个典型的环行桶数据结构如图 6-6 所示。默认情况下，它维护了最近 mapred.jobtracker.blacklist.fault-timeout-window（默认是 3 小时）时间内某个 TaskTracker 对应的 #blacklist 值。为了便于计算，环形桶被分成若干个等时间片（由参数 mapred.jobtracker.blacklist.fault-bucket-width 配置，默认是 15 分钟）长度的桶，所有桶的 #blacklist 值由整型数组 numFaults[] 维护，同时由指针 lastRotated 指向最近一次更新所在桶的第一个毫秒位置，具体操作如下。

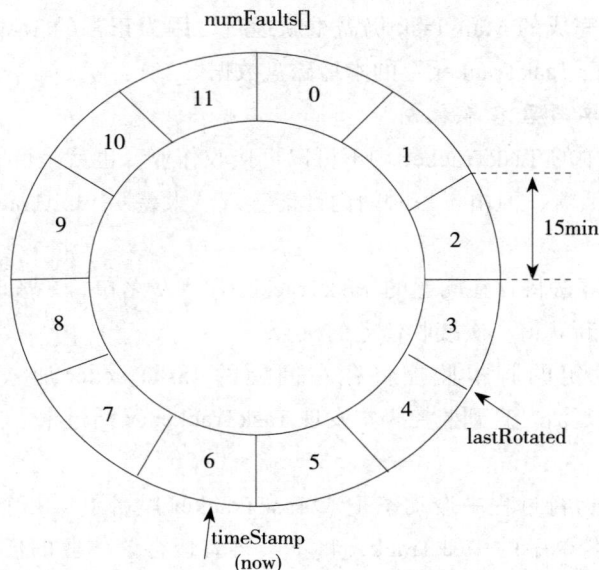

numFaults[]

图 6-6　环形桶数据结构

（1）初始化操作：lastRotated = (time / bucketWidth) * bucketWidth；/* 其中，time 为当前时间，bucketWidth 为桶宽度，经初始化后，lastRotated 是 bucketWidth 的整数倍 */

（2）cheekRotation 操作：将 lastRotated 到某个新时间点 timeStamp 之间的桶计数器 (#blacklist) 清零，同时将 lastRotated 移动到新时间点对应的桶第一个毫秒所在位置。

```
void checkRotation(long timestamp) {
 long diff = timestamp - lastRotated;
while (diff > bucketWidth) {
// lastRotated 指向时间最久的桶（它即将成为最新的桶）第一个毫秒的位置
lastRotated += bucketWidth;
// 取得桶下标
int idx = (int)((lastRotated / bucketWidth) % numFaultBuckets);
// 清空桶计数器，为写入新值做准备
numFaults[idx] = 0;
diff -= bucketwidth;
```

```
        }
    }
```

（3）incrFaultCount 操作：将某个时间点对应的桶计数器加 1，对应代码如下。

```
void incrFaultCount(long timestamp) {
    checkRotation (timestamp) ; // 将 lastRotated~timeStamp 时间段内桶计数器
清零
        ++numFaults[bucketindex(timestamp)];
}
int bucketindex(long timestamp) {
    return (int)((timestamp / bucketwidth) % numFaultBuckets);
}
```

2. 黑名单

Hadoop 允许用户编写一个脚本（health check script）监控 TaskTracker 是否健康（TaskTracker 可能仍然活着，但是不健康，如资源耗光、关键服务挂掉等），并由 TaskTracker 通过心跳将该脚本的检测结果汇报给 JobTracker，一旦发现不健康，JobTracker 会将该 TaskTracker 加入黑名单中，此后不再向其分配任务，直到脚本检测结果为健康。

（三）Exclude list 与 Include list

Exclude list 是一个非法节点列表，所有位于该列表中的节点将无法与 JobTracker 连接（在 RPC 层抛出异常）。Include list 是一个合法节点列表（类似于节点白名单），只有位于该列表中的节点才允许向 JobTracker 发起连接请求。默认情况下，这两个列表是空的，表示允许任何节点接入 JobTracker。这两个名单中的节点均由管理员配置，并可以动态加载生效。

管理员可在配置文件 mapred-site.xml 中配置 Exclude list 和 Include list，一个简单的实例如下：

```
<property>
    <name >mapred.hosts</name >
    <value>/etc/hadoop_hosts/include_hosts</value>
    <description> 合法节点所在文件，如果文件为空或者未配置，则表示所有节
点均合法。
```

```
</description>
    </property>
<property>
    <name>mapred.hosts.exclude</name>
    <value>/etc/hadoop_hosts/exclude_hosts </value>
```
    <description> 非合法节点所在文件，如果文件为空或者未配置，则表示所有节点均合法。
```
</description>
    </property>
```

其中，include_hosts 和 exclude_hosts 两个文件均保存了一个节点 host 列表，实例如下：

Node0000

Node0001

Node0002

注意：黑名单与非法节点列表是两个不同的概念，区别主要有两个。

第一，范围不同：黑名单是 TaskTracker 级别的，非法节点列表是 host（一个 host 上可以有多个 TaskTracker）级别的。

第二，任务运行结果不同：如果一个 TaskTracker 被动态添加到黑名单中，则它上面正在运行的任务可以正常运行结束（但不会为之分配新任务），但被加入非法节点列表的节点则不同，它上面所有正在运行的任务将无法成功运行完成。

综上所述，影响一个 Hadoop 集群中 TaskTracker 数量的因素，管理员可根据需要，将一些节点动态加入集群或者移出集群，以更好地维护 Hadoop 集群或者提升它的计算能力。

三、Job/Task 容错

（一）Job 容错机制

在 MapReduce 框架中，一个作业会被分解成多个任务，当所有任务成功运行完成时，作业才算运行成功。但在很多实际应用场景中，如搜索引擎日志分析、网页处理等，由于数据量巨大，丢弃一小部分数据可能并不会影响最终结果。正因为如此，为支持容错，MapReduce 允许丢弃部分输入数据而保证绝大部分数据有效，也就是说，MapReduce 可允许部分任务失败，其对应的处理结果不再计入最终的结果。

Hadoop 为作业提供了两个可配置参数：mapred.max.map.failures.percent 和 mapred.max.reduce.failures.percent。用户提交作业时可通过这两个参数设定允许失败的 Map 任务和 Reduce 任务数所占总任务数的百分比。默认情况下，这两个参数值均为 0，即只要有一个 Map 任务或者 Reduce 任务失败，整个作业便运行失败。

（二）Task 容错机制

前面提到，每个 Task 运行状况由对应的一个 TaskInProgress 对象跟踪，它允许一个 Task 尝试运行多次，每次成为一个 TaskAttempt。Hadoop 提供了两个可配置参数：mapred.map.max.attempts 和 mapred.reduce.max.attempts。用户提交作业时可通过这两个参数设定 Map Task 和 Reduce Task 尝试运行最大次数。默认情况下，这两个值均为 4，即每个 Task 最多可运行 4 次，如果尝试 4 次之后仍未运行成功，则 TaskInProgress 对象将该任务运行状态标注为 FAILED。

未运行成功的 TaskAttempt 可分为两种：killed task 和 failed task，它们分别对应的状态为 KILLED 和 FAILED。其中，killed task 是 MapReduce 框架主动杀死的 TaskAttemp，一般产生于以下三种场景。

第一，人为杀死 Task Attempt：用户使用命令 "bin/hadoop job–kill–task<task-id>" 将一个 TaskAttempt 杀死。

第二，磁盘空间或者内存不够：在任务运行过程中，出现磁盘或者内存磁盘不足，MapReduce 框架需采用一定策略杀死若干个 Task 以释放资源。其选择杀死 Task 的策略是优先选择 Reduce Task，其次是进度最慢的 Task。

第三，TaskTracker 丢失：如果 TaskTracker 在一定时间内未向 JobTracker 汇报心跳，则 JobTracker 认为该 TaskTracker 已经死掉，它上面的所有任务将被杀掉。

Failed task 是自身运行失败的 TaskAttempt，通常产生于以下几种场景。

第一，人为使 TaskAttempt 失败：用户使用命令 bin/hadoop job–fail–task <task-id> 使一个 TaskAttempt 杀死。

第二，本地文件读写错误：在 Task 运行过程中，由于磁盘坏道等，文件读写错误。

第三，Shuffle 阶段错误：Reduce Task 从 Map Task 端远程读取数据过程中出错。

第四，Counter 数目过多：用户自定义的 Counter 或者 Counter Group 数目超过系统要求的上限。

第五，一定时间内未汇报进度：由于程序 Bug 或者数据格式问题，任务在一定时间间隔（可通过参数 mapred.task.timeout 配置，默认为 10 分钟）内未汇报进度。

第六，使用内存量超过期望值：用户提交作业时可指定每个 Task 预期使用的内存量，如果在运行过程中超过该值，则会运行失败。

任务运行过程中的其他错误：初始化错误、其他可能的致命错误。

failed task 和 killed task 除了产生场景不同以外，还有以下两个重要区别。

第一，调度策略：一个 TaskAttempt 在某个节点上运行失败之后，调度器便不会再将同一个 Task 的 TaskAttempt 分配给该节点，而一个 TaskAttempt 被杀掉后，仍可能被调度到同一个节点上运行。

第二，尝试次数：前面提到的 Task 容错机制是针对 failed task 的，也就是说，任何一个 Task 允许的失败次数是有限的；对于 killed task 来说，由于它们是被框架主动杀死的，它们自身并不存在问题，因此会不断尝试运行，直到运行成功。

四、Record 容错

MapReduce 采用了迭代式处理模型。它将输入数据解析成一个个 key/value 进行迭代处理，但在数据处理过程中，可能由于存在一些坏记录，导致任务总是运行失败。为此，MapReduce 引入了 Record 级别的容错机制。它能够有记忆地运行任务，即它会记录前几次任务尝试中导致任务失败的 Record，并在下次运行时自动跳过这些坏记录。

在实际应用场景中，有多种原因使坏记录导致任务运行失败，常见原因有以下两个。

第一，某些记录的 key 或者 value 超大，导致内存溢出（Out Of Memory，OOM）。

第二，用户应用程序使用了第三方的 jar 包或者静态库 / 动态库（不可获取源代码），由于这些程序中存在 Bug，某些记录总是处理失败，进而导致任务运行崩溃或者任务悬挂（一旦任务长时间无响应，TaskTracker 会将其杀掉）。

对于第一种情况，MapReduce 允许用户在 InputFormat 组件中设置 key 或者 value 的最大长度（如果使用 TextInputFormat，可配置参数 mapred.linerecordreader. maxlength），一旦超过该长度，则直接截断字符串以防止 OOM。

对于第二种情况，MapReduce 采用了一种智能的有记忆尝试的运行机制。前面提到，每个任务会尝试运行多次，直到任务运行成功或者达到运行次数上限。对于一个任务，MapReduce 会先尝试运行几次，如果总是失败，则会自动进入 skip mode 模式。在该模式下，每个 TaskAttempt 不断将接下来要处理的数据区间发送给 TaskTracker，再由 TaskTracker 通过心跳发送给 JobTracker，因此 JobTracker 时刻保存了尚未处理完成的数据所在区间，这样，如果因某条坏记录导致任务运行失败，JobTracker 很容易推断出坏记录所在区间。当重新运行失败任务时，JobTracker 将过去识别出的所有坏记录区间告诉新的 TaskAttempt，从而可在运行过程中自动跳过这些坏记录区间。通过这种机制，Hadoop 以丢失少量坏记录为代价保证整个任务运行成功，这对很多数据密集型作业（如日志分析）来说是可以接受的。

　　用户可通过 SkipBadRecords 类控制该机制。它提供了表 6-3 所示的几个可配置参数。

表 6-3　跳过坏记录功能控制参数

参数名称	参数含义	默认值
mapred.skip.attempts. to.start, skipping	当任务失败次数达到该值时，才会进入 skip mode，启用跳过坏记录功能	2
mapred.skip.map.max.skip. records	用户可通过该参数设置最多允许跳过的记录数目	0（不启用跳过坏记录功能）
mapred.skip.reduce.max. skip.groups	用户可通过该参数设置 Reduce Task 最多允许跳过的记录数目	0（不启用跳过坏记录功能）
mapred.skip.out.dir	检测出的坏记录存放目录（一般为 HDFS 路径）。Hadoop 将坏记录保存起来以便用户调试和追踪	$ {mapred.output. dirj/_logs/}

　　设 mapred.skip.attempts.to.start.skipping 值为 k ($k>=0$)，mapred.skip.map.max. skip, records 值为 N ($N>0$), mapred.map.max.attempts 值为 M ($M>k$)，failedRanges 为坏记录区间列表，保存了已运行失败的 TaskAttempt 检测出的坏记录区间。以 Map Task 为例，跳过坏记录工作流程可分为以下几个步骤。

　　步骤 1：每个任务先尝试运行 k 次，如果任务运行成功则停止，否则进入 skip mode，令 $i \rightarrow (k+1)$ 并进入步骤 2。

　　步骤 2：第 i 个 TaskAttempt 不断地（通常是每处理一条汇报一次）将接下来要处理的数据区间 Range[offset，length] 汇报给 TaskTracker，TaskTracker 将之保存到变量 nextRecordRange 中。需要注意的是，TaskAttempt 会判断接下来要处理的数据是否在坏记录区间列表 failedRanges 中，如果是，则跳过对应区间。

　　步骤 3：TaskTracker 通过心跳将每个任务最近的 nextRecordRange 值汇报给

JobTracker。

步骤 4：如果第 i 个 TaskAttempt 运行失败，则 JobTracker 将查看最近一次数据处理区间长度是否超过 N，如果是，则将其不断二等分，直到区间长度小于 N，并依次选择这几个区间作为新 TaskAttempt 的输入数据，以期望这些 TaskAttempt 探测出失败记录所在的区间。设其中第 j 个 Task Attempt 运行失败，则它所处理的数据区间即为坏记录所在区间，JobTracker 将该区间添加到坏记录区间列表 failedRanges 中。

步骤 5：令 $i \leftarrow (i+j)$，并将最新的 failedRanges 值作为下一个 TaskAttempt 的已知信息，重复步骤 2 ～ 4，直到 $i>=M$ 或者任务运行成功。

下面介绍 TaskAttempt 如何锁定将要处理的数据区间。对于每个处于 skip mode 的 TaskAttempt 而言，均包含两个指针用于锁定接下来要处理的数据区间：currentRecStartIndex 和 nextRecIndex。它们分别表示下一条将被 RecordReader 解析的数据记录索引（前面的数据已确认被成功处理完）和已被 RecordReader 解析但未交给 Mapper/Reducer 处理的记录索引。区间 Range[currentRecStartIndex, nextRecIndex−currentRecStartIndex +1] 为将要处理的数据区间。其中，nextRecIndex 值的增加由 Hadoop 框架控制，而 currentRecStartIndex 通常由用户控制，它的值随着 Hadoop 内部已定义好的两个计数器值的改变而改变，这两个计数器分别位于 SkippingTaskCounters 组的 MapProcessedRecords 和 ReducerProcessedRecords 中。这两个计数器在不同类型的应用程序中控制方法不同。以 Map Task 为例，对 Java 应用程序而言，如果采用默认的 MapRunner，则每处理完一条记录后，会自动对 MapProcessedRecords 计数器加 1；对 Pipes/Streaming 应用程序而言，由于数据处理逻辑通常由另一种语言（非 Java 语言）实现，用户可能在 Mapper 中对记录进行缓存，因而需要用户在应用程序中根据实际逻辑增加该计数器值。

为了帮助读者更深入地了解跳过坏记录的工作原理，我们接下来举一个简单的例子。假设用户需要处理一个文本文件 skip-bad-records-test.txt，它的每一行是一个字符串，如果某一行内容是 Bad，则认为它是坏记录，否则是正常记录，直接输出即可。文件内容举例如下。

Good

Good

Good

…

Bad

…

为了方便，我们使用 Awk 语言编写 mapper.awk 脚本作为 Mapper。

```
#!/bin/awk –f
{
  if($1 ~ /^bad$/) {# 这一行是坏记录
  exit 1; # 模拟异常退出
  } else {
  print "reporter: counter: SkippingTaskCounters,MapProcessedRecords/1"\
   > " /dev/stderr" ;# 通过标准错误输出修改 Counter
  print $1; # 输出结果
  }
  }
```

我们使用 Hadoop Streaming 运行以上程序，Shell 运行脚本如下。

```
HADOOP_HOME=/opt/dongxicheng/hadoop–1.0.0 $HADOOP_HOME/bin/
hadoop jar \
$HADOOP_HOME/contrib/streaming/hadoop-streaming–1.0.0.jar \
–D mapred.job.name= "Skip–Bad–Records–Test " \
–D mapred.map.tasks=1 \
–D mapred.reduce.tasks=0 \
–D mapred.skip.map.max.skip.records=1 \
–D mapred.skip.attempts.to.start.skipping=2 \
–D mapred.map.max.attempts=6 \
–input /test/input/ skip–bad–records–test. txt" \
–output "/test/output" \
–mapper "mapper.awk" \
–file "mapper, awk"
```

假设输入文件中只在 361 行（从第 0 行开始计算）中有一条坏记录。根据跳过坏记录算法，仅有的一个 Map Task 需要尝试运行 5 次才会最终运行成功，过程如下。

前两个 TaskAttempt 尝试处理该文件，但每次到 361 行均异常退出，导致任务运行失败。

从第三个 TaskAttempt 开始进入 skip mode。该 TaskAttempt 在处理数据过程

中会不断将接下来的数据处理区间汇报给 TaskTracker，再由 TaskTracker 汇报给 JobTracker，当处理到第 361 行时出现错误，此时，JobTracker 最后收到的数据处理区间是 Range[361，2]。

由于数据处理区间长度超过 1（一次最多可跳过坏记录条数为 1），JobTracker 采用二分法将该区间分裂成两段，分别是 Range[361，1] 和 Range[362，1]，并将第四个 TaskAttempt 作为测试任务，指定其数据处理区间为 Range [361，1]，即跳过区间 Range [0，361] 和 Range [362，∞]，只处理第 361 行记录。

第四个 TaskAttempt 仍然运行失败，此时 JobTracker 可推断出 Range [361，1] 为坏记录所在区间，同时将 Range[362，1] 标注为正常数据区间，并将该信息传递给第五个 TaskAttempt。

第五个 TaskAttempt 在运行过程中跳过坏记录区间 Range [361，1]，最终运行成功。

五、磁盘容错

在 MapReduce 中，任务需要频繁往磁盘上写数据，如 Map Task 需将数据写到本地磁盘，Reduce Task 需将数据写到最终的 HDFS 上。由于磁盘故障率明显高于其他硬件（如内存、CPU 等），因而设计合理的磁盘容错机制对成功运行一个数据密集型作业尤为重要。

MapReduce 中存在多个可配置选项用于设定各种数据输出目录，这些选项大多同时支持配置多个目录，为了提高写效率和负载均衡，用户通常将不同磁盘挂载到这些目录，一个典型的架构如图 6-7 所示。

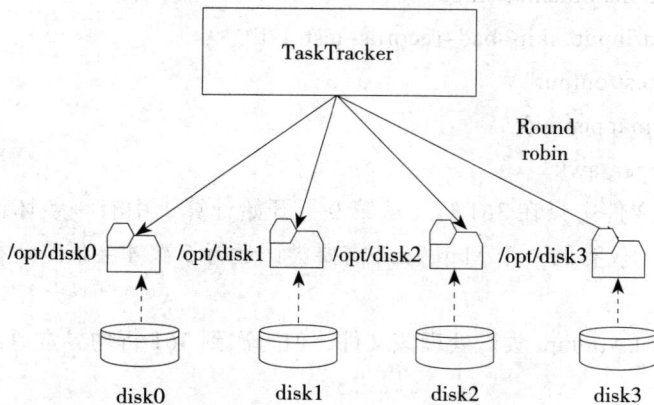

图 6-7　磁盘容错架构

TaskTracker 有多种可选策略可将数据均衡地写到这些磁盘，如轮询选择、随机选择、最多剩余空间磁盘优先等。当前 TaskTracker 实现中采用了轮询策略，即轮流选择磁盘作为任务的输出目录所在位置。该策略与随机选择和最多剩余空间磁盘优先策略比较，可明显降低产生写热点（大量任务同时往一个磁盘上写数据）的可能性，有利于实现写负载均衡。

（一）TaskTracker 采用的机制

TaskTracker 允许用户设定以下两个参数以保证节点上有足够的可用磁盘空间，防止任务因磁盘空间不足而运行失败。

mapred.locaLdir.minspacestart：TaskTracker 需要保证的最小可用磁盘空间。只有当可用磁盘空间超过该参数值时，才会接收新任务。amapred.local.dir.minspacekill：TaskTracker 会周期性检查所在节点的剩余磁盘空间，一旦低于该阈值，便会按照一定策略杀掉正在运行的任务以释放磁盘空间。

对于 MapReduce 而言，最重要的目录是用于保存 Map Task 中间结果的目录，它由参数 mapred.local.dirs 指定。TaskTracker 刚启动时，先会检查这些目录的健康状况，并将健康目录保存下来以便使用，之后，它会周期性（周期由参数 mapred.disk.healthChecker. interval 指定，默认是 60 秒）检查各个目录的健康状况，一旦发现某个正常目录出现故障（如属性变为只读），则会重新对自己进行初始化（该过程与 JobTracker 向 TaskTracker 发送 ReinitTrackerAction 命令后，TaskTracker 重启过程一致，涉及清理磁盘空间、初始化各种服务等）。

（二）JobTracker 采用的机制

JobTracker 上保存了所有任务的运行时信息。它可以通过已经运行完成的任务产生的数据量估算出其他同作业任务需要的磁盘空间，这可以防止因为某个节点磁盘空间不足以容纳某个任务运行结果而造成任务运行失败。

JobTracker 采用的数据量估算方法如下。

当一个作业已经运行完成的 Map Task 数目超过 Map Task 总数的 1/10 时，JobTracker 开始估算剩余 Map Task 产生的数据量，它采用了以下简单的线性模型：

$$estimatedTotalMapOutput = inputSize \times \frac{completedMapsOutputSize}{completedMapsInputSize} \times 2$$

$$estimatedMapOutput = estimatedTotalMapOutput / numMapTasks$$

其中，inputSize 表示输入数据总量，completedMapsInputSize/completedMapsOutputSize 表示所有已经运行完成的 Map Task 的总输入数据量和总输出数据量，最后乘 2 表示输出数据量会翻倍（保守估计）。

在此基础上，可估算出 Reduce Task 的输入数据量：

$$estimatedReduceInput=estimatedTotalMapOutput/numReduceTasks$$

如果估算到某个 Map/Reduce Task 产生的数据量或者输入的数据量超过某个 TaskTracker 剩余磁盘空间，则不会将该 Task 分配给它。

第五节　任务推测执行原理

在分布式集群环境下，因为程序 Bug、负载不均衡或者资源分布不均等原因，会造成同一个作业的多个任务之间运行速度不一致。有些任务的运行速度可能明显慢于其他任务（如一个作业的某个任务进度只有 50%，而其他所有任务已经运行完毕），则这些任务会拖慢作业的整体执行进度。为了避免这种情况的发生，Hadoop 采用了推测执行（Speculative Execution）机制。它根据一定的法则推测出拖后腿的任务，并为这样的任务启动一个备份任务，让该任务与原始任务同时处理同一份数据，并最终选用最先成功运行完成任务的计算结果作为最终结果。

在 MapReduce 应用程序中，用户可分别通过参数 mapred.map.tasks.speculative. execution 和 mapred.reduce.tasks.speculative.execution 控制是否对 Map Task 和 Reduce Task 启用推测执行功能。默认情况下，这两个参数均为 true，表示启用该功能。

一、计算模型假设

Hadoop 在设计之初隐含了一些假设，而正是这些假设影响了 Hadoop 最初的推测执行设计算法。总结起来，共有以下假设：

（1）每个节点的计算能力是一样的。

（2）任务的执行进度随时间线性增加。

（3）启动一个备份任务的代价可以忽略不计。

一个任务的进度可以表示成已完成工作量占总工作量的比例（位于 0～1 之间）。对于 MapTask 而言，可表示成已读数据量占总数据量（任务对应的数据分片大小）的比例；对于 Reduce Task 而言，可将其分为三个子阶段：Shuffle、Sort 和 Reduce，每个阶段各占总时间的 1/3。在每个阶段内部，其进度的计算方法跟 Map Task 一样，总结如下：

$$progress=\begin{cases} M/N, & \text{For Map Task} \\ 1/3\times(K+M/N), & \text{For Reduce Task} \end{cases}$$

其中，*M* 表示已读取的数据量；*N* 表示总数据量，*K*=0，1，2，分别对应 Shuffle、Sort 和 Reduce 三个阶段。例如，一个 Reduce Task 位于 Reduce 阶段，且已读取数据量为 120 MB，总数量为 200 MB，则进度为 1/3 × (2+120/200)=86.7%。

同一个作业同种类型的任务工作量是一样的，所用总时间相同。显然，这些假设完全是基于同构集群和负载均衡的前提下，一旦集群异构或者负载不均衡（如不同 Reduce Task 任务之间计算量差距很大），则很多机制将会产生问题。

二、1.0.0 版本的算法

如果一个任务满足以下条件，则会为该任务启动一个备份任务。

第一，该任务尚未进入 Skip mode（由于推测执行机制和跳过坏记录机制均会减慢任务执行进度，考虑到性能问题，不会同时启用这两个功能）。

第二，该任务没有其他正在运行的备份任务（当前 Hadoop 最多允许一个任务同时启动两个 TaskAttempt）。

第三，该任务运行时间已经超过 60 秒且当前正在运行的 TaskAttempt（同一个作业所有的 TaskAttempt）落后平均进度的 20%，对任意一个任务 i，如果满足：

$$progress[i] < progressavg - 20\%$$

则任务将被当作"拖后腿"任务，进而需为其启动备份任务。

当该任务的某个 TaskAttempt 成功运行完成后，JobTracker 会杀掉另一个 TaskAttempt。

该版本实现的推测执行功能存在很多问题，以下是几个常见问题。

第一，适用情况考虑不全：当作业的大部分任务已经运行完成时，如果存在若干个 TaskAttempt 的运行进度等于或者超过 80%，则此时不会启动备份任务。

第二，缺乏保证备份任务执行速度的机制：由于新启动的备份任务需要先处理原始 TaskAttempt 已经处理完的数据，因此需保证备份任务的运行速度不低于原始 TaskAttempt，否则将失去启动备份任务的意义。

第三，参数不可配置：如上面的数值 60 秒和 20% 均不可配置，这不能满足用户根据自己集群特点定制参数的要求。

三、0.21.0 版本的算法

为了解决 1.0.0 版本中存在的问题，Hadoop 0.21.0 提出了新的算法 LATE (Longest Approximate Time to End)。对于适用情况考虑不全问题，它采用了基于任务运行速度和任务最大剩余时间的策略，以尽可能地提高发现"拖后腿"任务的可能性；

对于缺乏保证备份任务执行速度的机制问题，它根据历史任务运行速度对节点进行性能评测，以识别出快节点和慢节点，并将新启动的备份任务分配给快节点；对于参数不可配置问题，它增加了多个配置选项，使一些常量数据尽可能地可配置，进而方便用户按照自己的应用特点和集群特点定制相应的参数值。

（一）配置选项

Hadoop 0.21.0 中增加了三个配置选项，用户在提交某个作业时可根据需要指定这三个参数值。

1. mapreduce.job.speculative.slownodethreshold

这个参数用于定义该作业在任意一个 TaskTracker 上已运行完成任务的平均进度增长率（一个任务在单位时间内运行进度的增长量）与所有已运行完成任务的平均进度增长率的最大允许差距（标准方差的倍数）。如果超过该阈值，则认为对该作业而言，该 TaskTracker 性能过低，不会在其上启动一个备份任务。该配置选项默认值是 1，表示如果一个 TaskTracker 上已运行完成任务的平均进度增长率与所有已运行完成任务的平均进度增长率的差距超过所有已运行完成的任务进度增长率标准方差的 1 倍，则不会在该 TaskTracker 上为该作业启动任何备份任务。

2. mapreduce.job.speculative.slowtaskthreshold

这个参数用于定义该作业的任意一个任务平均进度增长率与所有正在运行任务的平均进度增长率的最大允许差距（标准方差的倍数）。当超过该阈值时，则认为该任务运行过慢，需为之启动一个备份任务。其默认值是 1，表示如果一个任务平均进度增长率与（同一个作业的）所有任务平均进度增长率的差距超过所有任务进度增长率标准方差的 1 倍，则需为该任务启动一个备份任务。

3. mapreduce.job.speculative.speculativecap

这个参数用于限定该作业允许启动备份任务的任务数目占正在运行任务的百分比。其默认值为 0.1，表示可为一个作业启动推测执行功能的任务数不能超过正在运行任务的 10%。

（二）启动备份任务

下面介绍对一个作业 J 与 TaskTracker X，如何判断是否能够在 X 上为 J 的某个任务（如任务 T）启动一个备份任务。先引入以下几个变量。

第一，progressRate(O)：作业 J 中所有运行状态为 s（可以为 f 或者 r，分别表示已经运行完成的任务和正在运行的任务）的任务的进度增长率，O 为任务集合。如果 O 为某个 TaskTracker，则表示该 TaskTracker 上所有运行状态为 s 的任务平均进度增长率；如果 O 为整个集群，则表示整个集群中所有运行状态为 s 的任务

平均进度增长率。对于任意一个任务 T，它的任务进度增长率计算方法为

$$progressRate_T = \frac{progress_T}{currentTime\text{-}dispatchTime_T}$$

其中，$progress_T$ 是当前任务执行进度，currentTime 为系统当前时间，$dispatchTime_T$ 为任务 T 被调度的时间。

第二，σ_s：作业 J 为所有任务进度增长率的标准方差。

第三，slowNodeThreshold/slowTaskThreshold/speculativeCap：分别对应以上三个配置选项的参数值。

何时选择并启动备份任务是由任务选择策略决定的，在 JobTracker 端，JobInProgress 类中的 findSpeculativeTask 方法用于选择一个需启动备份任务的 Task。它通过以下四步发现一个"拖后腿"任务。

步骤 1：判断 X 是否是一个慢 TaskTracker，如果是，则不能启动任何备份任务。

为了判断一个 TaskTracker 是否适合启动备份任务，Hadoop 通过该 TaskTracker 运行作业 J 的其他任务时的性能表现对其进行评估，如果满足以下条件，则认为该 TaskTracker 有能力启动一个备份任务。

步骤 2：检查作业 J 已经启动的任务数是否超过限制。

由于一个任务一旦启动了备份任务，则需要两倍的计算资源处理同样的数据，为了防止推测执行机制滥用，Hadoop 要求同时启动的备份任务数目与所有正在运行任务的比例不能超过 speculativeCap，即满足以下条件。

$$speculativeTaskCount/numRunningTask < speculativeCap$$

其中，speculativeTaskCount 表示作业 J 已经启动的备份任务数目，numRunning Task 表示作业 J 正在运行的任务总数。

步骤 3：筛选出作业 J 中满足以下条件的所有任务，并保存到数组 candidates 中。

第一，该任务未在 TaskTracker X 上运行失败过。

第二，该任务没有其他正在运行的备份任务。

第三，该任务已运行时间超过 60 秒。

第四，该任务已经出现"拖后腿"的迹象，主要判断准则是

$$\overline{progressRate(*)_f}-\overline{progressRate_f} \leqslant \sigma_f \times slowNodeThreshold$$

步骤 4：按照运行剩余时间由大到小对 candidates 中的任务进行排序，并选择剩余时间最大任务为其启动备份任务。

当数组 candidates 中有多个待选任务时，Hadoop 倾向选择剩余时间最长的任务，因为这样的任务使其备份任务替代自己的可能性最大。为此，Hadoop 采用了一个简单的线性模型估算一个任务的剩余时间 timeLeft。

$$\text{timeLeft} = \frac{\text{progressRate}}{1-\text{progress}}$$

LATE 算法并不是完美的。在实际使用时，由于 LATE 算法采用了静态方式计算任务的进度（对应前面的假设 3），可能导致性能仍然比较低下，主要体现在以下两个方面。

第一，任务进度和任务剩余时间估算不准确：这会导致部分正常任务被误认为是"拖后腿"任务，从而造成资源浪费。

第二，未针对任务类型对节点分类：尽管 LATE 算法可通过任务执行速度识别出慢节点，但它未分别针对 Map Task 和 Reduce Task 做出更细粒度的识别。在实际应用中，一些节点对 Map Task 而言是慢节点，但对 Reduce Task 而言是快节点。

为了解决这些问题，*SAMR:A Self-adaptive MapReduce Scheduling Algorithm in Heterogneous Environment* 一文在 LATE 算法基础上进行了改进，提出了 SAMR（Self Adaptive MapReduce）算法。该算法通过历史信息调整各个参数以提高估算任务进度和任务剩余时间的准确性，同时分别针对 Map Task 和 Reduce Task 将节点分成快节点和慢节点。

四、2.0 版本的算法

Apache MapReduce 2.0 (简称为 MRv2，也称为 YARN，即 Yet Another Resource Negotiator) 属于下一代 MapReduce 计算框架，MapReduce 2.0 采用了不同于以上两种算法的推测执行机制，它重点关注新启动的备份任务是否有潜力比当前正在运行的任务完成得更早。如果通过一定的算法推测某一时刻启动备份任务，该备份任务肯定会比当前任务完成得晚，那么启动该备份任务只会浪费更多的资源。然而，从另一个角度看，如果推测备份任务比当前任务完成得早，则启动备份任务会加快数据处理速度，且备份任务完成得越早，启动备份任务的价值越大。

假设某一时刻，任务 T 的执行进度为 progress，则可通过一定的算法推测出该任务的最终完成时刻 estimatedEndTime。此外，如果此刻为该任务启动一个备份任务，则可推断出它可能完成的时刻 estimatedEndTime，于是可得出以下几个公式：

$$\text{estimatedEndTime} = \text{estimatedRunTime} + \text{taskStartTime}$$

$$\text{estimatedRunTime} = (\text{currentTimestamp} - \text{taskStartTime}) / \text{progress}$$

$$estimatedEndTime=currentTimestamp+averageRunTime$$

其中，currentTimestamp 为当前时刻；taskStartTime 为任务启动时刻；averageRunTime 为已经成功运行完成的任务的平均运行时间。这样，MRv2 总是选择（estimatedEndTime — estimatedEndTime）差值为最大的任务，并为之启动备份任务。为了防止大量任务同时启动备份任务造成资源浪费，MRv2 为每个作业设置了同时启动的备份任务数目上限。

推测执行机制实际上采用了经典的算法优化方法：以空间换时间，它同时启动多个相同任务处理相同的数据，并让这些任务竞争，以缩短数据处理时间。显然，这种方法需要占用更多的计算资源。在集群资源紧缺的情况下，应合理使用该机制，争取在多用少量资源的情况下，减少大作业的计算时间。

第六节　Hadoop 资源管理

Hadoop 资源管理由两部分组成：资源表示模型和资源分配模型。其中，资源表示模型用于描述资源的组织方式，Hadoop 采用槽位（slot）组织各节点上的资源；资源分配模型则决定如何将资源分配给各个作业 / 任务，在 Hadoop 中，这一部分由一个插拔式的调度器完成。

Hadoop 引入了 slot 概念来表示各个节点上的计算资源。为了简化资源管理，Hadoop 将各个节点上的资源（CPU、内存和磁盘等）等量切分成若干份，每一份用一个 slot 表示，同时规定一个 Task 可根据实际需要占用多个 slot。通过引入 slot 这一概念，Hadoop 将多维度资源抽象简化成一种资源（slot），从而大大简化了资源管理问题。

更进一步说，slot 相当于任务运行许可证。一个任务只有得到该许可证后，才能获得运行的机会，这也意味着每个节点上的 slot 数目决定了该节点上的最大允许的任务并发度。为了区分 Map Task 和 Reduce Task 所用资源量的差异，slot 又被分为 Map slot 和 Reduce slot 两种，它们分别只能被 Map Task 和 Reduce Task 使用。Hadoop 集群管理员可根据各个节点硬件配置和应用特点为它们分配不同的 Map slot 数（由参数 mapred.tasktracker.map.tasks.maximum 指定）和 Reduce slot 数（由参数 mapred.tasktracker.reduce.tasks.maximum 指定）。

在分布式计算领域中，资源分配问题实际上是一个任务调度问题。它的主要任务是根据当前集群中各个节点上的资源（包括 CPU、内存和网络等资源）剩余情况与各个用户作业的服务质量（Quality of Service）要求，在资源和作业/任务之间做出最优的匹配。由于用户对作业服务质量的要求是多样化的，因此分布式系统中的任务调度是一个多目标优化的问题，更进一步说，它是一个典型的 NP 问题。

在 Hadoop 中，由于 Map Task 和 Reduce Task 运行时使用了不同种类的资源（不同种类的 slot)，且这两种任务资源之间不能混用，因此任务调度器分别对 Map Task 和 Reduce Task 单独进行调度。对同一个作业而言，Reduce Task 和 Map Task 之间存在数据依赖关系，在默认情况下，当 Map Task 完成数目达到总数的 5%（可通过参数 mapred.reduce.slowstart.completed.maps 配置）后，才开始启动 Reduce Task（Reduce Task 开始被调度）。

一个作业从提交到开始执行整个过程大约需 7 个步骤。

步骤 1：客户端调用作业提交函数将程序提交到 JobTracker 端。

步骤 2：JobTracker 收到新作业后，通知任务调度器（TaskScheduler）对作业进行初始化。

步骤 3：某个 TaskTracker 向 JobTracker 汇报心跳，其中包含剩余的 slot 数目和能否接收新任务等信息。

步骤 4：如果该 TaskTracker 能够接收新任务，则 JobTracker 调用 TaskScheduler 对外函数 assignTasks 为该 TaskTracker 分配新任务。

步骤 5：TaskScheduler 按照一定的调度策略为该 TaskTracker 选择最合适的任务列表，并将该列表返回给 JobTracker。

步骤 6：JobTracker 将任务列表以心跳应答的形式返回给对应的 TaskTracker。

步骤 7：TaskTracker 收到心跳应答后，发现有需要启动的新任务，则直接启动该任务。重点关注 Hadoop 的资源分配模型，它由一个插拔式的调度器 TaskScheduler 实现。下面主要介绍 TaskScheduler 的架构与设计思路。

一、任务调度框架分析

在 Hadoop 中，任务调度是一个可插拔的模块。用户可以根据自己的实际应用需求设计调度器，然后在配置文件中指定相应的调度器（可通过参数 mapred.jobtracker.taskScheduler 配置），这样 JobTracker 启动时便会加载该调度器。

Hadoop 提供了一个调度器公共基础类 TaskScheduler，用户只需继承该类并根据需要重新实现其中的若干个函数便可以实现自己的调度器。TaskScheduler 类的主要定义如下：

```
abstract class TaskScheduler implements Configurable {
…
    protected TaskTrackerManager taskTrackerManager;// 实际就是
    JobTracker
    public synchronized void setTaskTrackerManager(
        TaskTrackerManager taskTrackerManager){
        this.taskTrackerManager =
    taskTrackerManager;
    }
    // 初始化函数
    public void start() throws IOException {
        // do nothing
    }
    // 结束函数
    public void terminate() throws IOException {
        // do nothing
    }
    // 为 TaskTracker 分配新任务
    public abstract List<Task> assignTasks(TaskTracker taskTracker)
    throws IOException;
    …
    }
```

在 Hadoop 中，任务调度器和 JobTracker 之间存在函数相互调用的关系，它们彼此都拥有对方需要的信息或者功能。对于 JobTracker 而言，它需要调用任务调度器中的 assignTasks 函数为 TaskTracker 分配新的任务，同时 JobTracker 内部保存了整个集群中的节点、作业和任务运行时的状态信息，这些信息是任务调度器进行调度决策时需要用到的。JobTracker 与调度器之间的函数调用关系需要注意以下几点：

（1）任务调度器需要通过一个或者多个 JobInProgressListener 对象从 JobTracker 端监听作业状态的变化，包括作业添加、作业更新和作业删除等。

（2）任务调度器包括两个主要功能：作业初始化和任务调度。其中，作业初始化发生在 JobInProgressListener#jobAdded(JobInProgress) 之后，TaskScheduler#

201

assignTasks(TaskTracker) 之前，通过调用函数 JobInProgress.initJob(JobInProgress) 完成。

（3）任务调度器中最重要的对外函数是 assignTasks。JobTracker 收到能够接收新任务的 TaskTracker 后，会调用该函数为它分配新任务。它的输入参数是一个 TaskTracker 对象，输出参数是为该 TaskTracker 分配的任务列表。

Hadoop 以队列为单位管理作业和资源，每个队列分配有一定量的资源，同时管理员可指定每个队列中资源的使用者以防止资源滥用。添加队列这一概念后，现有的 Hadoop 调度器本质上均采用了三级调度模型。当一个 TaskTracker 出现空闲资源时，调度器会依次选择一个队列、（选中队列中的）作业和（选中作业中的）任务，并最终将这个任务分配给 TaskTracker。

在 Hadoop 中，不同任务调度器的主要区别在于队列选择策略和作业选择策略不同，而任务选择策略通常是相同的，也就是说，给定一个节点，从一个作业中选择一个任务需考虑的因素是一样的，均主要为数据本地性（data-locality）。总之，一个任务调度器通用的 assignTasks 函数的伪代码实现如下：

// 为 TaskTracker 分配任务，并返回任务列表
List<Task> assignTasks(TaskTracker taskTracker):
    List<Task> taskList;
    while taskTracker. askForTasks() : // 不断分配新的任务
        Queue queue = selectAQueueFroraCluster () ; // 从系统中选择一个队列
        JobInProgress job = selectAJobFromQueue (queue) ; // 从队列中选择一个作业
        Task task = job. obtainNewTask (job) ; // 从作业中选择一个任务
        taskList.add(task);
        taskTracker.addNewTask(task);
        return taskList;

由于不同调度器采用的任务选择策略是一样的，因此 Hadoop 将之封装成一个通用的模块供各个调度器使用，具体存放在 JobInProgress 类中的 obtainNewMapTask 和 obtainNewReduceTask 方法中。下面分析这两个方法的实现机制。

二、任务选择策略分析

任务选择发生在调度器选定一个作业之后,目的是从该作业中选择一个最合适的任务。在 Hadoop 中,选择 Map Task 时需考虑的最重要的因素是数据本地性,也就是尽量将任务调度到数据所在节点。除数据本地性以外,还需考虑失败任务、备份任务的调度顺序等。然而,由于 Reduce Task 没有数据本地性可言,因此选择 Reduce Task 时通常只需考虑未运行任务和备份任务的调度顺序。

(一) 数据本地性

在分布式环境中,为了减少任务执行过程中的网络传输开销,通常将任务调度到输入数据所在的计算节点,也就是让数据在本地进行计算,而 Hadoop 正是以尽力而为的策略来保证数据本地性的。

为了实现数据本地性,Hadoop 需要管理员提供集群的网络拓扑结构。如图 6-8 所示,Hadoop 集群采用了三层网络拓扑结构,其中,根节点表示整个集群,第一层代表数据中心,第二层代表机架或者交换机,第三层代表实际用于计算和存储的物理节点。对于目前的 Hadoop 各个版本而言,均默认采用两层网络拓扑结构,即数据中心一层暂时未被考虑。

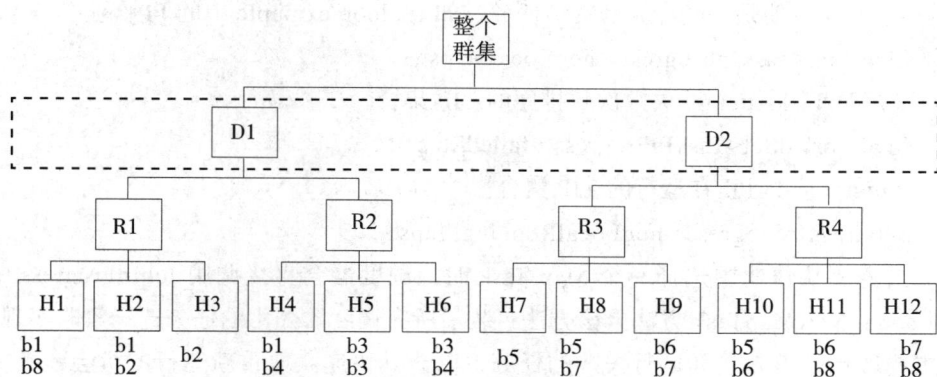

图 6-8　Hadoop 网络拓扑结构图

Hadoop 根据输入数据与实际分配的计算资源之间的距离将任务分成三类:node-local(输入数据与计算资源同节点)、rack-local(同机架)和 off-switch(跨机架)。当输入数据与计算资源位于不同节点上时,Hadoop 需将输入数据远程复制到计算资源所在节点进行处理。两者距离越远,需要的网络开销越大,因此调度器进行任务分配时尽量选择离输入数据近的节点资源。

当 Hadoop 进行任务选择时，采用了自下向上查找的策略。由于当前采用了两层网络拓扑结构，因此这种选择机制决定了任务优先级从高到低依次为 node-local、rack-local 和 off-switch。下面介绍三种类型的任务被选中的场景。

假设某一时刻，TaskTracker X 出现空闲的计算资源，向 JobTracker 汇报心跳请求新的任务，调度器根据一定的调度策略为之选择了任务 Y。

场景 1：如果 X 是 H1，任务 Y 输入数据块为 b1，则该任务为 node-local。

场景 2：如果 X 是 HI，任务 Y 输入数据块为 b2，则该任务为 rack-local。

场景 3：如果 X 是 H1，任务 Y 输入数据块为 b4，则该任务为 off-switch。

（二）Map Task 选择策略

用户追踪作业运行状态的 JobInProgress 对象为 Map Task 维护了五个数据结构。

// Node 与未运行的 TIP 集合映射关系，通过作业的 InputFormat 可直接获取

Map<Node, List<TaskInProgress>> nonRunningMapCache;

// Node 与运行的 TIP 集合映射关系，一个任务获得调度机会，其 TIP 便会添加进来

 Map<Node, Set<TaskInProgress>> runningMapCache;

// non-local 且未运行的 TIP 集合，non-local 是指任务没有输入数据（InputSplit 为空），// 这可能是一些计算密集型任务，如 Hadoop exmaple 中的 PI 作业

final List<TaskInProgress> nonLocalMaps ;

// 按照 TaskAttempt 失败次数排序的 TIP 集合

final SortedSet<TaskInProgress> failedMaps ;

// non-local 且正在运行的 TIP 集合

Set<TaskInProgress> nonLocalRunningMaps;

当需要从作业中选择一个 Map Task 时，调度器会直接调用 JobInProgress 中的 obtain-NewMapTask 方法。该方法封装了所有调度器公用的任务选择策略实现。其主要思想是首先选择运行失败的任务，以让其快速获取重新运行的机会；其次是按照数据本地性策略选择尚未运行的任务；最后是查找正在运行的任务，尝试为"拖后腿"任务启动备份任务。具体步骤如下。

步骤 1：合法性检查。如果一个作业在某个节点上失败，任务数目超过一定阈值或者该节点剩余磁盘容量不足，则不再将该作业的任何任务分配给该节点。

步骤 2：从 failedMaps 列表中选择任务。failedMaps 保存了按照 TaskAttempt 失败次数排序的 TIP 集合。失败次数越多的任务，被调度的机会越大。需要注意的是，为了让失败的任务快速得到重新运行的机会，在进行任务选择时不再考虑

数据本地性。

步骤 3：从 nonRunningMapCache 列表中选择任务。采用的任务选择方法完全遵循数据本地性策略，即任务选择优先级从高到低依次为 node-local、rack-local 和 off-switch 类型的任务。

步骤 4：从 nonLocalMaps 列表中选择任务。由于 nonLocalMaps 中的任务没有输入数据，因此无须考虑数据本地性。

步骤 5：从 runningMapCache 列表中选择任务。遍历 runningMapCache 列表，查找是否存在正运行且"拖后腿"的任务，如果有，则为其启动一个备份任务。

步骤 6：从 nonLocalRunningMaps 列表中选择任务。同步骤 5，从 nonLocalRunningMaps 列表中查找"拖后腿"任务，并为其启动备份任务。

在步骤 2～6 中的任何一个步骤中查找到一个合适的任务后直接返回，不再进行下面的步骤。

（三）Reduce Task 选择策略

由于 Reduce Task 不存在数据本地性，因此与 Map Task 相比，它的调度策略显得非常简单。JobInProgress 对象为其保存了 nonRunningReduces 和 runningReduces 两个数据结构，分别表示尚未运行的 TIP 列表和正在运行的 TIP 列表。由此采用的任务选择步骤如下。

步骤 1：合法性检查。同 Map Task 一样，对节点可靠性和磁盘空间进行检查。

步骤 2：从 nonRunningReduces 列表中选择任务。无须考虑数据本地性，只须依次遍历该列表中的任务，选出第一个满足条件（未曾在对应节点上失败过）的任务。

步骤 3：从 runningReduces 列表中选择任务，为"拖后腿"的任务启动备份任务。

三、FIFO 调度器分析

当前 Hadoop 自带了多个任务调度器，最常用的是 FIFO（默认调度器）、Capacity Scheduler 和 Fair Scheduler 三种。

FIFO 即先到达的作业优先获得调度机会。它是由类 org.apache.hadoop.mapred.JobQueueTaskScheduler 实现的。

JobQueueTaskScheduler 同时向 JobTracker 注册了两种作业监听器，功能如下。

第一，EagerTaskInitializationListener 对用户提交的作业进行初始化：考虑到待初始化的作业可能非常多，因此需采用一定的策略决定新提交作业的初始化顺序，基本策略是优先选择优先级高的作业，当优先级相同时，优先选择提交时间早的作业。

第二，JobQueueJobInProgressListener 维护作业的调度顺序：该作业监听器维护了作业被调度的顺序，其排序原则跟初始化顺序类似，先按作业优先级排序，然后是作业提交时间，最后是作业 ID。

基于以上两种作业监听器，JobQueueTaskScheduler 的调度机制（由函数 assignTasks 实现）如下。

第一，计算可用 slot 数目：FIFO 调度器尽量将所有任务均衡地调度到各个 TaskTracker，以便均衡地使用各个节点上的资源。对于 TaskTracker$X$，假设它的 slot 总数为 trackerCapacity，当前正在运行的任务数为 trackerRunningTasks，则可通过以下方法计算它当前可使用的 slot 数目。

$$loadFactor = \min\left\{\sum_{jobs}(numTasks - finishedTasks)/totalSlots, 1\right\}$$

$$availableSlots = [loadFactor \times trackerCapacity] - trackerRunningTasks$$

其中，numTasks 和 finishedTasks 表示作业总的任务数和已经完成的任务数，totalSlots 表示系统的 slot 总数。

第二，分配任务：遍历作业队列（已按照调度顺序排好序），并依次调用 JobInProgress 类中的 obtainNewMapTask 和 obtainNewReduceTask 为该 TaskTracker 选择 availableSlots 个任务。

四、Hadoop 资源管理优化

Hadoop 资源管理由两部分组成：资源表示模型和资源分配模型。考虑到这两部分是耦合在一起的，因此如果想对 Hadoop 资源管理进行优化，则需要同时结合这两部分进行考虑。下面介绍三种常见的 Hadoop 资源管理优化方案，分别为基于动态 slot 的方案、基于无类别 slot 的方案和基于真实资源需求量的方案。

在正式介绍这几个资源优化方案之前，我们先回顾一下 Hadoop 1.0 中的资源管理方案。Hadoop 1.0 采用了基于 slot 的资源表示模型。为了简化资源分配问题，Hadoop 将各个节点上的多维度资源（CPU、内存、网络 I/O 和磁盘 I/O 等）抽象成一维度 slot，这样便把复杂的多维度资源分配问题转换成简单的 slot 分配问题。此外，考虑到 Map Task 和 Reduce Task 资源使用量不同，Hadoop 又进一步将 slot 划分成 Map slot 和 Reduce slot 两种，并规定 Map Task 只能使用 Map slot，Reduce

Task 只能使用 Reduce slot。

（一）基于动态 slot 的资源管理方案

Hadoop 1.0 中的资源分配方案采用了静态资源设置策略，即每个节点实现配置好可用的 slot 总数，这些 slot 数目一旦启动之后就无法再动态修改。考虑到实际应用场景中不同作业对资源的需求往往具有较大差异，静态配置 slot 数目往往会导致节点上的资源利用率过高或者过低。为了解决该问题，可尝试采用动态调整 slot 数目的方案。该方案在每个节点上安装一个 slot 数目动态调整模块 SlotsAdjuster，它可以根据节点上的资源利用率动态调整 slot 数目，以便更合理地利用资源。

（二）基于无类别 slot 的资源管理方案

对于一个 MapReduce 应用程序而言，Map Task 优先得到调度，而只有当 Map Task 完成数目达到一定比例（默认是 5%）后，Reduce Task 才开始获得调度机会。因此，从单个应用程序看，刚开始运行时，Map slot 资源紧缺而 Reduce slot 空闲，当 Map Task 全部运行完成后，Reduce slot 紧缺而 Map slot 空闲。显然，这种区分 slot 类别的资源管理方案在一定程度上降低了 slot 的利用率。一种直观的解决方案是不再区分 Map slot 和 Reduce slot，而是只采用一种 slot，并让 Map Task 和 Reduce Task 共享这些 slot。至于怎样将这些 slot 分配给 Map Task 和 Reduce Task，则完全由调度器决定。

（三）基于真实资源需求量的资源管理方案

下面进一步分析这种基于无类别 slot 的资源管理方案可能存在的问题。由于整个 Hadoop 集群中只有一种 slot，因此这隐含在各个 TaskTracker 上的 slot 是同质的，也就是说，一个 slot 实际上代表了相同的资源。然而，在实际应用环境中，用户应用程序对资源需求往往是多样化的（不同应用程序对资源的要求不同）。这种基于无类别 slot 的资源划分方法的划分粒度仍过于粗糙，往往会造成节点资源利用率过高或者过低。例如，管理员事先规划好一个 slot 代表 2 GB 内存和 1 个 CPU，如果一个应用程序的任务只需要 1 GB 内存，则会产生资源碎片，从而降低集群资源的利用率；如果一个应用程序的任务需要 3 GB 内存，则会隐式地抢占其他任务的资源，从而产生资源抢占现象，可能导致集群利用率过高。因此，寻求一种更精细的资源划分方法显得尤为必要。

让我们回归到资源分配的本质，即根据任务资源需求为其分配系统中的各类资源。在实际系统中，资源本身是多维度的，包括 CPU、内存、网络 I/O 和磁盘 I/O 等，因此如果想精确控制资源分配，不能再有 slot 的概念，最直接的方法是让任务直接向调度器申请自己需要的资源（如某个任务可申请 1.5 GB 内存和 1 个

CPU），调度器则按照任务实际需求为其精确地分配对应的资源量，不再简单地将一个 slot 分配给它。

Hadoop 2.0 中便采用了这种完全基于真实资源需求量的资源管理方案，如 Apache YARN、Facebook Corona 等。与基于 slot 的方案相比，这种方案更加直观，能够大大提高资源利用率。

第七章　TaskTracker 内部实现剖析

在 Hadoop 中，MapReduce 采用了 master/slave（主 / 从）架构。并对 master 对应的 JobTracker 进行了详细介绍。本章将剖析 slave 实现 TaskTracker。与 JobTracker 一样，TaskTracker 也是以服务组件的形式存在的。它分布在各个 slave 节点上，负责任务的执行和任务状态的汇报。本章将从 TaskTracker 架构、TaskTracker 行为（如启动新任务、杀死任务等）、作业目录管理和任务启动等几个方面深入分析 TaskTracker 工作原理及其实现。

第一节　TaskTracker 概述

一、TaskTracker 的定义

TaskTracker 是 Hadoop 集群中运行于各个节点上的服务。它扮演着通信枢纽的角色，是 JobTracker 与 Task 之间的沟通桥梁。一方面，它从 JobTracker 端接收并执行各种命令，如运行任务、提交任务、杀死任务等；另一方面，它将下面点上的各个任务状态通过周期性心跳汇报给 JobTracker。

TaskTracker 与 JobTracker 和 Task 之间采用了 RPC 协议进行通信。对于 TaskTracker 和 JobTracker 而言，它们之间采用 l InterTrackerProtocol 协议，其中 JobTracker 扮演 RPCServer 的角色，TaskTracker 扮演 RPCClient 的角色；对于 TaskTracker 与 Task 而言，它们之间采用 TaskUmbilicalProtocol 协议，其中 TaskTracker 扮演 RPCServer 的角色，Task 扮演 RPCClient 的角色。

总体来说，TaskTracker 实现了两个功能：汇报心跳和执行命令。

（一）汇报心跳

TaskTracker 周期性地将所在节点上各种信息通过心跳机制汇报给 JobTracker。这些信息包括两部分：机器级别信息，如节点健康状况、资源使用情况等；任务级别信息，如任务执行进度、任务运行状态、任务 Counter 值等。

（二）执行命令

JobTracker 收到 TaskTracker 心跳信息后，会根据心跳信息和当前作业运行情况为该 TaskTracker 下达命令，主要包括启动任务（LaunchTaskAction）、提交任务（CommitTaskAction）、杀死任务（KillTaskAction）、杀死作业（KillJobAction）和重新初始化（TaskTrackerReinitAction）五种命令。其中，过程比较复杂的是启动任务。为了防止任务之间的干扰，TaskTracker 为每个任务创建一个单独的 Java 虚拟机（Java Virtual Machine，JVM），并有专门的线程监控其资源使用情况，一旦发现超量使用，资源就直接将其杀掉。

二、重要变量初始化

TaskTracker 类中包含很多成员变量，用于管理节点和监控节点上的任务。TaskTracker 启动时会初始化这些变量。下面介绍几个非常重要的变量的含义。

volatile boolean running = true;//TaskTracker 是否正在运行

InterTrackerProtocol jobClient ;//RPC Client, 用于与 JobTracker 通信

short heartbeatResponseID = −1;// 心跳响应 ID

TaskTrackerStatus status = null; //TaskTracker 状态信息

Map<TaskAttempt ID, TaskInProgress> tasks = new HashMap<TaskAttempt ID, TaskInProgress> () ; / / 该节点上 TaskAttemptID 与 TIP 对应关系

MapcTaskAttemptID, TaskInProgress> runningTasks = null;/* 该节点上正在运行的 TaskAttemptID 与 TIP 对应关系 */

// 该节点正运行的作业列表。如果一个作业中的任务在节点上运行，则把该作业加入该数据结构

MapcJobID, RunningJob> runningJobs = new TreeMap<JobID, RunningJob>();

boolean acceptNewTasks = true;// 是否接受新任务，每次报心跳时要将该值告诉 JobTracker

private int maxMapSlots;//TaskTracker 上配置的 Map slot 数目

private int maxReduceSlots; //TaskTracker 上配置的 Reduce slot 数目

private volatile int heartbeatinterval = HEARTBEAT_INTERVAL_MIN;// 心跳间隔

三、重要对象初始化

TaskTracker构造函数内部对一些重要对象进行了初始化，具体如表7-1所示。

表 7-1　TaskTracker 需初始化的对象列表

对象名	对应类名	意义解释
aclsManager	ACLsManager	作业访问权限控制
server	HttpServer	将 TaskTracker 相关信息显示到 Web 前端
taskController	TaskController	用于控制任务的初始化，终结和清理工作
userLogManager	UserLogManager	用户日志管理
jvmManager	JvmManager	JVM 管理
taskReportServer	Server	RPC Server，Task 通过 RPC 向该 Server 汇报进度
distributedCacheManager	TrackerDistributedCacheManager	分布式缓存管理
jobClient	InterTrackerProtocol	RPC Client，TaskTracker 通过该 Client 向 JobTracker 汇报心跳
taskMemoryManager	TaskMemoryManagerThread	任务内存监控
taskLauncher	TaskLauncher	启动任务
localizer	Localizer	任务本地化，即准备任务运行环境
healthChecker	NodeHealthCheckerService	节点健康状况检查
jettyBugMonitor	JettyBugMonitor	应对 Jetty 中存在的 Bug 临时启用的一个监控线程

第二节　TaskTracker 心跳机制

一、单次心跳发送

JobTracker 与 TaskTracker 之间采用了 pull 通信模型，即 JobTracker 从不会主动与 TaskTracker 通信，而总是被动等待 TaskTracker 汇报信息并领取其对应的命令。TaskTracker 周期性地向 JobTracker 汇报信息并领取任务形成心跳。

在 TaskTracker 类的 nm 方法中维护了一个无限循环，用于通过心跳发送状态信息和接收命令，代码框架如下：

```
public void run() {
…
    while (running && !shuttingDown && !denied) {
…
        while (running && !staleState && !shuttingDown && !denied)
        …
        { State osState = offerService();
        }
    }
}
```

其中，offerService 函数代码框架如下。

```
State offerService() throws Exception {
…
    while (running && !shuttingDown) {
        // 判断是否到达心跳发送时间
        …
        // 发送心跳
        HeartbeatResponse heartbeatResponse = transmitHeartBeat(now);
        // 执行心跳响应 heartbeatResponse 中的各种命令
        markUnresponsiveTasks () ; // 杀死一定时间内未汇报进度的任务
         killOverflowingTasks () ;// 剩余磁盘空间小于 mapred.local.dir.minspacekill
```

时，寻找合适的任务将其杀掉以释放空间

```
            …
        }
    }
```

TaskTracker 的单次心跳发送过程可分为以下几个步骤。

步骤 1：判断是否到达心跳发送时间。TaskTracker 的心跳间隔由集群规模和任务运行情况共同决定。

（1）集群规模：JobTracker 能够根据当前集群规模（TaskTracker 数量）的动态调整 TaskTracker 的心跳间隔，并将下一次心跳间隔放到 TaskTracker 的本次心跳应答中。

（2）任务运行情况：为了提高任务的响应时间和资源利用率，TaskTracker 一旦发现存在某个任务运行完成或者失败，就会立即缩短心跳间隔，以便将任务完成或失败的消息告诉 JobTracker，进而快速重新分配任务，我们将这种特殊的心跳称为带外心跳。TaskTracker 由以下两个配置参数设置带外心跳。

第一，mapreduce.tasktracker.outofband.heartbeat：决定是否启用带外心跳机制。默认值是 false，表示不启用。

第二，mapreduce.tasktracker.outofband.heartbeat.damper：心跳收缩因子。默认值是 1 000 000。当启用带外心跳机制时，如果某时刻有 X 个任务运行完成，则心跳间隔变为 heartbeatinterval / (X * oobHeartbeatDamper + 1)。其中，heartbeatinterval 是从 JobTracker 端获取的心跳间隔，oobHeartbeatDamper 是心跳收缩因子（mapreduce.tasktracker.outofband.heartbeat.damper 对应的值）。

步骤 2：如果 TaskTracker 刚启动，则需要检查代码编译版本与 JobTracker 是否一致。

只有与 JobTracker 具有相同代码编译版本号的 TaskTracker 才能够向 JobTracker 发送心跳。代码编译版本号由 Hadoop 版本号、修订版本号、代码编译用户及校验和四部分组成，如 1.0.0-dev from 451451 by dongxicheng source checksum e54b3f6cb07ealcd833dlab0b947ac39，其中 1.0.0-dev 表示 Hadoop 版本号，451451 表示修订版本号，dongxicheng 表示代码编译用户，e54b3f6cb07ealcd833dlab0b947ac39 表示校验和。

步骤 3：检查是否有磁盘损坏。MapReduce 计算过程中最重要的输出目录是参数 mapred.local.dir 指定的中间结果存放目录（通常由多个目录组成，每个目录对应一个磁盘块）。由于这些目录存放在本地磁盘且没有备份，因此一旦损坏或

213

者丢失，就需要重新计算。TaskTracker 初始化时会检查 mapred.local.dir 指定的磁盘目录列表，并将正常目录存放起来，之后，TaskTracker 周期性（时间间隔由 mapred.disk.healthChecker.interval 指定，默认是 60 秒）检查这些正常目录，如果发现出现故障的目录，则 TaskTracker 会重新对其进行初始化。

步骤 4：发送心跳。TaskTracker 将当前节点运行时的信息（如资源使用情况、任务运行状态等）通过心跳汇报给 JobTracker，同时接收来自 JobTracker 的各种命令。

步骤 5：接收并执行命令。JobTracker 收到 TaskTracker 的心跳信息后，会为之下达命令。

接下来重点分析发送心跳和命令执行两个过程。

二、状态发送

TaskTracker 通过心跳向 JobTracker 汇报的是当前节点运行时的信息，包括 TaskTracker 基本信息、节点资源使用情况和各个任务状态等，这些信息被封装到可序列化类 TaskTrackerStatus 中。每次发送心跳时，TaskTracker 会根据最新信息重新构造一个 TaskTrackerStatus，且每次包含的信息量可能不一样。例如，任务的计数器信息每隔 60 秒才会发送一次，且只有当 askForNewTask 为 true 时，才会发送节点资源使用信息。其中，askForNewTask 值的计算方法如下：

askForNewTask =

    ((status.countOccupiedMapSlots() < maxMapSlots ||

    status.countOccupiedReduceSlots() < maxReduceSlots) &&

    acceptNewTasks)；// 存在空闲的 Map slot 或者 Reduce slot, 且磁盘剩余空间大于 mapred.local.dir.minspacekill

TaskTrackerStatus 包含的基本信息如下：

String trackerName; //TaskTracker 名称

String host;//TaskTracker 主机名

int httpPort；//TaskTracker 对外的 HTTP 端口号

int failures；//TaskTracker 上已经失败的任务总数

List<TaskStatus> taskReports；// 当前 TaskTracker 上各个任务运行状态

volatile long lastSeen; // 上次汇报心跳的时间

private int maxMapTasks; //Map slot 总数，即允许同时运行的 Map Task 总数，由参数 mapred. tasktracker .map. tasks .maximum 设定

private int maxReduceTasks; //Reduce slot 总数，即允许同时运行的 Reduce Task 总数，由参数 mapred.tasktracker,reduce.tasks.maximum 设定

private TaskTrackerHealthStatus healthStatus;//TaskTracker 健康状态

private ResourceStatus resStatus; //TaskTracker 资源（内存、CPU 等）信息

下面重点介绍 taskReport、healthStatus 和 resStatus 三个变量值的意义及其计算方法。

（一）taskReport

taskReport 保存当前 TaskTracker 上所有任务（实际为 TaskAttempt）的运行状态，每个任务保存信息如下：

public abstract class TaskStatus implements Writable, Cloneable {

…

private final TaskAttemptID taskid ; //TaskAttempt ID

private float progress; // 任务执行进度，范围为 0.0 ～ 1.0

private volatile State runState; /*任务运行状态，包括RUNNING, SUCCEEDED, FAILED, UNASSIGNED, KILLED, COMMIT_PENDING, FAILED_UNCLEAN, KILLED−UNCLEAN*/

private String diagnosticinfo; // 诊断信息，一般为错误信息和运行异常信息

private String statestring; // 字符串形式的运行状态

private String taskTracker; // 该 TaskTracker 名称，可唯一表示一个 TaskTracker, 形式如 tracker_mymachine : 50010

private int numSlots;// 运行该 TaskAttempt 需要的 slot 数目，默认值是 1

private long startTime; //TaskAttempt 开始时间

private long finishTime; //TaskAttempt 完成时间

private long outputSize = −1L; //TaskAttempt 输出数据量

private volatile Phase phase = Phase.STARTING; // 任务运行阶段，包括 STARTING, MAP, SHUFFLE, SORT, REDUCE, CLEANUP

private Counters counters;// 该任务中定义的所有计数器（包括系统自带的计数器和用户自定义计数器两种）

private boolean includeCounters;// 是否包含计数器，计数器信息每隔 60 秒发送一次 // 下一个要处理的数据区间，用于定位坏记录所在区间

private SortedRanges.Range nextRecordRange = new SortedRanges.Range();

…

215

```
}
```

（二）healthStatus

healthStatus 保存了当前节点的健康状况，该变量对应 TaskTrackerHealthStatus 类，定义如下：

```
static class TaskTrackerHealthStatus implements Writable {
private boolean isNodeHealthy; // 节点是否健康
    private String healthReport/ // 如果节点不健康，则记录导致不健康的原因
      private long lastReported; // 上次汇报状况的时间
      …

    }
```

healthStatus 是由 NodeHealthCheckerService 线程计算得到的。该线程允许管理员配置一个健康监测脚本以检查节点健康状况，且管理员可在该脚本中添加任何检查语句作为节点是否健康运行的依据。如果脚本检测到该节点处于不健康状态，它需要在标准输出中打印一条以字符串 ERROR 开头的输出语句。NodeHealthCheckerService 线程周期性调用健康监测脚本并检查其输出，一旦发现脚本输出是以 ERROR 开头的字符串，则认为节点处于不健康状态，进而将其标注为 unhealthy 并通过心跳告诉 JobTracker，当 JobTracker 得知节点状态变为 unhealthy 后，会将其加入黑名单，此后不再为它分配新任务。需要注意的是，只要 TaskTracker 服务是活着的，该线程会一直运行该脚本，一旦发现节点又变为 healthy，JobTracker 会立刻将其从黑名单中移除，从而又会为其分配任务。通过引入该机制，可带来很多好处。

（1）可作为节点负载的反馈：可让健康检测脚本检查网络、磁盘、文件系统等运行状况，一旦发现特殊情况，如网络拥塞、磁盘空间不足或者文件系统出现问题，可将健康状况变为 unhealthy，暂时不接收新的任务，待它们恢复正常后再继续接收新任务。

（2）人为暂时维护 TaskTracker：如果发现 TaskTracker 所在节点出现故障，可通过控制脚本输出暂时让该 TaskTracker 停止接收新任务以便进行维护，待维护完成后，修改脚本输出以让 TaskTracker 继续接收新任务。

NodeHealthCheckerService 线程包含四个可配置参数，具体如表 7-2 所示。用户可根据需要在 mapred-site.xml 文件中配置这些参数。

表 7–2　NodeHealthCheckerService 线程配置参数

参数名称	参数含义
mapred.healthChecker.script.path	健康检测脚本所在的绝对路径，线程 Node Health-CheckerService 会周期性执行该脚本以判断节点健康状况，如果该值为空，则不会启动该线程
mapred.healthChecker.interval	健康监测脚本调用频率（单位：ms）
mapred.healthChecker.script.timeout	如果健康监测脚本在一定时间内没有响应，则线程 NodeHealthCheckerService 会将节点标注为 unhealthy
mapred.healthChecker.script.args	监控脚本的输入参数，如果有多个参数，则用逗号隔开

　　下面给出一个健康监测脚本实例。在这个 Shell 脚本中，当一个节点上的空闲内存量低于总内存量的 10% 时，将打印以 ERROR 开头的字符串，这样，该节点将不再向 JobTracker 请求新任务。

```
#!/bin/bash
MEMORY_RATIO=0.1
freeMems='grep MemFree /proc/meminfo | awk '{print $2}"
totalMem='grep MemTotal /proc/meminfo | awk '{print $2"
  limitMem='echo | awk ' {print int (" ' $totalMem' "* " ' $MEMORY_RATI0' " ) }''
if [ $freeMem –It $limitMem ];then
  echo "ERROR, totalMem=$totalMem/ freeMem=$freeMem, 1imitMem=$1imitMem"
else
  echo "OK, totalMem=$totalMem/ freeMem=$freeMem, limitMem=$limitMem" fi
```

（三）resStatus

resStatus 保存了当前 TaskTracker 资源使用情况。该变量对应 ResourceStatus 类，定义如下：

```
static class ResourceStatus implements Writable {
  private long totalVirtualMemory; // 总的可用虚拟内存量，单位为 byte private
long
```

217

totalPhysicalMemory;　　// 总的可用物理内存量

private long mapSlotMemorySizeOnTT ; // 每个 Map slot 对应的内存量 private long reduceSlotMemorySizeOnTT; // 每个 Reduce slot 对应的内存量

private long availableSpace; // 可用磁盘空间

private long availableVirtualMemory = UNAVAILABLE; // 可用的虚拟内存量

private long availablePhysicalMemory = UNAVAILABLE; // 可用的物理内存量

private int numProcessors = UNAVAILABLE; // 节点总的处理器个数

private long cumulativeCpuTime = UNAVAILABLE; // 运行以来累计的 CPU 使用时间

private long cpuFrequency = UNAVAILABLE;//CPU 主频，单位为 kHz private float cpuUsage = UNAVAILABLE; // CPU 使用率，单位为 %

resStatus 是由可插拔组件 ResourceCalculatorPlugin（抽象类）获取的，当前只存在 Linux 版本实现的 LinuxResourceCalculatorPlugin 中，其他操作系统尚未实现，这意味着只有在 Linux 下才可以获取资源使用信息。此外，Hadoop 也允许用户自己编写 ResourceCalculatorPlugin 实现，且用户只需通过参数 mapreduce.tasktracker.resourcecalculatorplugin 指定该类即可启用它。

我们都知道，在 Linux 操作系统中, proc 虚拟文件系统中包含一些目录和文件，它们向用户动态呈现了内核中的一些实时信息，如进程运行时的资源使用信息。

LinuxResourceCalculatorPlugin 类正是通过读取 /proc 目录下的 meminfo、cpuinfo 和 stat 三个文件来获取节点上的内存、CPU 等资源的实时使用情况的。

三、命令执行

JobTracker 将心跳应答封装到一个 HeartbeatResponse 对象中。该对象主要包括两部分内容：一部分是作业集合 recoveredJobs，它是上次关闭 JobTracker 时正在运行的作业集合，重启 JobTracker 后需恢复这些作业的运行状态，而 Task Tracker 收到该作业集合后，需重置这些作业对应的 Reduce Task 的 FetchStatus 信息，从而迫使这些 Reduce Task 重新从 Map Task 端复制数据；另一部分是需要执行的命令列表。相关代码如下：

TaskTrackerAction[] actions = heartbeatResponse.getActions();
if (reinitTaskTracker (actions)) { // 重新初始化
　return State.STALE;
}

```
if (actions != null){
    for(TaskTrackerAction action : actions) {
        if (action instanceof LaunchTaskAction) {// 启动新任务
            addToTaskQueue((LaunchTaskAction)action);
        } else if (action instanceof CommitTaskAction) {// 提交任务
CommitTaskAction commitAction =
(CommitTaskAction)action; if
(!commitResponses.contains(commitAction.getTaskID()))          {
            commitResponses.add(commitAction.getTaskID());
        }
    } else {// 杀死任务或者作业
        tasksToCleanup.put(action);
        }


        }


    }
```

　　TaskTracker 需要处理 5 种命令：启动新任务（LaunchTaskAction）、提交任务（CommitTaskAction）、杀死任务（KillTaskAction）、杀死作业（KillJobAction）和重新初始化（ReinitTrackerAction）。我们将在下一节中介绍各个命令的处理过程。

第三节　TaskTracker 行为分析

　　TaskTracker 通过心跳机制从 JobTracker 端获取各种命令，包括启动新任务、提交任务、杀死任务、杀死作业和重新初始化 5 种。在 Hadoop 中，存在多种场景使 JobTracker 下达这些命令。例如，对于杀死任务命令而言，可能是人为通过 Shell 命令杀死任务，也可能是由于任务超量使用内存，由框架直接将其杀死。下面为每个命令选取一种场景来讲解其执行全过程。

一、启动新任务

TaskTracker 出现空闲资源后，会通过心跳从 JobTracker 端索取任务，并按照一定步骤启动该任务，之后一直监控并汇报其运行状态，直到它运行成功。

步骤 1：TaskTracker 出现空闲资源，将资源使用情况通过心跳汇报给 Job-Tracker。

步骤 2：JobTracker 收到信息后，解析心跳信息，发现 TaskTracker 上有空闲的资源，则调用调度器模块的 assignTasks() 函数为该 TaskTracker 分配任务。

步骤 3：JobTracker 将新分配的任务封装成一个或多个 LaunchTaskAction 对象，将其添加到心跳应答中返回给 TaskTracker。

步骤 4：TaskTracker 收到心跳后，解析出 LaunchTaskAction 对象，并创建 JVM 启动任务。

步骤 5：当 Counter 值或者进度发生变化时，任务通过 RPC 函数将最新 Counter 值和进度汇报给 TaskTracker。

步骤 6：TaskTracker 通过心跳将任务的最新 Counter 值和进度汇报给 Job-Tracker。

二、提交任务

任务提交过程是指任务处理完数据后，将最终计算结果从临时目录转移到最终目录的过程。需要注意的是，只有将输出结果直接写到 HDFS 上的任务才会经历该过程。在 Hadoop 中，有两种这样的任务：Reduce Task 和 map-only 类型作业的 Map Task。

前面提到 Hadoop 的推测执行机制：Hadoop 允许多个任务同时处理同一份数据，但只会选择最先运行完成的任务处理结果作为最终结果。为了防止多个任务产生相同的处理结果而造成冗余，每个任务暂时将自己的计算结果放到一个临时目录中，处理完后，先向 JobTracker 发送结果提交请求，得到 JobTracker 准许后，才可以将结果从临时目录转移到最终目录中，而一旦一个任务提交结果后，其计算结果便会作为最终结果，其他任务的计算结果将被丢弃。

Hadoop 任务提交过程采用了两阶段提交协议（two-phase commit protocol，2PC）实现。两阶段提交协议是分布式事务中经常采用的协议。它把分布式事务的某一个代理指定为协调者，所有其他代理称为参与者，同时规定只有协调者才有提交或撤销事务的决定权，其他参与者则各自负责在其本地执行写操作，并向协调者提出撤销或提交子事务的意向。两阶段提交协议把事务提交分成两个阶段。

第一阶段（准备阶段）：各个参与者执行完自己的操作后，将状态变为可以提交，并向协调者发送准备提交请求。

第二阶段（提交阶段）：协调者按照一定原则决定是否允许参与者提交，如果允许，则向参与者发出确认提交请求，参与者收到请求后，把可以提交状态改为提交完成状态，然后返回应答；如果不允许，则向参与者发送提交失败请求，参与者收到该请求后，把可以提交状态改为提交失败状态，然后退出。

对于 MapReduce 而言，JobTracker 扮演协调者的角色，各个 TaskTracker 上的任务是参与者。

步骤 1：Task Attempt 处理完最后一条记录后（此时数据写在临时目录 ${mapred.output.dir}/_temporary/_${taskid} 下），运行状态由 RUNNING 变为 COMMIT_ PENDING，并通过 RPC 将该状态和任务提交请求发送给 TaskTracker。

步骤 2：TaskTracker 得知一个 Task Attempt 状态为 COMMIT_ PENDING 后，立刻缩短心跳间隔，以便快速将任务状态汇报给 JobTracker。

步骤 3：JobTracker 收到心跳信息后，检查它是否为某个 TaskInProgress 中的第一个状态变为 COMMIT_PENDING 的 TaskAttempt，如果是，则批准它进行任务提交，即在心跳应答中添加 CommitTaskAction 命令，以通知 TaskTracker 准许该任务提交最终结果。

步骤 4：TaskTracker 收到 CommitTaskAction 命令后，将对应任务加入可提交任务列表 commitResponses 中。

步骤 5：TaskAttempt 通过 RPC 检测到自己位于列表 commitResponses 中后，进行结果提交，即将数据从临时目录转移到最终目录（参数 ${mapred.output.dir}对应的目录）中，并告诉 TaskTracker 任务提交完成。

步骤 6：TaskTracker 得知任务提交完成后，将该任务运行状态由 COMMIT_ PENDING 变为 SUCCEEDED，并在下次心跳中将该任务状态汇报给 JobTracker。

综合以上几个步骤，并结合 2PC 的定义，很容易知道：上面第 1 步对应 2PC 的第一阶段，其余各步骤对应 2PC 的第二阶段。

三、杀死任务

Hadoop 中存在多种场景将一个任务杀死，它们涉及的过程基本相同，均是通过 JobTracker 向 TaskTracker 发送 KillTaskAction 命令完成的。

用户输入 bin/hadoop job-kill-task < task-attempt-id> 后，JobClient 内部调用

RPC 函数 KillTask 杀死该 TaskAttempt，整个过程如下：

（1）JobTracker 收到来自 JobClient 的杀死任务请求后，将该任务添加到待杀死任务列表 tasksToKill 中。

（2）之后某个时刻，TaskAttempt 所在的 TaskTracker 向 JobTracker 发送心跳，JobTracker 收到心跳后，将该任务封装到 KillTaskAction 命令中，并通过心跳应答发送给 TaskTracker。

（3）TaskTracker 收到 KillTaskAction 命令后，将该任务从作业列表 runningJobs 中清除，并将运行状态从 RUNNING 转化为 KILLEDJJNCLEAN，同时通知 directoryCleanupThread 线程清理其工作目录，释放所占槽位，最后缩短心跳时间间隔，以便将该任务状态迅速通过带外心跳告诉 JobTracker。

（4）JobTracker 收到状态为 KILLEDJJNCLEAN 的 TaskAttempt 后，将其类型改为 task-cleanup task（这种任务的输入数据为空，但 ID 与被杀 Task Attempt 的 ID 相同，其目的是清理被杀 TaskAttempt 已经写入 HDFS 的临时数据），并添加到待清理任务队列 mapCleanupTasks/reduceCleanupTasks 中，在接下来的某个 TaskTracker 的心跳中，JobTracker 将其封装到 LaunchTaskAction 中发送给 TaskTracker。

（5）TaskTracker 收到 LaunchTaskAction 后，启动 JVM（或重用已启动的 JVM）执行该任务。由于该任务属于 task-cleanup task，因此它只需清理被杀死的 TaskAttempt 已写入 HDFS 的临时数据（如果没有则直接跳过），之后其运行状态变为 SUCCEEDED，并由 TaskTracker 通过下一次心跳告诉 JobTracker。

（6）JobTracker 收到运行状态为 SUCCEEDED 的 TaskAttempt 后，先检查它是否位于任务列表 tasksToKill 中，显然该任务在该列表中，这表明它已经被杀死，于是将其状态转化为 KILLED，同时修改相应的各个数据结构。

从上面整个过程可以看出，JobClient 向 JobTracker 发出 kill task 请求后，Job Tracker 不会返回任何确认消息。这主要是由于杀死任务的过程比较复杂，要经历多个心跳时间，JobClient 需等待很长时间才可能知道任务是否被成功杀死。

四、杀死作业

杀死作业是通过 JobTracker 向 TaskTracker 发送 KillTaskAction 命令完成的。它是 Hadoop 最常见的行为之一，如任何一个作业成功运行完成后，JobTracker 都会向各个 TaskTracker 广播 KillJobAction 以清理各个节点上该作业的工作目录。此外，用户可以通过调用 Shell 命令 bin/hadoop job-kill <job-id> 杀死一个作业。下面主要分析用户使用 Shell 命令杀死作业的过程。

用户输入一条杀死任务的 Shell 命令后，JobClient 通过 RPC 函数 KillJob 向 JobTracker 发送杀死作业请求。JobTracker 收到请求后，涉及的过程如下：

（1）作业的 JobInProgress 对象将 jobKilled 变量置为 true，并杀死该作业所有的 job-setup task、map task 和 reduce task（注意：job-cleanup task 保留）。

（2）此后假设 TaskTrackerl 第一个向 JobTracker 汇报心跳，则 JobTracker 将该作业的 job-cleanup task 封装成 LaunchTaskAction 命令，将该 TaskTracker 对应的已被杀死任务封装成 KillTaskAction 命令，并把这些命令添加到心跳应答中返回给 TaskTrackerl。

（3）对于接下来发送心跳的 TaskTracker，JobTracker 将对应的已被杀死任务封装成 KillTaskAction 命令，并把这些命令添加到心跳应答中返回给这些 TaskTracker。

（4）TaskTrackerl 收到来自 JobTracker 的命令后，执行相应的操作：若为 KillTaskAction 命令，则进行的操作与杀死任务中的第 3 步类似，执行完命令后，将作业状态 KILLED_UNCLEAN 汇报给 JobTracker；若为 LaunchTaskAction 命令，TaskTracker 将创建 JVM 执行该任务，但由于该任务没有需要处理的数据，因此很快可以运行完成，任务完成后，其状态转化为 SUCCEEDED，并由 TaskTracker 通过心跳告诉 JobTracker。

（5）其他 TaskTracker 收到 JobTracker 端的 KillTaskAction 命令后，进行与第 4 步类似的操作。

（6）JobTracker 收到 TaskTracker 汇报的心跳后，若心跳信息包含任务状态变为 KILLEDJJNCLEAN，由于任务所属作业已被杀死（jobKilled=tme），则将任务由 KILLED_UNCLEAN 状态转化为 KILLED 状态；若心跳信息包含 job-cleanup task 运行成功（状态为 SUCCEEDED），则向各个 TaskTracker 广播 KillJobAction 命令，以清理作业的工作目录和相关的内存结构（如 runningJobs）。

五、重新初始化

如果 TaskTracker 上某个磁盘出现故障或者 TaskTracker 收到来自 JobTracker 的 ReinitTrackerAction 命令，则 TaskTracker 会重新进行初始化。重新初始化过程与 TaskTracker 启动过程是一致的。

第四节　TaskTracker 作业目录管理

在 MapReduce 计算过程中，Map Task 要将大量中间数据写入本地磁盘，而这些数据不存在备份，一旦丢失，就必须重新计算。为了尽量提高这部分数据的可靠性和并发写性能，Hadoop 允许 TaskTracker 配置多个挂在不同磁盘的目录作为中间结果存放目录。对于任意一个作业，Hadoop 都会在每个磁盘中创建相同的目录结构，然后采用轮询策略使用这些目录（由类 LocalDirAllocator 实现）。

TaskTracker 上的目录可分为两种：数据目录和日志目录。其中，数据目录用于存放执行任务所必需的数据（如可执行程序或 jar 包、作业配置文件等）和运行过程中产生的临时数据，由参数 mapred.local.dir 指定；日志目录则用于存放 TaskTracker 和 Task 运行时输出日志，由参数 hadoop.log.dir 指定。下面分别介绍这两种目录的组织方式。

一、数据目录

假设某个 TaskTracker 上通过参数 mapred.local.dir 配置了 N 个目录 /mnt/disk()，/mnt/ diskl，…，/mnt/disk$N$–1，且这 N 个目录正好挂在了 N 个不同的磁盘，某一时刻用户提交了一个 ID 为 jobidl 的作业，该作业包含 K 个任务（为简化说明，在此不区分任务类型），则 TaskTracker 为该作业创建的目录结构。TaskTracker 在每个磁盘上为该作业创建了相同的目录结构，且采用轮询的方式使用这些目录。例如，对于任务 taskidl，它需要创建工作目录 work 和输出结果目录 output，为了分摊写负载，TaskTracker 可能将 work 目录放到 /mnt/diskl/ 磁盘上，将 output 目录放到 /mnt/disk2 磁盘上。

考虑到 Reduce Task 可能会运行失败，且每个 Reduce Task 要从所有 Map Task 中获取部分输入，因此所有任务目录不会在作业运行过程中被删除，而是确认作业运行完成后，统一将其删除。

二、日志目录

（一）日志目录创建

不同于数据目录，Hadoop 只允许 TaskTracker 将日志目录存在一个磁盘上。TaskTracker 包含两种日志：系统日志和用户日志。其中，系统日志是 TaskTracker

服务内部打印的运行日志，存放到文件 <tasktracker-name>.log 和 <tasktracker-name>.out 中；用户日志则存放在 userlogs 目录下，且按照不同作业不同任务分别建立子目录。

如果 TaskTracker 上任务多、日志量大，则这种日志目录组织方式可能成为 TaskTracker 的性能"瓶颈"。为此，从 Hadoop 0.20.204.0 开始引入了多磁盘日志目录组织方式：系统日志仍被直接放到 hadoop.log.dir 目录下，但用户日志将被采用轮询的方式分布到 mapred.local.dir 指定的各个磁盘目录下，同时为了保持语义不变，TaskTracker 在 hadoop.log.dir 目录下创建指向这些目录的符号链接，具体如图 7-1 所示。

```
<hadoop.log.dir>/
<hadoop.log.dir>/userlogs/
<hadoop.log.dir>/userlogs/<jobid>/symlink-to-attempt-id-1
<hadoop.log.dir>/userlogs/<jobid>/symlink-to-attempt-id-2


<mappred.local.dir-0>/userlogs/<jobid>/attempt-id-1
<mappred.local.dir-1>/userlogs/<jobid>/attempt-id-2
```

图 7-1　多磁盘作业日志目录结构

这种用户日志目录组织方式带来的好处如下：

第一，可以高效应对更大量的用户日志，且 TaskTracker 不再被单磁盘日志读写性能约束，更可靠。

第二，在修改很少代码的前提下，维持了之前的语义。

（二）日志目录清理

日志目录清理是由类 UserLogManager 实现的。它包含两个非常重要的成员变量：taskLogsTruncater 和 userLogCleaner。它们分别用于日志裁剪和日志清理，具体如下。

第一，taskLogsTruncater：用户输出的日志文件可能很大，这将占用大量磁盘空间，同时对前端日志信息展示也不够友好，为此，TaskTracker 通过 TaskLogsTruncater 类实现了日志文件裁剪功能，即当任务运行完成后，TaskTracker 将按照管理员要求对各个日志文件进行裁剪，以保证日志文件不会太大。TaskTracker 为管理员提供了两个可配置参数：mapreduce.cluster.map.userlog.retain-size 和 mapreduce.cluster.reduce.userlog.retain-size，分别用于配置 Map Task 和 Reduce Task 最大可保留的日志文件大小。

第二，userLogCleaner：TaskTracker 将所有作业的运行日志保存到本地磁盘上，因此随着时间的积累，作业日志必将越来越多。为了避免作业日志占用大量磁盘空间，TaskTracker 通过 userLogCleaner 线程实现了日志文件清理功能。TaskTracker 允许一个作业日志可在磁盘上的保留时间为 mapred.userlog.retain.hours（默认为 24 小时），一旦超过该时间，TaskTracker 会将该作业日志从磁盘上删除。

第五节　TaskTracker 启动新任务

TaskTracker 最重要的任务是启动 JobTracker 分配的新任务并周期性汇报它们的运行状态。一个任务的启动过程大致经历两个步骤：作业本地化和启动任务（包括任务本地化和运行任务）。

一、任务启动过程分析

（一）作业本地化

作业本地化（localize) 是指在 TaskTracker 上为作业和任务构造一个运行环境，包括创建作业和任务的工作目录，从 HDFS 上下载运行任务相关的文件（如程序 jar 包、字典文件等），设置环境变量等，可分为作业本地化和任务本地化。在同一个 TaskTracker 上，由作业的第一个任务完成该作业的本地化工作，后续任务只需进行任务本地化。

由于用户应用程序相关文件（如 jar 包，字典文件等）可能很大，这使任务需花费较长时间从 HDFS 上下载这些数据，如果 TaskTracker 串行启动各个任务，势必会延长任务的启动时间。为了解决该问题，TaskTracker 采用多线程启动任务，即为每个任务单独启动一个线程。

```
void startNewTask (final TaskInProgress tip) {
    Thread launchThread = new Thread(new Runnable()          {
        public void run() {
        …
            RunningJob rjob = localizeJob (tip) ;// 作业本地化
            tip.getTask().setJobFile(rjob.getLocalizedJobConf().toString());
            launchTaskForJob(tip, new JobConf(rjob.getJobConf()), rjob);
        …
```

226

```
        }
      }
    }
```

为了防止同一个作业的多个任务同时进行作业本地化，TaskTracker 需要对相关数据结构加锁。常见的加锁方法如下：

RunningJob rjob;

…// 对 rjob 赋值

synchronized (rjob) { // 获取 rjob 锁

initializeJob(rjob)；/* 作业本地化。如果作业文件很大，则该函数运行时间很长，这导致 rjob 锁长时间不释放 */

}

在以上实现方案中，作业本地化过程会一直占用 rjob 锁，这导致很多其他需要该锁的线程或者函数不得不等待，如 MapEventsFetcherThread 线程、TaskTracker. getMap–CompletionEvents() 函数等。

为了避免作业本地化过程中长时间占用 rjob 锁，TaskTracker 为每个正在运行的作业维护 localizing 和 localized 两个变量，分别表示正在进行的作业本地化和已经完成的作业本地化。通过对这两个变量的控制可避免作业本地化时对 RunningJob 对象加锁，且能够保证只有作业的第一个任务进行作业本地化。

synchronized (rjob) {

　　if (!rjob.localized) {// 该作业尚未完成本地化工作

　　　　while (rjob. localizing) {// 另外一个任务正在进行作业本地化

　　　　rjob. wait ();// 等待作业本地化结束

　　　　}// 释放 rjob 锁

　　　　if (! rjob.localized) {// 没有任务进行作业本地化

　　　　　　rjob.localizing = true; // 让当前任务对该作业进行本地化

　　　　}

　　　}

　　}

if (! rjob. localized) {// 运行到此，说明当前没有任务进行作业本地化

initializeJob (rjob)；// 进行作业本地化工作

}

在整个作业本地化过程中，<localizing，localized> 两个变量值变化过程为

227

<false,false> → <true,false> → <true,true>

作业的第一个任务负责为该作业本地化，具体步骤如下。

步骤 1：将凭据文件 jobToken 和作业描述文件 job.xml 下载到 TaskTracker 私有文件目录中。

TaskTracker 私有文件目录是 ${mapred.local.dir}/ttprivate，其中不同用户的文件放到不同子目录下，如用户 $user 提交的作业 $jobid 对应文件放在 ${mapred.local.dir}/ ttprivate/taskTracker/$user/jobcache/$jobid/ 目录下。此外，在任务运行过程中，任务启动脚本 taskjvm.sh（具体见下一部分）也存放在该目录下。

步骤 2：将其他初始化工作交给 TaskController. initializeJob 函数处理。

TaskController 类主要用于控制任务的初始化、终结和清理等工作，当前默认实现是 DefaultTaskController。TaskController. initializeJob 函数的主要工作是创建作业相关的目录和文件，最终生成的目录结构如下。

第一，${mapred.local.dir}/taskTracker/distcache/: TaskTracker 上的 public 级别分布式缓存，该 TaskTracker 上所有用户的所有作业共享该缓存中的文件。

第二，${mapred.local.dir}/taskTracker/$user/distcache/：TaskTracker 上的 private 级别缓存，用户 $user 的所有作业共享该缓存中的文件。

第三，$ {mapred.local.dir}/taskTracker/$user/jobcache/$jobid/：用户 $user 提交的作业 $jobid 对应的目录。

第四，${mapred.local.dir}/taskTracker/$user/jobcache/$jobid/work/：作业共享目录，可作为任务的数据暂存目录或者共享目录，可通过 JobConf.getJobLocalDir() 函数获取。此外，它还在系统属性中，因此也可以通过 System.getProperty("job. local.dir") 获取。

第五，$ {mapred.local.dir}/taskTracker/$user/jobcache/$jobid/jars/：存放作业 jar 文件和展开后的 jar 文件。程序相关的 jar 文件被统一命名成 job.jar，并分发到各个节点上，且在任务运行之前，由 Hadoop 自动展开该文件。

第六，${mapred.local.dir}/taskTracker/$user/jobcache/$jobid/job.xml：存放作业相关的配置属性。

第七，$mapred.local.dir/taskTracker/$user/jobcache/$jobid/jobToken：作业凭据文件，用于保证作业运行安全。

第八，$mapred.local.dir/taskTracker/$user/jobcache/$jobid/job-acls.xml：保存作业访问控制权限。

第九，$hadoop.log.dir/userlogs/$jobid /：作业日志存放目录。

（二）启动任务

为了避免不同任务之间相互干扰，TaskTracker 为各个任务启动了独立的 JVM（java 虚拟机）。也就是说，JVM 相当于包含一定资源量的容器，每个任务可在该容器中使用其资源运行。这里先介绍 JVM 启动过程，然后介绍任务启动过程。

根据任务类型，TaskTracker 会调用不同的 TaskRunner 启动任务。对于 Map Task，会调用 MapTaskRunner，Reduce Task 则调用 ReduceTaskRunner，但任务启动最终均是由 TaskRunner.run() 方法完成的。

TaskRunner.run() 方法先准备启动任务需要的各种信息，包括启动命令、启动参数、环境变量、标准输出流、标准错误输出流等信息，然后交给 JvmManager 对象启动一个 JVM。

JvmManager 负责管理 TaskTracker 上所有正在使用的 JVM，包括启动、停止、杀死 JVM 等。考虑到一般情况下 Map Task 和 Reduce Task 占用的资源量不同，JvmManager 使用 mapJvmManager 和 reduceJvmManager 单独管理两种类型任务对应的 JVM，且规定如下：

第一，每个 TaskTracker 上同时启动的 Map Task 和 Reduce Task 数目不能超过 Map slot 和 Reduce slot 数目。

第二，每个 JVM 只能同时运行一个任务。

第三，每个 JVM 可重复使用以减少启动开销（重用次数可通过参数 mapred. job.reusejvm. num.tasks 指定），但某个 JVM 只限于同一个作业的同类型任务使用。这一点可从 JVM ID 中看出，它是由某个作业 ID（将其 ID 标识字符串 job 变为 jvm）、任务类型和一个随机整型拼接而成的，如 jvm_201209031104_0010_ m_482270223。

JVM 启动过程如下。

步骤 1：如果已启动 JVM 数目低于上限数目（Map slot 或者 Reduce slot 数目），则直接启动 JVM，否则进入步骤 2。

步骤 2：查找当前 TaskTracker 所有已经启动的 JVM，找出满足以下条件的 JVM。

第一，当前状态为空闲。

第二，复用次数未超过上限数目。

第三，与将要启动的任务同属一个作业（通过 JVM ID 可获取作业 ID)。

如果找到这样的 JVM，则可继续复用而无须启动新的 JVM，否则进入步骤 3。

步骤 3：查找当前 TaskTracker 所有已经启动的 JVM，如果满足以下两个条件之一，则直接将该 JVM 杀掉，并启动一个新的 JVM。

第一，复用次数已达到上限数目且与新任务同属一个作业。

第二，当前处于空闲状态但与新任务不属于同一作业。

启动 JVM 是由 JvmRunner 线程完成的，它进一步调用了 TaskController 中的 launchTask 方法。在 DefaultTaskController 实现中，该方法先在本地磁盘创建任务工作目录，接着将任务启动命令写到 Shell 脚本 taskjvm.sh 中，并直接使用以下命令运行该脚本以启动任务。

```
bash-c taskjvm.sh
```

其中，一个 taskjvm.sh 实例如下：

```
export JVM_PID=echo $$
export HADOOP_CLIENT_OPTS="-Dhadoop.tasklog.taskid=attempt_201209010905_0002_m_000000_0 -Dhadoop.tasklog.iscleanup=false -Dhadoop. tasklog.totalLogFileSize=0"
export SHELL="/bin/bash"
export HADOOP_WORK_DIR="/tmp/mapred/taskTracker/intuser/jobcache/job_201209010905_0002/attempt_201209010905_0002_m_000000_0/work"
export HOME="/homes/"
export LOGNAME="dongxicheng"
export HADOOP_TOKEN_FILE_LOCATION="/tmp/mapred/taskTracker/intuser/jobcache/
job_201209010905_0002/jobToken"
export HADOOP_ROOT_LOGGER="INFO,TLA"
export LD_LIBRARY_PATH="/tmp/mapred/taskTracker/intuser/jobcache/job_201209010905_0002/attempt_201209010905_0002_m_000000_0/work/usr/lib/jvm/ java-1.6.0-openjdk-1.6.0.0.x86_64/jre/1ib/amd64/server：/usr/lib/jvm/java-1.6.0-openjdk-1.6.0.0.x86_64/jre/lib/amd64 ：/usr/lib/jvm/java-1.6.0-openjdk-1.6.0.0.x86_64/jre/../Iib/amd64" export USER="dongxicheng"
exec setsid "/usr/lib/jvm/java-1.6.0-openjdk-l.6.0.0,x86_64/jre/bin/java……
'-Dhadoop.log.dir=/home/dongxicheng/hadoop-1.0.0/libexec/../logs'
'-Dhadoop.root.logger=INFO,TLA'
'-Dhadoop.tasklog.taskid=attempt_201209010905_0002_m_000000_0'
'-Dhadoop.tasklog.iscleanup=false' '-Dhadoop.tasklog.totalLogFileSize=0'
'org.apache.hadoop.mapred.Child'  '127.0.0.1'  '47655"attempt_20120901
```

090S_0002_

M_000000_0'   '/home/

dongxicheng/hadoop–1.0.0/libexec/. ./logs/userlogs/job_201209010905_0002/

attempt_201209010905_0002_m_000000_0' '400940185'   < /dev/null 1>> /

home/

dongxicheng/hadoop–1.0.0/libexec/../logs/userlogs/job_201209010905_0002/

attempt_201209010905_0002_m_000000_0/stdout2>> /home/

dongxicheng/hadoop–1.0.0/libexec/. ./logs/userlogs/job_201209010905_0002/

attempt_201209010905_0002_m_000000_0/stderr

可以看到，最终是通过 org.apache.hadoop.mapred.Child 类运行任务的，即

org.apache.hadoop.mapred.Child <host> <port> <task–attenpt–id> <log–

location> <jvm–id>

上面代码中的五个输入参数分别表示 TaskTracker 的 IP、端口号、Task Attempt ID、日志位置和 JVM ID。

其中，org.apache.hadoop.mapred.Child 类的核心代码框架如下。

```
public static void main(String[] args) throws Throwable {
    // 创建 RPC Client, 启动日志同步线程
    …
    while (true) {// 不断询问 TaskTracker, 以获取新任务
        JvmTask myTask = umbilical .getTask (context) ; // 获取新
        任务  if (myTask.shouldDieO ) { //JVM 所属作业不存在或
        者被杀死 break;
         } else {
            if (myTask.getTask() == null) {// 暂时没有新任务 // 等待一段时间继续
读问
            TaskTracker
        …
            continue;
            }
        }
    // 有新任务，进行任务本地化
    taskFinal. run (job, umbilical) ; // 启动该任务
```

…

// 如果 JVM 复用次数达到上限数目，则直接退出

if (numTasksToExecute > 0 && ++numTasksExecuted == numTasksToExecute) {

break;

       }

}

其中任务本地化涉及内容如下：

将任务相关的一些配置参数添加到作业配置 JobConf 中（如果参数名相同，则会覆盖），形成任务自己的配置 JobConf，并采用轮询的方式选择一个目录存放对应的任务对象配置文件。也就是说，任务的 JobConf 是由作业的 JobConf 与任务特定参数组成的，其中任务特定参数如表 7-3 所示。

表 7-3　任务特定参数列表

参数名称	类　型	参数含义
mapred.job.id	String	作业 ID
mapred.jar	String	作业的 job.jar 所在目录
job.local.dir	String	作业共享目录
mapred.tip.id	String	任务 ID
mapred.task.id	String	TaskAttempt ID
mapred.task.is.map	boolean	是否为 Map Task
mapred.task.partition	int	任务在作业中的 ID
map.input.file	String	Map Task 的输入文件
map.input.start	long	Map Task 的输入数据在输入文件中的偏移量
map.input.length	long	Map 输入 InputSplit 的长度

在工作目录中建立指向分布式缓存中所有数据文件的链接，以便能够直接使用这些文件。

最终，形成的任务目录结构如下。

第一，${mapred.local.dir}/taskTracker/$user/jobcache/$jobid/$taskid：作业 $jobid

中的任务 $taskid 对应的目录。

第二，${mapred.local_dir}/taskTracker/$user/jobcache/$jobid/$taskid/job.xml：任务本地化后产生的与该任务对应的配置文件。

第三，${mapred.local_dir}/taskTracker/$user/jobcache/$jobid/$taskid/split.info：任务的 InputSplit 元数据信息，仅用于 IsolationRunner 调试。

第四，${mapred_local.dir}/taskTracker/$user/jobcache/$jobid/$taskid/output：存放中间输出文件的目录，如 Map Task 的中间输出结果。

第五，${mapred.local.dir}/taskTracker/$user/jobcache/$jobid/$taskid/work：任务的工作目录。

第六，${mapred.local.dir}/taskTracker/$user/jobcache/$jobid/$taskid/work/tmp：任务的临时目录。用户可通过参数 mapred.child.tmp 设置 Map Task 和 Reduce Task 的临时目录，默认值是 ./tmp。如果该值不是绝对路径，则任务是相对于工作目录的相对路径。当启动 JVM 时，会将 −Djava.io.tmpdir='thetmpdir' 作为启动参数。

第七，$hadoop.log.dir/userlogs/$jobid/$taskid：作业 $jobid 中任务 $taskid 的日志目录。该目录下的主要文件或子目录如下。

（1）$hadoop.log.dir/userlogs/$jobid/$taskid/stdout：应用程序打印的标准输出数据，如 Java 应用程序中使用 System.out.print() 函数打印的输出数据。

（2）$hadoop.log.dir/userlogs/$jobid/$taskid/stderr：应用程序打印的标准错误输出数据，如 Java 应用程序中使用 System.err.print() 函数打印的输出数据。

（3）$hadoop_log_dir/userlogs/$jobid/$taskid/syslog：应用程序和 MapReduce 框架打印的系统日志，如应用程序中使用 LOG(INFO) 打印的日志。

（4）$hadoop.log.dir/userlogs/$jobid/$taskid/profile.out：profiling 日志。当用户设置配置选项 mapred.task.profile=true 时，TaskTracker 会启用任务的 profiling 功能，这会根据用户要求采集任务运行时的信息并保存到 profile.out 文件中，以方便用户对应用程序调优。

（5）$hadoop.log.dir/userlogs/$jobid/$taskid/debugout：Debug 脚本的标准输出。用户可通过参数 mapred.map.task.debug.script 和 mapred.reduce.task.debug.script 指定任务失败时需运行的调试脚本。

Debug 脚本的标准输出举例如下。

步骤 1：编写应用程序。

为了简化问题，我们采用 Hadoop Streaming 编写应用程序。为了能够让任务运行失败，我们在 Map Task 处理第 5 行数据记录时，打印一个空指针，对应的 C++ 代码如下：

```
#include <string>
#include <iostream>
using namespace std;
int main(){ string key; int errorno = 1; while(cin >> key) {
    cout << key <<"\t" << "1" << endl; if(errorno++ == 5) { int *p = NULL;
     cout << *p << endl; // 当处理到第 5 行记录时，让 Map Task 运行失败
    }
  }
  return 0;
}
```

编译以上程序生成可执行程序 Mapper，我们将该可执行文件作为 MapReduce 程序的 Mapper。

步骤 2：编写作业提交脚本。

编写应用程序提交脚本，内容如下：

```
bin/hadoop jar contrib/streaming/hadoop-streaming-1.0.0.jar \
    -mapper Mapper\
    -reducer NONE\
    -input/home/dongxicheng/input\
    -output/home/dongxicheng/output\
    -file Mapper\
    -file debug_map . sh\
-mapdebug./debug_map.sh
```

其中，Map Task 调试脚本 debug_map.shi 内容如下：

```
core= 'find . -name ' core* " ;
gdb -quiet ./Mapper -c $core -ex 'info threads' -ex 'backtrace' -ex 'quit'
```

步骤 3：准备好输入数据后，提交作业，可在 $hadoop.log.dir/userlogs/ $jobid/$taskid/debugout 中看到调试脚本输出结果。

$hadoop.log.dir/userlogs/$jobid/$taskid/log.index 为日志索引文件。当 JVM 允许复用时，所有复用同一个 JVM 的任务会将日志保存在第一个任务的日志文件中。因此，需要一个日志索引文件保存日志实际存放位置以及每个任务对应的标准输

出日志、标准错误输出日志和系统日志在文件 stdout、stderr 和 syslog 中的偏移量，具体格式如下。

LOG_DIR : <the dir where the task logs are really stored>

stdout: <start-offset in the stdout file> <length>

stderr :<start-offset in the stderr file> <length>

syslog: <start-offset in the syslog file> <length>

二、资源隔离机制

资源隔离是指为不同任务提供可独立使用的计算资源以避免它们相互干扰。当前存在很多资源隔离技术，如硬件虚拟化、Linux Container 等。

Hadoop 为各个任务启动独立的 Java 虚拟机以达到资源隔离的目的。然而，考虑到用户应用程序可能会创建其他子进程，如 Hadoop Pipes（或者 Hadoop Streaming）编写的 MapReduce 应用程序中每个任务至少由 Java 和 C++ 两个进程组成，这难以通过创建单独的虚拟机达到资源隔离的效果。为了弥补这个不足，在 Linux 环境（其他操作系统暂不支持）中，Hadoop 在各个 TaskTracker 上启动一个 TaskMemoryManagerThread 线程以监控各个任务内存使用情况，一旦发现某个任务使用内存过量，则直接将其杀死。

（一）MapReduce 作业的配置参数

由于不同的 MapReduce 作业对内存的需求不同，所以 Hadoop 提供了各种配置参数，帮助用户和管理员合理地使用内存资源。这些参数可分为两类：一类是用户配置参数，如用户根据自己应用程序特点为 Map Task 和 Reduce Task 设定的最大内存量；另一类是管理员配置参数，如为防止用户滥用内存资源，管理员可限定每个任务的最大可用内存量。

1. 用户配置参数

mapred.job. {map|reduce}.memory.mb 可用来设置作业的 Map Task 或 Reduce Task 最多使用的内存量的上限值（单位：MB）。

2. 管理员配置参数

第一，利用 mapred.cluster.max. {map|reduce}.memory.mb，用户可设置 Map Task 或 Reduce Task 最多使用内存量的上限值（单位：MB）。

第二，mapred.job.{map|reduce}.memory.mb 用于设置 TaskTracker 上每个 Map slot 或 Reduce slot 代表的内存量（单位：MB）。注意，有些调度器会根据该参数值和任务内存需求为任务分配多个 slot，如 Capacity Scheduler。

（二）MapReduce 作业的内存监控

TaskMemoryManagerThread 线程每隔一段时间（由参数 mapred.tasktracker. taskmemor-ymanager.monitoring-interval 指定，默认是 5 s）扫描所有正在运行的任务，并按照以下步骤检查它们使用的内存量是否超过上限值。

步骤 1：构造进程树。

在 /proc 目录下，有大量以整数命名的目录，这些整数是某个正在运行的进程号，目录下面是该进程运行时的一些信息。为了更全面地监控一个任务的内存使用量，TaskTracker 通过读取 /proc/<pid>/stat 文件构造出以该任务进程为根的进程树。这样，通过监控该进程树使用的内存总量可严格限制一个任务使用的内存量。

步骤 2：判断单个任务内存使用量是否超过内存量最大值。

在 Linux 系统中，/proc/<pid>/stat 文件中包含了进程 pid 的运行时信息，而 TaskTracker 正是使用正则表达式从该文件中提取进程的运行时信息，具体包括进程名称、父进程的 PID、父进程组号、Session ID 在用户态运行的时间（单位：jiffies）、核心态运行的时间（单位：jiffies）、占用虚拟内存大小（单位：page）和占用物理内存大小（单位：page）等。

文件 /proc/<pid>/stat 中包含的内存大小单位为 page。为了获取以字节为单位的内存信息，TaskTracker 通过执行以下 Shell 命令获取每个 page 对应的内存量（单位：B）：

getconf PAGESIZE

通过以上信息可计算当前每个运行的任务使用的内存总量。但是，需要注意不能仅凭该内存量是否超过设定的内存最高值而决定杀死一个任务。在创建一个子进程时，JVM 采用了 fork()+exec() 模型，这意味着进程创建之后、执行之前会复制一份父进程内存空间，进而使进程树在某一小段时间内存使用量翻倍。为了避免误杀任务，Hadoop 为每个进程赋予了年龄属性，并规定刚启动进程的年龄是 1，且 TaskMemoryManagerThread 线程每更新一次，各个进程年龄加 1。在此基础上，选择被杀死任务的标准如下：

如果一个任务对应的进程树中所有进程（年龄大于 0）总内存超过（用户设置的）最大值的两倍，或者所有年龄大于 1 的进程总内存量超过（用户设置的）最大值，则认为该任务过量使用内存，直接将其杀死，并将状态标注为 FAILED。

步骤 3：判断任务总内存使用量是否超过总可用内存量。

计算所有正在运行的任务当前使用的内存总量，如果超过系统可用内存总量（slot 数与 slot 对应内存乘积），则 TaskTracker 会不断选择进度最慢的任务并将其杀掉，直到内存使用量降到可用内存总量以下。

　　需要注意的是，在下一代 MapReduce 中，同时增加了对内存资源和 CPU 资源的隔离机制，但采用的资源隔离方案不同。对于内存资源，为了能够更灵活地控制内存使用量，它仍采用了线程监控的方案。采用这种机制的主要原因是 Java 中创建子进程采用了 fork()+exec() 的方案，子进程创建瞬间，它使用的内存量与父进程一致，从外面看来，一个进程使用内存量瞬间翻倍，然后又降下来，采用线程监控的方法可防止这种情况下的 swap 操作。对于 CPU 资源，则采用了 Cgroups 进行资源隔离。具体可参考 YARN 的相关文档。

第八章　Task 运行过程分析

众所周知，当我们需要编写一个简单的 MapReduce 作业时，只需实现 map() 和 reduce() 两个函数即可，一旦将作业提交到集群上后，Hadoop 内部会将这两个函数封装到 Map Task 和 Reduce Task 中，同时将它们调度到多个节点上并行执行，而任务执行过程中可能涉及的数据跨节点传输、记录按 key 分组等操作均由 Task 内部实现，用户无须关心。为了帮助读者深入了解 Map Task 和 Reduce Task 的内部实现原理，本章将 Map Task 分解成 Read、Map、Collect、Spill 和 Combine 五个阶段，将 Reduce Task 分解成 Shuffle、Merge、Sort、Reduce 和 Write 五个阶段，并依次详细剖析每个阶段的内部实现细节。

第一节　Task 运行过程概述

在 MapReduce 计算框架中，一个应用程序被划分成 Map 和 Reduce 两个计算阶段，它们分别由一个或者多个 Map Task 和 Reduce Task 组成。其中，每个 Map Task 处理输入数据集合中的一片数据（InputSplit），并将产生的若干个数据片段写到本地磁盘上，而 Reduce Task 则从每个 Map Task 上远程复制相应的数据片段，经分组聚集和归约后，将结果写到 HDFS 上作为最终结果。总体上看，Map Task 与 Reduce Task 之间的数据传输采用了 pull 模型。为了能够容错，Map Task 将中间计算结果存放到本地磁盘上，而 Reduce Task 则通过 HTTP 请求从各个 Map Task 端拖取（pull）相应的输入数据。为了更好地支持大量 Reduce Task 并发从 Map Task 端复制数据，Hadoop 采用了 Jetty Server 作为 HTTP Server 处理并发数据读请求。

对于 Map Task 而言，它的执行过程如下：首先，通过用户提供的 InputFormat

238

将对应的 InputSplit 解析成一系列 key/value，并依次交给用户编写的 map() 函数处理；其次，按照指定的 Partitioner 对数据分片，以确定每个 key/value 将交给哪个 Reduce Task 处理；再次，将数据交给用户定义的 Combiner，进行一次本地规约（用户没有定义则直接跳过）；最后，将处理结果保存到本地磁盘上。

对于 Reduce Task 而言，由于它的输入数据来自各个 Map Task，所以首先须通过 HTTP 请求从各个已经运行完成的 Map Task 上复制对应的数据分片，待所有数据复制完成后，再以 key 为关键字对所有数据进行排序，通过排序，key 相同的记录聚集到一起，并形成若干分组，然后将每组数据交给由用户编写的 reduce() 函数处理，并将数据结果直接写到 HDFS 上作为最终输出结果。

第二节 基本数据结构和算法

在 Map Task 和 Reduce Task 实现过程中用到了大量数据结构和算法，我们选取了其中几个非常核心的部分进行介绍。

前面提到，用户可通过 InputFormat 和 OuputFormat 两个组件自定义作业的输入输出格式，但并不能自定义 Map Task 的输出格式（也就是 Reduce Task 的输入格式）。考虑到Map Task 的输出文件需要存储到磁盘上并被Reduce Task 远程复制，为了尽可能减少数据量以避免不必要的磁盘和网络开销，Hadoop 内部实现了支持行压缩的数据存储格式——IFile。

按照 MapReduce 语义，Reduce Task 需要将复制自各个 Map Task 端的数据按照 key 进行分组后才能交给 reduce() 函数处理，为此 Hadoop 实现了基于排序的分组算法。但是，考虑到若完全由 Reduce Task 进行全局排序会产生性能"瓶颈"，Hadoop 采用了分布式排序策略：先由各个 Map Task 对输出数据进行一次局部排序，然后由 Reduce Task 进行一次全局排序。

在任务运行过程中，为了让 JobTracker 获取任务执行进度，各个任务会创建一个进度汇报线程 Reporter，只要任务处理一条新数据，该线程将通过 RPC 告知 TaskTracker，并由 TaskTracker 通过心跳进一步告诉 JobTracker。

一、IFile 存储格式

IFile 存储格式是一种支持行压缩的存储格式。通常而言，Map Task 中间输出结果和 Reduce Task 远程拷贝结果被存放在 IFile 格式的磁盘文件或者内存文件中。

为了尽可能减少 Map Task 写入磁盘数据量和跨网络传输数据量，IFile 支持按行压缩数据记录。当前，Hadoop 提供了 zlib（默认压缩方式）、bzip2 等压缩算法。如果用户想启用数据压缩功能，则须为作业添加以下两个配置选项。

第一，mapred.compress.map.output 用子设置是否支持中间输出结果压缩，默认为 false。

第二，mapred.map.output.compression.codec 用子设置压缩器（默认是基于 zlib 算法的压缩器 DefaultCodec）。任何一个压缩器需要实现 CompressionCodec 接口以提供压缩输出流和解压缩输入流。

一旦启用了压缩机制，Hadoop 会为每条记录的 key 和 value 值进行压缩。

IFile 定义的文件格式非常简单，整个文件顺次保存数据记录，每条数据记录的格式如下：

<key-len, value-len, key, value>

由于 Map Task 会按照 key 值对输出数据进行排序，所以 IFile 通常保存的是有序数据集。

IFile 文件读写操作由类 IFile 实现，该类中包含两个重要内部类，即 Writer 和 Reader，分别用于 Map Task 生成 IFile 和 Reduce Task 读取一个 IFile（对于内存中的数据读取，则使用 InMemoryReader）。

此外，为了保证数据一致性，Hadoop 分别为 Writer 和 Reader 提供了 IFileOutputStream 和 IFileInputStream 两个支持 CRC32 校验的类。

二、排序

排序是 MapReduce 框架中最重要的操作之一。Map Task 和 Reduce Task 均会对数据（按照 key）进行排序。该操作属于 Hadoop 的默认行为。任何应用程序中的数据均会被排序，而不管逻辑上是否需要。

对于 Map Task 而言，它会将处理的结果暂时放到一个缓冲区中，当缓冲区使用率达到一定阈值后，再对缓冲区中的数据进行一次排序，并将这些有序数据以 IFile 的文件形式写到磁盘上，当数据处理完毕后，它会对磁盘上所有文件进行一次合并，以将这些文件合并成一个大的有序文件。

对于 Reduce Task 而言，它从每个 Map Task 上远程复制相应的数据文件，如果文件大小超过一定阈值，则放到磁盘上，否则放到内存中。如果磁盘上文件数目达到一定阈值，则进行一次合并以生成一个更大的文件；如果内存中文件大小或者数目超过一定阈值，则进行一次合并后将数据写到磁盘上。当所有数据复制完毕后，Reduce Task 统一对内存和磁盘上的所有数据进行一次合并。

在 Map Task 和 Reduce Task 运行的过程中，缓冲区数据排序使用了 Hadoop 算法，而 IFile 文件合并则使用了基于堆实现的优先队列。

（一）快速排序

快速排序是应用最广泛的排序算法之一。它的基本思想是选择序列中的一个元素作为枢轴，将小于枢轴的元素放在左边，将大于枢轴的元素放在右边，针对左右两个子序列重复此过程，直到序列为空或者只剩下一个元素。

一些参考书中，给出了一个教科书式的快速排序实现算法，它的实现方法是选择序列的最后一个元素作为枢轴，并使用一个索引由前往后遍历整个序列，将小于枢轴的元素交换到左边，将大于枢轴的元素交换到右边，直到序列为空或者只剩下一个元素。

Hadoop 实现的快速排序算法在以上快速排序算法之上进行了以下优化。

1. 枢轴选择

枢轴的选择直接影响快速排序的性能，最坏的情况是划分过程中始终产生两个极端不对称的子序列（有一个长度为 1，另一个为 $n-1$），此时排序算法复杂度将增为（N^2）。减小出现划分严重不对称的可能性，Hadoop 将序列的首尾和中间元素中的中位数作为枢轴。

2. 子序列划分方法

Hadoop 使用了两个索引 i 和 j 分别从左右两端扫描序列，并让索引 i 扫描到大于等于枢轴的元素停止，索引 j 扫描到小于等于枢轴的元素停止，然后交换两个元素，重复这个过程直到两个索引相遇。

3. 对相同元素的优化

当每次划分子序列时，将与枢轴相同的元素集中存放到中间位置，让它们不再参与后续的递归处理，即将序列划分成三部分：小于枢轴、等于枢轴和大于枢轴。

4. 减少递归次数

当子序列中元素数目小于 13 时，直接使用插入排序算法，不再继续递归。

（二）优先队列

文件归并由类 Merger 完成，它要求待排序对象是 Segment 的实例化对象。Segment 是对磁盘和内存中的 IFile 格式文件的抽象。它具有类似迭代器的功能，可迭代读取 IFile 文件中的 key/value。

Merger 采用了多轮递归合并的方式，每轮选取最小的前 io.sort.factor（默认是

10，用户可配置）个文件进行合并，并将产生的文件重新加入待合并列表中，直到剩下的文件数目小于 io.sort.factor，此时它会返回指向由这些文件组成的小顶堆的迭代器。

在每一轮合并过程中，Merger 采用了小顶堆实现，进而可将文件合并过程看作一个不断建堆的过程：建堆→取堆顶元素→重新建堆→取堆顶元素。

三、Reporter

所有 Task 需要周期性地向 TaskTracker 汇报最新进度和计数器值，这正是由 Reporter 组件实现的。在 Map/Reduce Task 中，TaskReporter 类实现了 Reporter 接口，并且以线程形式启动。TaskReporter 汇报的信息中包含两部分：任务执行进度和任务计数器。

（一）任务执行进度

任务执行进度信息被封装到类 Progress 中，且每个 Progress 实例以树的形式存在。Hadoop 采用了简单的线性模型计算每个阶段的进度值：如果一个大阶段可被分解成若干个子阶段，则可将大阶段看作一棵树的父节点，可将子阶段看作父节点对应的子节点，且大阶段的进度值可被均摊到各个子阶段中；如果一个阶段不可再分解，则该阶段进度值可表示成已读取数据量占总数据量的比例。

对于 Map Task 而言，它作为一个大阶段不可再分解，为了简便起见，我们直接将已读取的数据量占总数据量的比例作为任务当前执行进度值。

对于 Reduce Task 而言，我们可将其分解成三个阶段：Shuffle、Sort 和 Reduce，每个阶段占任务总进度的 1/3。考虑到在 Shuffle 阶段，Reduce Task 需要从 M（M 为 Map Task 数目）个 Map Task 上读取一片数据，因此可被分解成 M 个阶段，每个阶段占 Shuffle 进度的 $1/M$。

对于 TaskReporter 线程而言，它并不会总是每隔一段时间汇报一次进度和计数器值，而是仅当发现以下两种情况之一时才会汇报。

第一，任务执行进度发生变化。

第二，任务的某个计数器值发生变化。

在某个时间间隔内，如果任务执行进度和计数器值均未发生变化，则 Task 只会简单地通过调用 RPC 函数 ping 探测 TaskTracker 是否活着。在一定时间内，如果某个任务的执行进度和计数器值均未发生变化，则 TaskTracker 认为它处于悬挂状态，直接将其杀掉。为了防止某条记录因处理时间过长而导致被杀，用户可采用以下两种方法。

第一，每隔一段时间调用一次 TaskReporter.progress() 函数，以告诉 TaskTracker 自己仍然活着。

第二，增大任务超时参数（默认是 10 min）对应的值。

（二）任务计数器

任务计数器（Counter）是由 Hadoop 提供的，用于实现跟踪任务运行进度的全局计数功能。用户可在自己的应用程序中添加计数器。任务计数器由两部分组成，即 <name，value>，其中 name 表示计数器名称，value 表示计数器值（long 类型）。计数器通常以组为单位进行管理，一个计数器属于一个计数器组（CounterGroup）。此外，Hadoop 规定一个作业最多可包含 120 个计数器（可通过参数 mapreduce. job.counters.limit 设定），50 个计数器组。

对于同一个任务而言，所有子任务包含的计数器相同，每个子任务更新自己的计数器值，然后汇报给 TaskTracker，并由 TaskTracker 通过心跳汇报给 JobTracker，最后由 JobTracker 以作业为单位对所有计数器值进行累加。作业计数器分为两类：MapReduce 内置计数器和用户自定义计数器。

1. MapReduce 内置计数器

MapReduce 框架内部为每个任务添加了三个计数器组，分别位于 File Input Format Counters，File Output Format Counters 和 MapReduce Framework 中。

2. 用户自定义计数器

不同的编程接口，定义计数器的方式不同。下面简要介绍 Java、Hadoop Pipes 和 Hadoop Streaming 中定义计数器的方法。

Hadoop 为 Java 应用程序提供了两种访问和使用计数器的方式：使用枚举类型和字符串类型。如果采用枚举类型，则计数器默认名称是枚举类型的 Java 完全限定类名，这使计数器名称的可读性很差，为此 Hadoop 提供了基于资源捆绑修改计数器显示名称的方法：以 Java 枚举类型为名称创建一个属性文件。在该属性文件中，CounterGroupName 属性用于设定整个组的显示名称，而枚举类型中每个字段均有一个属性与之对应，属性名称为字段类型 .name，属性值即为该计数器的显示名称。例如，类 Task 中定义了大量表示计数器的枚举类型，这些计数器的显示名称被统一放到同目录下的属性文件 TaskCounter.properties 中，内容如下：

CounterGroupName=Map-Reduce Framework

MAP_INPUT_RECORDS.name=Map input records

MAP_INPUT_BYTES.name= Map input bytes

MAP_OUTPUT_RECORDS.name=Map output records

MAP_OUTPUT_BYTES.name= Map output bytes

…

如果采用字符串类型，用户可以直接在计数器 API 中指定计数器组、计数器名称和计数器值。基于枚举类型和字符串类型的计数器 API 如下所示：

public abstract void incrCounter(Enum<?> key, long amount);

public abstract void incrCounter(String group, String counter, long amount);

Hadoop Pipes 提供了一套基于字符串类型的计数器 API。通常使用一个计数器须分成三步，分别是定义、注册和使用，举例如下：

HadoopPipes::TaskContext::Counter* mapCounter;// 定义

mapCounter = context. getCounter ("co\interGroup" , "mapCounter") ;// 注册

context.incrementCounter(mapCounter,1) ; // 使用

前面提到，Hadoop Streaming 基于标准输入输出机制可支持多种语言编写MapReduce 程序，标准输入输出流包含三种：标准输入流、标准输出流和标准错误输出流。其中，前两种主要用于输入输出数据，第三种用于向 Java 端传递任务运行状态，包括计数器值、任务状态等。如果用户发送计数器值，则可使用标准错误输出流输出以下字符串。

reporter : counter : <group>,<counter>,<amount>

例如，使用 C 语言可使用以下程序段增加计数器值。

cerr <"reporter : counter : counterGroup, mapCounter,1">

第三节　Map Task 内部实现

前面提到，Map Task 分为四种，分别是 Job-setup Task、Job-cleanup Task、Task- cleanup Task 和 Map Task。其中，Job-setup Task 和 Job-cleanup Task 分别是作业运行时启动的第一个任务和最后一个任务，主要工作分别是进行一些作业初始化和收尾工作，如创建和删除作业临时输出目录；Task-cleanup Task 是任务失败或者被杀死后，用于清理已写入临时目录中数据的任务。下面主要讲解第四种任务——普通的 Map Task。它需要处理数据，并将计算结果存到本地磁盘上。

一、Map Task 整体流程

Map Task 共分为以下五个阶段。

第一，Read 阶段：Map Task 通过用户编写的 RecordReader，从输入的 InputSplit 中解析出一个 key/value。

第二，Map 阶段：主要将解析出的 key/value 交给用户编写的 map() 函数处理，并产生一系列新的 key/value。

第三，Collect 阶段：在用户编写的 map() 函数中，当数据处理完成后，一般会调用 OutputCollector.collect() 输出结果。在该函数内部，它会将生成的 key/value 分片（通过调用 Partitioner），并写入一个环形内存缓冲区中。

第四，Spill 阶段：溢写，当环形缓冲区满后，MapReduce 会将数据写到本地磁盘上，生成一个临时文件。需要注意的是，将数据写入本地磁盘之前，先要对数据进行一次本地排序，并在必要时对数据进行合并、压缩等操作。

第五，Combine 阶段：当所有数据处理完成后，Map Task 对所有临时文件进行一次合并，以确保最终只会生成一个数据文件。

MapReduce 框架提供了两套 API，默认情况下采用旧 API，用户可通过设置参数 mapred.mapper.new-api 为 true 启用新 API。新 API 在封装性和扩展性等方面优于旧 API，但在性能上并没有改进。

在 Map Task 中，最重要的部分是输出结果在内存和磁盘中的组织方式，具体包括 Collect、Spill 和 Combine 三个阶段，也就是用户调用 OutputCollectorCollect() 函数之后依次经历的几个阶段。下面深入分析这几个阶段。

二、Collect 过程分析

待 map() 函数处理完一对 key/value，并产生新的 key/value 后，会调用 OutputCollector. Collect() 函数输出结果。

跟踪进入 Map Task 的入口函数 run()，可发现，如果用户选用旧 API，则会调用 runOldMapper 函数。该函数根据实际的配置创建合适的 MapRunnable 以迭代调用用户编写的 map() 函数，而 map() 函数的参数 OutputCollector 正是 MapRunnable 传入的 OldOutputCollector 对象。

OldOutputCollector 根据作业是否包含 Reduce Task 封装了不同的 MapOutput-Collector 实现，如果 Reduce Task 数目为 0，则封装 DirectMapOutputCollector 对象直接将结果写入 HDFS 中作为最终结果，否则封装 MapOutputBuffer 对象暂时将结果写入本地磁盘上以供 Reduce Task 进一步处理。下面主要分析 Reduce Task 数目非 0 的情况。

用户在 map() 函数中调用 OldOutputCollector.collect(key, value) 后，在该函数

内部，首先会调用 Partitioner. getPartition() 函数，获取记录的分区号 partition，然后将三元组 <key, value, partition> 传递给 MapOutputBuffer.collect() 函数做进一步处理。

MapOutputBuffer 内部使用了一个缓冲区暂时存储用户的输出数据，当缓冲区使用率达到一定阈值后，再将缓冲区中的数据写到磁盘上。数据缓冲区的设计方式直接影响到 Map Task 的写效率，而现有多种数据结构可供选择，最简单的是单向缓冲区，生产者向缓冲区中单向写入输出，当缓冲区写满后，一次性写到磁盘上，就这样，不断写入缓冲区，直到所有数据写到磁盘上。单向缓冲区最大的问题是性能不高，不能支持同时读写数据。双缓冲区对单向缓冲区进行了改进，它使用两个缓冲区，其中一个用于写入数据，另一个将写满的数据写到磁盘上，这样，两个缓冲区交替读写，进而提高效率。实际上，双缓冲区只能在一定程度上让读写并行，仍会存在读写等待问题。一种更好的缓冲区设计方式是采用环形缓冲区，即当缓冲区使用率达到一定阈值后，便开始向磁盘上写入数据，同时生产者仍可以向不断增加的剩余空间中循环写入数据，进而达到真正的读写并行。

MapOutputBuffer 正是采用了环形内存缓冲区保存数据，当缓冲区使用率达到一定阈值后，由线程 SpillThread 将数据写到一个临时文件中，当所有数据处理完毕后，对所有临时文件进行一次合并以生成一个最终文件。环形缓冲区使 Map Task 的 Collect 阶段和 Spill 阶段可并行进行。

MapOutputBuffer 内部采用了两级索引结构，包含三个环形内存缓冲区，分别是 kvoffsets、kvindices 和 kvbuffer，这三个缓冲区所占内存空间总大小为 io.sort. mb（默认是 100 MB）。下面分别介绍这三个缓冲区。

（1）kvoffsets 即偏移量索引数组，用于保存 key/value 信息在位置索引 kvmdices 中的偏移量。考虑到一对 key/value 需占用数组 kvoffsets 的 1 个 int（整型）大小，数组 kvindices 的 3 个 int 大小（分别保存所在 partition 号、key 开始位置和 value 开始位置），所以 Hadoop 按比例 1∶3 将大小为 ${io.sort.record. percent}*${io.sort.mb} 的内存空间分配给数组 kvoffsets 和 kvindices，其间涉及的缓冲区分配方式的计算过程如下：

private static final int ACCTSIZE = 3;　　　　// 每对 key/value 占用 kvindices 中的三项

private static final int RECSIZE = (ACCTSIZE + 1)　* 4; // 每对 key/value 共占用 kvoffsets 和 kvindices 中的 4 个字节（4*4 = 16 byte）

final float recper = job. getFloat (" io. sort. record. percent" , (float) 0.05);

final int sortmb = job. get Int ("io. sort .mb" , 100);

int tnaxMemUsage = sortmb << 20;// 将内存单位转化为字节

int recordCapacity = (int)(maxMemUsage * recper);

recordCapacity −= recordCapacity % RECSIZE;// 保证 recordCapacity 是 4*4 的
整数倍

recordCapacity /= RECSIZE;// 计算内存中最多保存的 key/value 数目

kvoffsets = new int [recordCapacity] ;//kvoffsets 占用 1 ：3 中的 1

kvindices = new int [recordCapacity * ACCTSIZE] ; // kvindices 占用 1 ：3 中
的 3

当该数组使用率超过 io.sort.spill.percent 后，便会触发线程 SpillThread，将数
据写入磁盘。

（2）kvindices 即位置索引数组，用于保存 key/value 值在数据缓冲区 kvbuffer
中的起始位置。

（3）kvbuffer 即数据缓冲区，用于保存实际的 key/value 值，默认情况下最多
可使用 io.sort. mb 中的 95%，当该缓冲区使用率超过 io.sort.spill.percent 后，便会
触发线程 SpillThread，将数据写入磁盘。

以上几个缓冲区的读写采用了典型的单生产者消费者模型，其中 MapOut-
putBuffer 的 collect 方法和 MapOutputBuffer.Buffer 的 write 方法是生产者，spill-
Thread 线程是消费者，它们之间的同步是通过可重入的互斥锁 spillLock 和 spill-
Lock 上的两个条件变量（spillDone 和 spillReady）完成的。生产者主要的伪代码
如下：

// 取得下一个可写入的位置

spillLock.lock();

if (缓冲区使用率达到阈值）{

　// 唤醒 SpillThread 线程，将缓冲区数据

　写入磁盘 spillReady.signal();

}

if (缓冲区满）{

　// 等待 SpillThread 线程结束

　spillDone.wait();

}

spillLock.lock();

// 将数据写入缓冲区

下面分别介绍环形缓冲区 kvoffsets 和 kvbuffer 的数据写入过程。

（1）环形缓冲区 kvoffsets：通常用一个线性缓冲区模拟实现环形缓冲区，并通过取模操作实现循环数据存储。下面介绍环形缓冲区 kvoffsets 的写数据过程。

该过程由指针 kvstart/kvend/kvindex 控制，其中 kvstart 表示存有数据的内存段初始位置，kvindex 表示未存储数据的内存段初始位置，在正常写入情况下，kvend=kvstart，一旦满足溢写条件，则 kvend=kvindex，此时指针区间 [kvstart，kvend) 为有效数据区间。具体操作如下。

操作 1：写入缓冲区。

直接将数据写入 kvindex 指针指向的内存空间，同时移动 kvindex 指向下一个可写入的内存空间首地址，kvindex 移动公式为 kvindex=(kvindex+1)%kvoffsets. length。由于 kvoffsets 为环形缓冲区，所以可能涉及两种写入情况。

第一种情况是当 kvindex > kvend 时，指针 kvindex 位于指针 kvend 后面，如果向缓冲区中写入一个字符串，则 kvindex 指针后移一位。

第二种情况是当 kvindex <= kvend 时，指针 kvindex 位于指针 kvend 前面，如果向缓冲区中写入一个字符串，则 kvindex 指针后移一位。

操作 2：溢写到磁盘。

当 kvoffsets 内存空间使用率超过 io.sort.spill.percent（默认是 80%）后，需要将内存中数据写到磁盘上。为了判断是否满足该条件，须先求出 kvoffsets 已使用的内存。如果 kvindex>kvend，则已使用内存大小为 kvindex-kvend；否则，已使用内存大小为 kvoffsets. length-(kvend-kvindex)。

（2）环形缓冲区 kvbuffer：环形缓冲区 kvbuffer 的读写操作过程由指针 bufstart/bufend/bufvoid/bufindex/bufmark 控制，其中 bufstart/bufend/bufindex 的含义与 kvstart/kvend/kvindex 相同，而 bufvoid 指向 kvbuffer 中有效内存直至结束，kvbuffer 表示最后写入的一个完整 key/value 结束位置，具体写入过程如下所示。

步骤 1：初始状态。

在初始状态下，bufstart=bufend=bufindex=bufmark=0，bufvoid=kvbuffer. length。

步骤 2：写入一个 key。

步骤 3：写入一个 value。

写入 key 对应的 value 后，除移动 bufindex 指针外，还要移动 bufmark 指针，表示已经写入一个完整的 key/value。写入一个 key 后，需要移动 bufindex 指针到可写入内存的初始位置。

步骤 4：不断写入 key/value，直到满足溢写条件，即 kvoffsets 或者 kvbuffer 空间使用率超过 io.sort.spilL.percent（默认值为 80%）。此时需要将数据写到磁盘上。

步骤 5：溢写。

如果达到溢写条件，则令 bufend=bufindex，并将缓冲区 (bufstart，bufend) 之间的数据写到磁盘上。

溢写完成之后，恢复正常写入状态，令 bufstart=bufend。

在溢写的同时，Map Task 仍可向 kvbuffer 写入数据。

步骤 6：写入 key 时，发生跨界现象。

当写入某个 key 时，缓冲区尾部剩余空间不足以容纳整个 key 值，此时需要将 key 值分开存储，其中一部分存到缓冲区末尾，另外一部分存到缓冲区首部。

步骤 7：调整 key 位置，防止 key 出现跨界现象。

由于 key 是排序的关键字，通常须交给 RawComparator 进行排序，而它要求排序关键字必须在内存中连续存储，因此不允许 key 跨界存储。为解决该问题，Hadoop 将跨界的 key 值重新存储到缓冲区的首位置，通常可分为以下两种情况。

第一种情况是当 bufIndex+(bufvoid − bufmark)<bufstart 时，缓冲区前半段有足够的空间容纳整个 key 值，因此可通过两次内存复制解决跨行问题，具体如下所示：

int headbytelen = bufvoid − bufmark;

System.arraycopy(kvbuffer, 0, kvbuffer, headbytelen, bufindex);

System.arraycopy(kvbuffer, bufvoid, kvbuffer, 0, headbytelen);

第二种情况是当 bufIndex+(bufvoid − bufmark)>=bufstart 时，缓冲区前半段没有足够的空间容纳整个 key 值，将 key 值移到缓冲区开始位置时将触发一次 Spill 操作。在这种情况下，可通过三次内存复制解决跨行问题，如下所示：

byte [] keytmp = new byte [bufindex] ;// 申请一个临时缓冲区

System. arraycopy (kvbuffer, 0, keytmp, 0, bufindex);

bufindex = 0 ;

out.write (kvbuffer, bufmark, headbytelen) ;// 将 key 值写入缓冲区开始位置

out.write (keytmp);

步骤 8：某个 key 或者 value 太大，以至于整个缓冲区不能容纳它。

如果一条记录的 key 或 value 太大，整个缓冲区都不能容纳它，则 Map Task 会抛出 MapBufferTooSmallException 异常，并将该记录单独输出到一个文件中。

（3）环形缓冲区优化：在 Hadoop 1.X 版本中，当满足以下两个条件之一时，Map Task 会发生溢写现象。

条件 1：缓冲区 kvindices 或者 kvbuffer 的空间使用率达到 io.sort.spill.percent（默认值为 80%）。

条件 2：出现一条 kvbuffer 无法容纳的超大记录。

前面提到，Map Task 将可用的缓冲区空间 io.sort.mb 按照一定比例（由参数 io.sort.record.percent 决定）静态分配给了 kvoffsets、kvindices 和 kvbuffer 三个缓冲区。正如条件 1 所述，只要任何一个缓冲区的使用率达到一定比例，就会发生溢写现象，即使另外的缓冲区使用率非常低。因此，设置合理的 io.sort.record.percent 参数，对于充分利用缓冲区空间和减少溢写次数是十分必要的。考虑到每条数据（一个 key/value 对）需占用 16 B 索引大小，因此建议用户采用以下公式设置：

$$\text{io.sort.record.percent:io.sort.record.percent}=16/(16+R)$$

其中，R 为每条记录的平均长度。

【实例】假设一个作业的 Map Task 输入数据量和输出数据量相同，每个 Map Task 输入数据量大小为 128 MB，且共有 1 342 177 条记录，每条记录大小约为 100 B，则需要索引大小为 16*1 342 177=20.9 MB。根据这些信息，可设置如下参数：

第一，io.sort.mb 设置为 128 MB + 20.9 MB–148.9 MB。

第二，io.sort.record.percent 设置为 16/(16+100)=0.138。

第三，io.sort.spill .percent 设置为 1.0。

这样配置可保证数据只落一次地，效率最高。当然，实际使用时可能很难达到这种情况，如每个 Map Task 输出数据量非常大，缓冲区难以全部容纳它们，但用户至少可以设置合理的 io.sort.record.percent 以更充分地利用 io.sort.mb，并尽可能减少中间文件数目。

尽管用户可通过该经验公式设置一个较优的 io.sort.record.percent 参数，但是在实际应用中，估算一个非常合理的 R 值仍是较麻烦的。为了从根本上解决这个问题，Hadoop 0.21 采用共享环形缓冲区对 Map Task 输出数据的组织方式进行了优化，这样用户无须再为自己的作业设置 io.sort.record.percent 参数。优化过程如下：

第一，不再将索引和记录分放到不同的环形缓冲区中，而是让它们共用一个环形缓冲区。

第二，引入一个新的指针 equator。该指针界定了索引和数据的共同起始存放位置。从该位置开始，索引和数据分别沿相反的方向增长内存使用空间。

通过让索引和记录共享一个环形缓冲区，可舍弃 io.sort.record.percent 参数。这样，不仅解决了用户设置参数的苦恼，也使 Map Task 能最大限度地利用 io.sort.mb 空间，进而减少磁盘溢写次数，提高效率。

三、Spill 过程分析

Spill 过程由 SpillThread 线程完成。SpillThread 线程实际上是缓冲区 kvbuffer 的消费者，其主要代码如下：

spillLock.lock(); while (true) {

spillDone.signal();

while (kvstart == kvend) {

spillReady.await();

}

spillLock.unlock();

sortAndSpill() ;// 排序，然后将缓冲区 kvbuffer 中的数据写到磁盘上

spillLock.lock();

// 重置各个指针，以便为下一次溢写做准备

if (bufend < bufindex && bufindex < bufstart) {

bufvoid = kvbuffer.length;

}

vstart = kvend;

bufstart = bufend;

}

spillLock.unlock();

线程 SpillThread 调用函数 sortAndSpill() 将缓冲区 kvbuffer 中区间 (bufstart, bufend) 内的数据写到磁盘上。函数 sortAndSpill() 工作流程如下。

步骤 1：利用快速排序算法对缓冲区 kvbuffer 中区间 [bufstart，bufend) 内的数据进行排序，排序方式是先按照分区编号 partition 进行排序，然后按照 key 进行排序。经过排序后，数据以分区为单位聚集在一起，且同一分区内所有数据按照 key 有序排序。

步骤 2：按照分区编号由小到大依次将每个分区中的数据写入任务工作目录下的临时文件 output/spill*N*.out（*N* 表示当前溢写次数）中。如果用户设置了

Combiner，则写入文件之前，对每个分区中的数据进行一次聚集操作。

步骤 3：将分区数据的元信息写到内存索引数据结构 SpillRecord 中，其中每个分区的元信息包括在临时文件中的偏移量、压缩前数据大小和压缩后数据大小。如果当前内存中索引大小超过 1 MB，则将内存索引写到文件 output/spill$N$.out.index 中。

四、Combine 过程分析

当所有数据处理完后，Map Task 会将所有临时文件合并成一个大文件，并保存到文件 output/file.out 中，同时生成相应的索引文件 output/file.out.index。

在进行文件合并过程中，Map Task 以分区为单位进行合并。对于某个分区，它将采用多轮递归合并的方式，即每轮合并 io.sort.factor（默认为 100）个文件，并将产生的文件重新加入待合并列表中，将文件排序后，重复以上过程，直到最终得到一个大文件。

让每个 Map Task 最终只生成一个数据文件，可避免同时打开大量文件和同时读取大量小文件所产生的开销。

第四节　Reduce Task 内部实现

与 Map Task 一样，Reduce Task 也分为四种，即 Job–setup Task、Job–cleanup Task、Task–cleanup Task 和 Reduce Task。下面重点介绍第四种普通 Reduce Task。

Reduce Task 要从各个 Map Task 上读取一片数据，经排序后，以组为单位交给用户编写的 reduce() 函数处理，并将结果写到 HDFS 上。下面深入剖析 Reduce Task 内部各个阶段的实现原理。

一、Reduce Task 整体流程

Reduce Task 的整体计算共分为五个阶段。

第一，Shuffle 阶段：也称为 Copy 阶段。Reduce Task 从各个 Map Task 上远程复制一片数据，如果其大小超过一定阈值，则写到磁盘上，否则直接放到内存中。

第二，Merge 阶段：在远程复制数据的同时，Reduce Task 启动了两个后台线程对内存和磁盘上的文件进行合并，以防止内存使用过多或磁盘上文件过多。

第三，Sort 阶段：按照 MapReduce 语义，用户编写的 reduce() 函数的输入数

据是按 key 进行聚集的一组数据。为了将 key 相同的数据聚在一起，Hadoop 采用了基于排序的策略。由于各个 Map Task 已经对自己的处理结果进行了局部排序，所以 Reduce Task 只需对所有数据进行一次归并排序即可。

第四，Reduce 阶段：在该阶段中，Reduce Task 将每组数据依次交给用户编写的 reduce() 函处理。

第五，Write 阶段：reduce() 将计算结果写到 HDFS 上。

接下来我们详细介绍 Shuffle、Merge、Sort 和 Reduce 这四个阶段。

二、Shuffle 和 Merge 阶段分析

在 Reduce Task 中，Shuffle 阶段和 Merge 阶段是并行进行的。当远程拷贝数据量达到一定阈值后，便会触发相应的合并线程对数据进行合并。这两个阶段均是由类 ReduceCopier 实现的，该类大约包含 2 200 行代码。

Shuffle 和 Merge 的子阶段如下：

（一）准备运行完成的 Map Task 列表

TaskTracker 启动了 MapEventsFetcherThread 线程。该线程会周期性（周期为心跳时间间隔）地通过 RPC 从 Job Tracker 上获取已经运行完成的 Map Task 列表，并保存到 TaskCompletionEvent 类型列表 allMapEvents 中。

而对 Reduce Task 而言，它会启动 GetMapEventsThread 线程。该线程周期性地通过 RPC 从 TaskTracker 上获取已运行完成的 Map Task 列表，并将成功运行完成的 Map Task 放到列表 mapLocations 中。

为了避免出现数据访问热点（大量进程集中读取某个 TaskTracker 上的数据），Reduce Task 不会直接将列表 mapLocations 中的 Map Task 输出数据位置交给 MapOutputCopier 线程，而是事先进行一次预处理：将所有 TaskTrackerHost 进行混洗操作（随机打乱顺序），然后保存到 scheduledCopies 列表中，而 MapOutputCopier 线程将从该列表中获取待复制的 Map Task 输出数据位置。需要注意的是，对于一个 TaskTracker 而言，曾复制失败的 Map Task 将优先获得复制机会。

（二）远程复制数据

Reduce Task 同时启动 mapred.reduce.parallel.copies（默认是 5）个数据复制线程 MapOutputCopier。该线程从 scheduledCopies 列表中获取 Map Task 数据输出描述对象，并利用 HTTP Get 从对应的 TaskTracker 上远程复制数据，如果数据分片大小超过一定阈值，则将数据临时写到工作目录下，否则直接保存到内存

中。不管是保存到内存中还是磁盘上，MapOutputCopier 均会保存一个 MapOutput 对象，用于描述数据的元信息。如果数据被保存到内存中，则将该对象添加到列表 mapOutputsFilesInMemory 中，否则将该对象保存到列表 mapOutputFilesOnDisk 中。

在 Reduce Task 中，大部分内存用于缓存从 Map Task 端复制的数据分片，这些内存占到 JVM Max Heap Size（由参数 –Xmx 指定）的 mapred.job.shuffle.input.buffer.percent（默认是 0.70），由类 ShuffleRamManager 管理。Reduce Task 规定，如果一个数据分片大小未超过该内存的 0.25 倍，则可存放到内存中。如果 MapOutputCopier 的数据分片可存放到内存中，则它先要向 ShuffleRamManager 申请相应的内存，待同意后才会正式复制数据，否则需要等待内存释放。

由于远程复制数据可能需要跨网络读取多个节点上的数据，期间很容易由于网络或者磁盘等原因造成读取失败，因此提供良好的容错机制是非常有必要的。当出现复制错误时，Reduce Task 提供了以下几个容错机制。

第一，如果复制数据出错次数超过 abortFailureLimit，则杀死该 Reduce Task（等待调度器重新调度执行），其中 abortFailureLimit 计算方法如下：

$$abortFailureLimit=max \{30, numMaps/10\}$$

如果复制数据出错次数超过 maxFetchFailuresBeforeReporting（可通过参数 mapreduce. reduce. shuffle.maxfetchfailures 设置，默认是 10），则进行一些必要的检查，以决定是否杀死该 Reduce Task。

第二，如果前两个条件均不满足，则采用对数回归模型推迟一段时间后重新复制对应 Map Task 的输出数据，其中延迟时间 delayTime 的计算方法如下：

$$delayTime=10\ 000 \times 1.3noFailedFetches$$

其中，noFailedFetches 为拷贝错误次数。

（三）合并内存文件和磁盘文件

前面提到，Reduce Task 从 Map Task 端复制的数据可能保存到内存或者磁盘上。随着复制数据的增多，内存或者磁盘上的文件数目也必将增加，为了减少文件数目，在数据复制过程中，线程 LocalFSMerger 和 InMemFSMergeThread 将分别对内存和磁盘上的文件进行合并。

对于磁盘上的文件，当文件数目超过 2*ioSortFactor–l（ioSortFactor 值由参数 io.sort.factor 指定，默认是 10）后，线程 LocalFSMerger 会从列表 mapOutputFilesOnDisk 中取出最小的 ioSortFactor 个文件进行合并，并将合并后的文件再次写到磁盘上。

对于内存中的文件，当满足以下几个条件之一时，InMemFSMergeThread 线程会将内存中所有数据合并后写到磁盘上。

第一，所有数据复制完毕后，关闭 ShuffleRamManager。

第二，ShuffleRamManager 中已使用内存超过可用内存的 mapred.job.shuffle. merge.percent（默认是 66%）且内存文件数目超过 2 个。

第三，内存中的文件数目超过 mapred.inmem.merge.threshold（默认是 1 000）。

第四，阻塞在 ShuffleRamManager 上的请求数目超过复制线程数目 mapred. reduce.parallel. copies 的 75%。

三、Sort 和 Reduce 阶段分析

当所有数据复制完成后，数据可能存放在内存中或者磁盘上，此时还不能将数据直接交给用户编写的 reduce() 函数处理。根据 MapReduce 语义，Reduce Task 需要将 key 值相同的数据聚集到一起，并按组将数据交给 reduce() 函数处理。为此，Hadoop 采用了基于排序的数据聚集策略。前面提到，各个 Map Task 已经事先对自己的输出分片进行了局部排序，因此 Reduce Task 只需进行一次归并排序即可保证数据整体有序。为了提高效率，Hadoop 将 Sort 阶段和 Reduce 阶段并行化。在 Sort 阶段，Reduce Task 为内存和磁盘中的文件建立了小顶堆，保存了指向该小顶堆根节点的迭代器，且该迭代器保证了以下约束条件。

第一，磁盘上文件数目小于 io.sortfactor（默认是 10）。

第二，当 Reduce 阶段开始时，内存中数据量小于最大可用内存（JVM Max Heap Size）的 mapred.job.reduce.input.buffer.percent（默认是 0）。

在 Reduce 阶段，Reduce Task 不断地移动迭代器，以将 key 相同的数据顺次交给 reduce() 函数处理。移动迭代器的过程实际上就是不断调整小顶堆的过程，这样 Sort 和 Reduce 便可并行进行。

第五节　Map/Reduce Task 优化

对于任何一个作业，可从应用程序、参数和系统三个角度进行性能优化。前两种须根据应用程序自身特点进行，而系统优化须从 Hadoop 平台设计缺陷出发进行系统级改进。下面重点介绍参数调优和系统优化两种方法。

一、参数调优

由于参数调优与应用程序的特点直接相关，所以本节仅列出了 Map Task 和 Reduce Task 中直接影响任务性能的一些可调整参数（表 8–1 和表 8–2），具体调整为何值须由用户根据作业特点自行决定。

表 8–1　Map Task 可调整参数

参数名称	参数含义	默认值
io.sort.mb	Map Task 缓冲区所占内存大小	100 MB
io.sort.record. percent	缓冲 kvoffsets 和 kvindices 共占 io.sort.mb 的内存比例	0.05
io.sort.spill.percent	缓冲区 kvoffsets 或者 kvoffsets 内存使用率达到该比例后，会触发"溢写"操作，将内存中数据写成一个文件	0.80
mapred.compress. map.output	是否压缩 Map Task 中间输出结果	true
mapred.map.output. compression.codec	如果支持压缩 Map Task 中间结果，则采用什么压缩器	org. apache, hadoop. io.compress.zlib

表 8–2　Reduce Task 可调整参数

参数名称	参数含义	默认值
tasktracker. http .threads	HTTP Server 上的线程数。该 Server 运行在每个 TaskTracker 上，用于处理 Map Task 输出	40
mapred.reduce. parallel.copies	Reduce Task 同时启动的数据复制线程数目	5
mapred.job.shuffle. input.buffer.percent	ShuffleRamManager 管理的内存占 JVM Heap Max Size 的比例	0.70

参数名称	参数含义	默认值
mapred.job.shuffle. merge.percent	当内存使用率超过该值后，会触发一次合并，以将内存中的数据写到磁盘上	0.66
mapred.inmem.merge. threshold	当内存中的文件超过该阈值时，会触发一次合并，以将内存中的数据写到磁盘上	1 000
io.sort.factor	文件合并时，一次合并的文件数目（合并后，将合并后的文件放到磁盘上继续合并，注意每次合并时，选择最小的前 io.sort.factor 进行合并）	10 或 100
mapred.job.reduce. input.buffer.percent	Hadoop 假设用户的 reduce() 函数需要所有的 JVM 内存，因此执行 reduce() 函数前要释放所有内存。如果设置了该值，可将部分文件保存在内存中（不必写到磁盘上）	0

二、系统优化

下面主要讨论 Hadoop 的性能优化方向，但并不涉及对其架构进行大的调整或者改变其应用场景。

在 Apache Hadoop 中，Map/Reduce Task 实现存在诸多不足之处，如强制使用基于排序的聚集策略，Shuffle 机制实现过于低效。因此，下一代 MapReduce 提出了很多优化和改进方案，主要体现在以下几个方面。

（一）避免排序

Hadoop 采用了基于排序的数据聚集策略，而该策略是不可以定制的。也就是说，用户不可以使用其他数据聚集算法（如 Hash 聚集），也不可以跳过该阶段。而在实际应用中，很多应用可能不需要对数据进行排序，如 Hash join，或者基于排序的方法非常低效，如 SQL 中的 limit-k。因此，HDH 版本提出将排序变成可选环节，并带来以下几个方面的改进。

第一，在 Map Collect 阶段，不再需要同时比较 partition 和 key，只需比较 partition，便可使用更快的计数排序（O(lgN)）代替快速排序（O(NlgN)）。

第二，在 Map Combine 阶段，不再需要进行归并排序，只需按照字节合并数据块即可。

第三，去掉排序后，Shuffle 和 Reduce 可同时进行，即 Reduce 阶段可提前运行，

257

这就消除了 Reduce Task 的屏障（所有数据复制完成后才能执行 reduce() 函数）。

（二）Shuffle 阶段内部优化

1. Map 端用 Netty 代替 Jetty

在 Haoop 1.0.0 版本中，TaskTracker 采用了 Jetty 服务器处理来自各个 Reduce Task 的数据读取请求。由于 Jetty 采用了非常简单的网络模型，所以性能比较低。在 Apache Hadoop 2.0.0 版本中，Hadoop 改用 Netty，它是另一种开源的客户 / 服务器端编程框架。由于它内部采用了 Java NIO 技术，比 Jetty 更加高效，稳定性比 Jetty 好，且 Netty 社区更加活跃。

2. Reduce 端——批复制

在 Haoop 1.0.0 版本中，在 Shuffle 过程中，Reduce Task 会为每个数据分片建立一个专门的 HTTP 连接（One-connection-per-map），即使多个分片同时出现在一个 TaskTracker 上，也是如此。为了提高数据复制效率，Apache Hadoop 2.0.0 尝试采用批复制技术，即不再为每个 Map Task 建立一个 HTTP 连接，而是为同一个 TaskTracker 上的多个 Map Task 建立一个 HTTP 连接，进而能够一次读取多个数据分片。

（三）将 Shuffle 阶段从 Reduce Task 中拆分出来

前面提到，对于一个作业而言，当一定比例（默认是 5%）的 Map Task 运行完成后，Reduce Task 才开始被调度，且仅当所有 Map Task 运行完成后，Reduce Task 才可能运行完成。在所有 Map Task 运行完成之前，已经启动的 Reduce Task 将始终处于 Shuffle 阶段，此时它们不断从已经完成的 Map Task 上远程复制中间处理结果。随着时间推移，不断会有新的 Map Task 运行完成，因此 Reduce Task 会一直处于等待—拷贝—等待—拷贝的状态。待所有 Map Task 运行完成后，Reduce Task 才可能将结果全部复制过来，这时候才能够进一步调用用户编写的 reduce() 函数处理数据。从以上 Reduce Task 内部运行流程分析可知，Shuffle 阶段会带来两个问题：slot hoarding 和资源利用率低下。

1. slot hoarding 现象

slot hoarding 是一种资源囤积现象，具体表现为对任意一个 MapReduce 作业而言，在所有 Map Task 运行完成之前，已经启动的 Reduce Task 将一直占用着 slot 不释放。slot hoarding 可能会导致一些作业产生饥饿现象。下面给出一个例子进行说明。

【实例】整个集群中有三个作业，分别是 job1、job2 和 job3。其中，job1 的 Map Task 数目非常多，而其他两个作业的 Map Task 相对较少。在 t0 时刻，job1 和

job2 的 Reduce Task 开始被调度；在 t3 时刻，job2 的所有 Map Task 运行完成，不久之后（t3 时刻），job2 的第一批 Reduce Task 运行完成；在 t4 时刻，job2 的所有 Reduce Task 运行完成；在 t4 时刻，job3 的 Map Task 开始运行并在 t7 时刻运行完成，但由于此时所有 Reduce slot 均被 job1 占用着，所以除非 job1 的所有 Map Task 运行完成，否则 job3 的 Reduce Task 永远不可能得到调度。

2. 资源利用率低下

从资源利用率角度看，为了保证较高的系统资源利用率，所有 Task 都应充分使用一个 slot 所隐含的资源，包括内存、CPU、I/O 等资源。然而，对单个 Reduce Task 而言，在整个运行过程中，它的资源利用率很不均衡。从总体上看，刚开始它主要使用 I/O 资源（Shuffle 阶段），之后主要使用 CPU 资源（Reduce 阶段）。如前所述，t4 时刻之前，所有已经启动的 Reduce Task 处于 Shuffle 阶段，此时主要使用网络 I/O 和磁盘 I/O 资源，而在 t4 时刻之后，所有 Map Task 运行完成，第一批 Reduce Task 逐渐开始进入 Reduce 阶段，此时主要消耗 CPU 资源。由此可见，Reduce Task 运行过程中使用的资源依次以 I/O、CPU 为主，并没有重叠使用这两种资源，这使系统整体资源利用率低下。

经过以上分析可知，I/O 密集型的数据复制（Shuffle 阶段）和 CPU 密集型的数据计算（Reduce 阶段）紧紧耦合在一起是导致"slot hoarding"现象和系统资源利用率低下的主要原因。为了解决该问题，一种可行的解决方案是将 Shuffle 阶段从 Reduce Task 中分离出来，当前主要有以下两种具体的实现方案。

（1）Copy–Compute Splitting

该方案从逻辑上将 Reduce Task 拆分成 Copy Task 和 Compute Task，其中，Copy Task 用于数据复制，而 Compute Task 用于数据计算（调用用户编写的 reduce() 函数处理数据）。当一个 Copy Task 运行完成后，它会触发一个 Compute Task 进行数据计算，同时另外一个 Copy Task 将被启动复制另外的数据，从而实现 I/O 和 CPU 资源重叠使用。

（2）将 Shuffle 阶段变为独立的服务

将 Shuffle 阶段从 Reduce Task 处理逻辑中分离出来变成一个独立的服务，不再让其占用 Reduce slot，这样也可达到 I/O 和 CPU 资源重叠使用的目的。百度曾采用了这一方案。

（四）用 C++ 改写 Map/Reduce Task

利用 C++ 实现 Map/Reduce Task 可借助 C++ 语言独特的优势提高输出性能。当前比较典型的实现是 NativeTask。NativeTask 是一个 C++ 实现的高性能

MapReduce 执行单元，它专注于数据处理本身。在 MapReduce 的环境下，它仅替换 Task 模块功能。也就是说，NativeTask 并不关心资源管理、作业调度和容错等，这些功能仍旧由原有的 Hadoop 相应模块完成，而实际的数据处理则改由这个高性能处理引擎完成。

与 Hadoop MapReduce 相比，NativeTask 获得了不错的性能提升，主要包括更好的排序实现、关键路径避免序列化、避免复杂抽象、更好的压缩方式等。

第九章 Hadoop 性能调优

我们深入介绍了 Hadoop MapReduce 内部实现原理，包括 JobTracker、TaskTracker、Task 等组件的实现细节。基于对这些组件的深入理解，用户可以很容易通过调整一些关键参数提高作业运行效率。本章分别从 Hadoop 管理员和用户角度介绍如何对 Hadoop 进行性能调优以满足各自的需求。

第一节 从管理员角度进行调优

管理员负责为用户作业提供一个高效的运行环境。管理员需要从全局出发，通过调整一些关键参数值提高系统的吞吐率和性能。从总体上看，管理员需要从硬件选择、操作系统参数调优、JVM 参数调优和 Hadoop 参数调优四个方面入手，为 Hadoop 用户提供一个高效的作业运行环境。本节对操作系统参数调优 Hadoop 参数调优做详细介绍。

一、操作系统参数调优

Hadoop 自身架构的基本特点决定了其硬件配置的选型。Hadoop 采用了 Master/Slave 架构，其中 Master（JobTracker 或者 NameNode）维护了全局元数据信息，重要性远远大于 Slave（TaskTracker 或者 DataNode）。在较低 Hadoop 版本中，Master 均存在单点故障问题，因此 Master 的配置应远远好于各个 Slave，具体可参考 Eric Sammer 的 *Hadoop Operations* 一书。

由于 Hadoop 自身的一些特点，它只适合用于将 Linux 作为操作系统的生产环境。在实际应用场景中，管理员适当对 Linux 内核参数进行调优，可在一定程度上提高作业的运行效率，比较有用的调整选项如下：

（一）增大同时打开的文件描述符和网络连接上限

在 Hadoop 集群中，涉及的作业和任务数目非常多，对于某个节点，由于操作系统内核对文件描述符和网络连接数目等方面的限制，大量的文件读写操作和网络连接可能导致作业运行失败。因此，管理员在启动 Hadoop 集群时，应使用 ulimit 命令将允许同时打开的文件描述符数目上限增大至一个合适的值，同时调整内核参数 net.core.somaxcoxm 至一个足够大的值。

此外，Hadoop RPC 采用了 epoll 作为高并发库，如果使用的 Linux 内核版本在 2.6.28 以上，需要适当调整 epoll 的文件描述符数目的上限。

（二）关闭 Swap 分区

在 Linux 中，如果一个进程的内存空间不足，那么它会将内存中的部分数据暂时写到磁盘上，当需要时再将磁盘上的数据动态置换到内存中，通常而言，这种行为会大大降低进程的执行效率。在 MapReduce 分布式计算环境中，用户完全可以通过控制每个作业处理的数据量和每个任务运行过程中用到的各种缓冲区大小，避免使用 Swap 分区。具体方法是调整 /etc/sysctl.conf 文件中的 vm.swappiness 参数。

（三）设置合理的预读取缓冲区大小

磁盘 I/O 性能的发展远远滞后于 CPU 和内存，因而成为现代计算机系统的一个主要"瓶颈"。预读可以有效地减少磁盘的寻道次数和应用程序的 I/O 等待时间，是改进磁盘读 I/O 性能的重要优化手段之一。管理员可使用 Linux 命令 blockdev 设置预读取缓冲区的大小，以提高 Hadoop 中大文件顺序读的性能。当然，也可以只为 Hadoop 系统本身增加预读缓冲区大小。

（四）文件系统选择与配置

Hadoop 的 I/O 性能在很大程度上依赖 Linux 本地文件系统的读写性能。Linux 中有多种文件系统可供选择，如 ext3 和 ext4。不同的文件系统的性能也有一定的差别。如果公司内部有自主研发的更高效的文件系统，也鼓励使用。

在 Linux 文件系统中，当未启用 noatime 属性时，每个文件的读操作会触发一个额外的文件写操作以记录文件最近访问时间。该日志操作可通过将其添加到 mount 属性中而避免。

（五）I/O 调度器选择

主流的 Linux 发行版自带了很多可供选择的 I/O 调度器。在数据密集型应用中，不同的 I/O 调度器性能表现差别较大，管理员可根据自己的应用特点启用最合适的 I/O 调度器，具体可参考 AMD（美国超威半导体公司）的白皮书 *Hadoop*

Performance Tuning Guide。

除了以上几个常见的 Linux 内核调优方法外，还有一些其他的方法，管理员可根据需要自行选择。

由于 Hadoop 中的每个服务和任务均会运行在一个单独的 JVM 中，所以 JVM 的一些重要参数也会影响 Hadoop 性能。管理员可通过调整 JVM Flags 和利用 JVM 垃圾回收机制提高 Hadoop 性能。

二、Hadoop 参数调优

（一）合理规划资源

1.设置合理的槽位数目

在 Hadoop 中，计算资源是用槽位（slot）表示的。slot 分为两种：Map slot 和 Reduce slot。每种 slot 代表了一定量的资源，且同种 slot（如 Map slot）是同质的，也就是说，同种 slot 代表的资源量是相同的。管理员要根据实际需要为 TaskTracker 配置一定数目的 Map slot 和 Reduce slot，从而限制每个 TaskTracker 上并发执行的 Map Task 和 Reduce Task 数目。槽位数目是在各个 TaskTracker 上的 mapred-site.xml 中配置的。

2.编写健康监测脚本

Hadoop 允许管理员为每个 TaskTracker 配置一个节点健康状况监测脚本。TaskTracker 中包含一个专门的线程周期性执行该脚本，并将脚本执行结果通过心跳机制汇报给 JobTracker。一旦 JobTracker 发现某个 TaskTracker 的当前状况为不健康（如内存或者 CPU 使用率过高），则会将其加入黑名单，从此不再为它分配新的任务（当前正在执行的任务仍会正常执行完毕），直到该脚本执行结果显示为健康。需要注意的是，该机制只在 Hadoop 0.20.2 以上版本中有。

（二）调整心跳配置

1.调整心跳间隔

TaskTracker 与 JobTracker 之间的心跳间隔大小应该适度。如果太小，JobTracker 需要处理高并发的心跳信息，势必造成不小的压力；如果太大，则空闲的资源不能及时通知 JobTracker（进而为之分配新的 Task)，造成资源空闲，进而降低系统吞吐率。对于中小规模（300 个节点以下）的 Hadoop 集群，缩短 TaskTracker 与 JobTracker 之间的心跳间隔可明显提高系统吞吐率。

在 Hadoop 1.0 以及更低版本中，当节点集群规模小于 300 个节点时，心跳间隔将一直是 3 秒（不能修改）。这意味着，如果集群有 10 个节点，那么 JobTracker

平均每秒只需处理 3.3（10/3=3.3）个心跳请求；如果集群有 100 个节点，那么 JobTracker 平均每秒只需处理 33 个心跳请求。对于一台普通的服务器而言，这样的负载过低，完全没有充分利用服务器资源。综上所述，对于中小规模的 Hadoop 集群，3 秒的心跳间隔过大，管理员可根据需要适当减小心跳间隔。

2. 启用带外心跳

通常而言，心跳是由各个 TaskTracker 以固定时间间隔为周期发送给 JobTracker 的，心跳中包含节点资源使用情况、各任务运行状态等信息。心跳机制是典型的 pull-based 模型。TaskTracker 周期性通过心跳向 JobTracker 汇报信息，同时获取新分配的任务。这种模型使任务分配过程存在较大延时：当 TaskTracker 出现空闲资源时，它只能通过下一次心跳（对于不同规模的集群，心跳间隔不同，如 1 000 个节点的集群，心跳间隔为 10 秒）告诉 JobTracker，而不能立刻通知它。为了减少任务分配延迟，Hadoop 引入了带外心跳（out-of-band heartbeat）。带外心跳不同于常规心跳，它是在任务运行结束或者任务运行失败时触发的，能够在出现空闲资源时第一时间通知 JobTracker，以便 JobTracker 能够迅速为空闲资源分配新的任务。

（三）磁盘块配置

Map Task 的中间结果要写到本地磁盘上，对于 I/O 密集型的任务来说，这部分数据会对本地磁盘造成很大压力，管理员可通过配置多块磁盘缓解写压力。当存在多块可用磁盘时，Hadoop 将采用轮询的方式将不同 Map Task 的中间结果写到这些磁盘上，从而平摊负载。

（四）设置合理的 RPC Handler 和 HTTP 线程数目

1. 配置 RPC Handler 数目

JobTracker 需要并发处理来自各个 TaskTracker 的 RPC 请求，管理员可根据集群规模和服务器并发处理调整 RPC Handler 数目，以使 JobTracker 服务能力达到最佳。

2. 配置 HTTP 线程数目

在 Shuffle 阶段，Reduce Task 通过 HTTP 请求从各个 TaskTracker 上读取 Map Task 的中间结果，而每个 TaskTracker 通过 Jetty Server 处理这些 HTTP 请求。管理员可适当调整 Jetty Server 的工作线程数以提高 Jetty Server 的并发处理能力。

（五）启用黑名单机制

当一个作业运行结束时，它会统计在各个 TaskTracker 上失败的任务数目。如果一个 TaskTracker 失败的任务数目超过一定值，那么作业会将它加到自己的黑名单中。如果一个 TaskTracker 被一定数目的作业加入黑名单，JobTracker 会将该 TaskTracker 加入系统黑名单，此后 JobTracker 不再为其分配新的任务，直到一定时间段内没有出现失败的任务。

当 Hadoop 集群规模较小时，一定数量的节点被频繁加入系统黑名单中，将会大大降低集群吞吐率和计算能力，因此建议关闭该功能。

（六）启用批量任务调度

在 Hadoop 中，调度器是最核心的组件之一，它负责将系统中空闲的资源分配给各个任务。当前，Hadoop 提供了多种调度器，包括默认的 FIFO 调度器、Fair Scheduler、Capacity Scheduler 等，调度器的调度效率直接决定了系统的吞吐率。通常而言，为了将空闲资源尽可能分配给任务，Hadoop 调度器均支持批量任务调度，即一次将所有空闲任务分配下去，而不是一次只分配一个。

（七）选择合适的压缩算法

Hadoop 通常用于处理 I/O 密集型应用。对于这样的应用，Map Task 会输出大量中间数据，这些数据的读写对用户是透明的，如果能够支持中间数据压缩存储，则会明显提升系统的 I/O 性能。当选择压缩算法时，需要考虑压缩比和压缩效率两个因素。有的压缩算法有很好的压缩比，但压缩 / 解压缩效率很低；反之，有一些算法的压缩 / 解压缩效率很高，但压缩比很低。因此，一个优秀的压缩算法需要平衡压缩比和压缩效率两个因素。

当前有多种可选的压缩格式，如 gzip、zip、bzip2、LZO、Snappy 等，其中 LZO 和 Snappy 在压缩比和压缩效率两方面的表现都比较优秀。Snappy 是 Google（谷歌）开源的数据压缩库，它的编码 / 解码器已经内置到 Hadoop 1.0 以后的版本中；LZO 则不同，它基于 GPL 许可，不能通过 Apache 分发许可，因此它的 Hadoop 编码 / 解码器必须单独下载。

下面以 Snappy 为例介绍如何让 Hadoop 压缩 Map Task 中间输出数据结果。只需要在 mapred-site.xml 中按如下方式配置即可。

```
<property>
<name>mapred.compress.map.output</name>
<value>true</value>
</property>
<property>
<name>mapred.map.output.compression.codec</name>
<value>org.apache.hadoop.io.compress.SnappyCodec</value>
```

</property>

其中，"mapred.compress.map.output"表示是否要压缩 Map Task 中间输出结果，"mapred.map.output.compression.codec"表示采用的编码 / 解码器。

（八）启用预读取机制

预读取机制可以有效提高磁盘的 I/O 读性能。由于 Hadoop 是典型的顺序读系统，采用预读取机制可明显提高 HDFS 读性能和 MapReduce 作业执行效率。管理员可为 MapReduce 的数据复制和 IFile 文件读取启用预读取功能。

第二节　从用户角度进行调优

Hadoop 为用户作业提供了多种可配置的参数，以允许用户根据作业特点调整这些参数值，提高作业运行效率。

一、应用程序编写规则

尽管本章主要从参数配置方面介绍如何进行 Hadoop 调优，但从用户角度来看，除作业配置参数外，应用程序本身的编写方式对性能影响也是非常大的。在编写应用程序的过程中，谨记以下几条规则对提高作业性能是十分有帮助的。

（一）设置 Combiner

对于一大批 MapReduce 应用程序，如果可以设置一个 Combiner，那么对提高作业性能是十分有帮助的。Combiner 可减少 Map Task 中间输出结果，从而减少各个 Reduce Task 的远程复制数据量，最终表现为 Map Task 和 Reduce Task 执行时间缩短。

（二）选择合理的 Writable 类型

在 MapReduce 模型中，Map Task 和 Reduce Task 的输入和输出数据类型均为 Writable。Hadoop 本身已经提供了很多 Writable 实现，包括 IntWritable、FloatWritable。为应用程序处理的数据类型选择合适的 Writable 类型可大大提升性能。例如，处理整型数据时直接采用 IntWritable 比先以 Text 类型读入再转换成整型要高效。如果输出的整型大部分可用一个或者两个字节保存，那么可直接采用 VIntWritable 或者 VLongWritable。它们采用了变长整型编码方式，可大大减少输出数据量。

二、作业级别参数调优

（一）规划合理的任务数目

一个作业的任务数目对作业运行时间有重要的影响。如果一个作业的任务数目过多（这意味着每个任务处理数据很少，执行时间很短），则任务启动时间所占比例将会大大增加；反之，如果一个作业的任务数目过少（这意味着每个任务处理数据很多，执行时间很长），则可能会产生过多的溢写数据，影响任务执行性能，且任务失败后重新计算代价过大。

在 Hadoop 中，每个 Map Task 处理一个 InputSplit。InputSplit 的划分方式是由用户自定义的 InputFormat 决定的，默认情况下，由以下三个配置参数决定。

第一个参数为 maperd.min.split.size，用于设置 InputSplit 的最小值（在 mapred-site.xml 中配置）。

第二个参数为 maperd.max.split.size，用于设置 InputSplit 的最大值（在 mapred-site.xml 中配置）。

第三个参数为 dfs.block.size，用于设置 HDFS 中一个 block 大小（在 hdfs-site.xml 中配置）。

对于 Reduce Task 而言，每个作业的 Reduce Task 数目通常由用户决定。用户可根据估算的 Map Task 输出数据量设置 Reduce Task 数目，以防止每个 Reduce Task 处理的数据量过大，造成大量写磁盘操作。

（二）增加输入文件副本数

如果一个作业并行执行的任务数量非常多，那么这些任务共同的输入文件可能成为"瓶颈"。为防止多个任务并行读取一个文件内容造成"瓶颈"，用户可根据需要增加输入文件的副本数目。用户可通过在客户端配置文件 hdfs-site.xml 中增加以下配置选项修改文件副本数，如将客户端上传的所有数据副本数设置为 5。

```
<property>
<name>dfs.replication</name>
<value>5</value>
</property>
```

（三）启用推测执行机制

推测执行机制是 Hadoop 对"拖后腿"任务的一种优化机制。当一个作业的某些任务运行速度明显慢于同作业的其他任务时，Hadoop 会在另一个节点上为慢任务启动一个备份任务，这样两个任务同时处理一份数据，而 Hadoop 最终会将优先完成的那个任务的结果作为最终结果，并将另外一个任务杀掉。用户可通过参数设置决定是否为 Map Task 和 Reduce Task 启用推测执行机制。

（四）设置失败容忍度

Hadoop 允许设置作业级别和任务级别的失败容忍度。作业级别的失败容忍是指 Hadoop 允许每个作业有一定比例的任务运行失败，这部分任务对应的输入数据将被忽略（这些数据不会有产出）；任务级别的失败容忍是指 Hadoop 允许任务运行失败后再次在另外节点上尝试运行，如果一个任务经过若干次尝试运行后仍然运行失败，那么 Hadoop 才会最终认为该任务运行失败。

为了防止该参数对所有文件生效，可创建一个专门的配置文件，仅供有需求的数据使用。另外，该参数只对参数修改之后上传的文件有效，而已经上传的文件副本数不会改变。

用户应根据应用程序的特点设置合理的失败容忍度，以尽快让作业运行完成，避免不必要的资源浪费。

（五）适当打开 JVM 重用功能

为了实现任务隔离，Hadoop 将每个任务放到一个单独的 JVM 中执行。然而，对于执行时间较短的任务，启动和关闭 JVM 将占用很大比例的时间，因此用户可启用 JVM 重用功能，这样一个 JVM 可连续启动多个同类型任务。

（六）设置任务超时时间

在一些特殊情况下，一个任务可能因为某种原因（如程序 Bug、Hadoop 本身的 Bug 等）阻塞了，这会拖慢整个作业的执行进度，甚至可能会导致作业无法运行结束。针对这种情况，Hadoop 增加了任务超时机制。如果一个任务在一定时间间隔内没有汇报进度，则 TaskTracker 会主动将其杀死，从而在另外一个节点上重新启动执行。

（七）用户可根据实际需要配置任务超时时间

当用户的应用程序需要一个外部文件（如字典、配置文件等）时，通常需要使用 DistributedCache 将文件分发到各个节点上。一般情况下，得到外部文件有两种方法：一种是外部文件与应用程序 jar 包一起放到客户端，当提交作业时由客户端上传到 HDFS 的一个目录下，然后通过 DistributedCache 分发到各个节点上；另一种是事先将外部文件直接放到 HDFS 上。从效率上讲，第二种方法比第一种更高效。第二种方法不仅节省了客户端上传文件的时间，还隐含着告诉 DistributedCache 将文件下载到各节点的 public 级别（而不是 private 级别）共享目录中，这样后续所有的作业可重用已经下载好的文件，不必重复下载。

（八）合理控制 Reduce Task 的启动时机

在 MapReduce 计算模型中，由于 Reduce Task 依赖 Map Task 的执行结果，所以从运算逻辑上讲，Reduce Task 应晚于 Map Task 启动。在 Hadoop 中，合理控制 Reduce Task 启动时机不仅可以加快作业运行速度，还可提高系统资源利用率。如果 Reduce Task 启动过早，则可能由于 Reduce Task 长时间占用 Reduce slot 资源造成 slot hoarding 现象，从而降低资源利用率；反之，如果 Reduce Task 启动过晚，则会导致 Reduce Task 获取资源延迟，增加了作业运行时间。

（九）跳过坏记录

Hadoop 主要用于处理海量数据，对于大部分数据密集型应用而言，丢弃一条或者几条数据对最终结果的影响并不大，正因为如此，Hadoop 为用户提供了跳过坏记录的功能。当一条或者几条坏数据记录导致任务运行失败时，Hadoop 可自动识别并跳过这些坏记录。

（十）提高作业优先级

所有 Hadoop 作业调度器进行任务调度时均会考虑作业优先级这一因素。一个作业的优先级越高，它能够获取的资源（slot 数目）越多。需要注意的是，通常而言，在生产环境中，管理员已经按照作业重要程度对作业进行了分级，不同重要程度的作业允许配置的优先级不同，用户不可以擅自进行调整。Hadoop 提供了五种作业优先级，分别是 VERY_HIGH、HIGH、NORMAL、LOW 和 VERY_LOW。用户可在允许的范围内调整作业优先级以获取更多资源。

三、任务级别参数调优

（一）Map Task 调优

Map Task 的输出结果将被暂时存放到一个环形缓冲区中，这个缓冲区的大小由参数 io.sort.mb 指定（单位是 MB，默认是 100 MB）。该缓冲区主要由两部分组成：索引和实际数据。默认情况下，索引占整个 buffer 的比例为 io.sort.record.percent（默认为 0.05，即 5%），剩下的空间全部存放数据，当且仅当满足以下任意一个条件时，才会触发一次 flush，生成一个临时文件。

第一，索引空间使用率达到 io.sort.spill.percent（默认是 0.8，即 80%）。

第二，数据空间使用率达到 io.sort.spill.percent（默认是 0.8，即 80%）。

合理地调整 io.sort.record.percent 值，可减少中间文件数目，提高任务执行效率。举例说明，如果你的 key/value 非常小，则可以适当调大 io.sort.record.percent 值，以防止索引空间优先达到使用上限而触发 flush。考虑到每条数据记录（一个

key/value）需要占用索引大小为 16 B，因此建议 io.sort.record.percent=16/(16+R)，其中 R 为每条记录的平均长度。

综上所述，用户可根据自己作业的特点对以下参数进行调优。

第一，io.sort.mb。

第二，io.sort.record.percent。

第三，io.sort.spill.percent。

（二）Reduce Task 调优

Reduce Task 会启动多个复制线程从每个 Map Task 上读取相应的中间结果，具体的复制线程数目由参数 mapred.reduce.parallel.copies（默认为 5）指定。对于每个待复制的文件，如果文件大小小于一定阈值 A，则将其放到内存中，否则以文件的形式存放到磁盘上。如果内存中的文件满足一定条件 D，则会将这些数据写入磁盘，而当磁盘上文件数目达到 io.sort.factor（默认是 10）时，进行一次合并。阈值 A 为的计算方法如下：

$$heapsize* \{mapred.job.shuffle.input.buffer.percent\} *0.25$$

其中，heapsize 是通过参数"mapred.child.java.opts"指定的，默认是 200 MB；mapred. job.shuffle.input.buffer.percent 默认大小为 0.7。

条件 D 为以下两个条件中的任意一个。

第一，内存使用率（总的可用内存为 heapsize*{mapred.job.shuffle.input.buffer.percent}）达到 mapred.job.shuffle.merge.percent（默认是 0.66）。

第二，内存中文件数目超过 mapred.inmem.merge.threshold（默认是 1 000）。

综上所述，用户可根据自己作业的特点对以下参数进行调优。

第一，mapred.reduce.parallel.copies。

第二，io.sort.factor。

第三，mapred.child.java.opts。

第四，mapred.job.shuffle.input.buffer.percent。

第五，mapred.inmem.merge.threshold。

第三节　GeoHash 空间索引分析

空间索引是指依据空间对象的位置、形状或空间要素之间的拓扑关系设计出的有一定规律的数据结构，位于用户查询数据与空间数据库数据之间，通过筛选掉大量与查询区域无关的空间数据来提高查询的效率与速度。

一、空间拓扑关系分析

空间数据是指依据某一规定的坐标系或投影系，表示某一区域的地理实体和社会人文、生态等景观的位置、形状、大小及其分布特征等多方面信息，是现实世界的抽象模型，具有定位、定性、空间关系、时间等多个描述维度。不同用途的空间数据在格式、精度、内容上多有不同。空间数据根据存储结构的不同，可以分为矢量数据和栅格数据。

二维地理要素主要使用点、线、面三种基本的几何图形表示，矢量数据以空间坐标为基础，构建点、线、面三种基本几何要素，本节使用投影坐标系（经纬度）来表示矢量数据。

点用一对经纬度坐标表示，平面中表示为 (x_1, y_1)，线是多个点按顺序排列成的不闭合的点串连，平面上的线表示为 $(x_1, y_1)(x_2, y_2)(x_3, y_3)\cdots(x_n, y_n)$。面是由一系列首尾相连的闭合点串构成，二维平面上表示为 $(x_1, y_1)(x_2, y_2)(x_3, y_3)\cdots(x_n, y_n)(x_1, y_1)$，如图 9-1 所示。

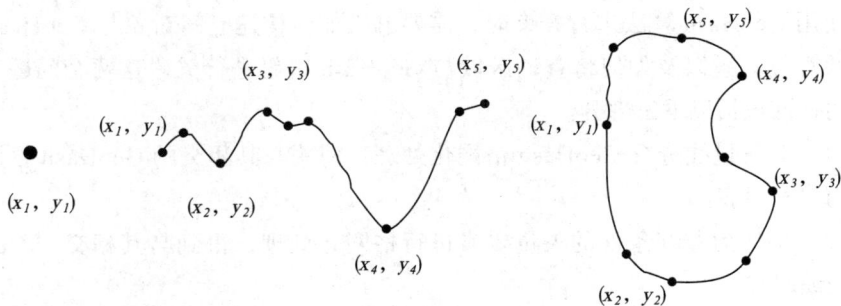

图 9-1　点（左）、线（中）、面（右）的表示

在实际的应用中，经常使用矢量要素的拓扑关系来进行一系列的空间定位与查询，如缓冲区查询、邻接查询、最近邻查询等，有时合理使用矢量对象间的拓扑关系能快速过滤掉不需要的数据，以达到精确查询的目的。

二、GeoHash 算法分析

GeoHash 算法广泛应用在附近点查询领域，百度地图中的 LBS（Location Based Service）就是利用其实现的。

271

（一）空间填充曲线——Z曲线

空间填充曲线是指将二维平面网格化，使用一条一维的线铺满整个二维平面，平面中的每个网格都依据其在一维线串上位置排序，空间上接近的格网在填充曲线上的顺序值也接近，从而将二维的位置坐标转化为一维的整形字符串。常见的空间填充曲线包括 Hilbert 曲线、Gary 曲线、Z曲线等。Z曲线的算法实现方法较 Hilbert 简单，计算性能更好。

（二）GeoHash 编码的原理

GeoHash 编码的核心思想是二分法，在经度和纬度方向上依次对半切分图幅，将整个地球区域划分成大小相等的小矩形范围，并且依据二分时所处的位置给当次切分赋值（0 或 1）。沿经度切割时，切线左侧区域赋值为 0，右侧赋值为 1，沿纬线切割时，切线上方区域赋值为 1，切线下方赋值为 0。

三、空间对象的 GeoHash 格网化处理

GeoHash 编码将地球投影按照经度和纬度进行对半折叠，折叠多次后地球投影被分割成有序排列的格网，格网的 GeoHash 编码与该地球表面区域形成一一对应的关系，对于点的 GeoHash 编码目前已经做得比较多。

使用 GeoHash 算法进行查询时，需要解决如何构建空间对象与 GeoHash 编码之间的对应关系以及如何将查询区域与 GeoHash 编码进行关联这两个问题，矢量线空间查询包括以下三部分。

（1）对矢量线进行 GeoHash 格网化处理，使用与其相交的 GeoHash 格网的编码集构建索引表。

（2）将作为查询条件的矢量要素进行格网化处理，得到与其相交的 GeoHash 格网的编码集。

（3）使用第二步得到的 GeoHash 编码集查询索引表中所有匹配的记录，并将记录集中的矢量线 ID 取出，去重、排序，得到所有与作为查询条件的矢量要素相交或包含它的矢量线集合。

线数据的空间尺度跨度较大，从几百米的道路到一万千米的河流。当 GeoHash 格网划分次数过多，超过需要的精度时，矢量线穿过的格网过于细碎，会造成不必要的查询性能降低；GeoHash 格网划分次数过少时，地球表面区域范围过大，所需要的矢量线可能只占网格区域很小的一部分，单次查询遍历了大量无关的数据，同样会对性能造成影响。因此，需要根据数据集的空间尺度大小，在兼顾数据集中矢量线的不同长度级别的原则下，选择合适的划分次数。

在 GeoHash 格网所代表的地球表面矩形范围确定的情况下，地面上的线、面要素可能跨过多个网格，因此在存储矢量线、面要素时，需要对其构建索引表，索引表的行值为某一个地球表面矩形网格的 GeoHash 编码，列值为该矩形范围内所涉及的线、面要素的 ID。

四、基于 GeoHash 的空间表模型设计

HBase 表设计包括列族设计原则、行键设计原则、表级别设计原则三个原则。

（一）矢量数据表设计

空间查询的操作主要由索引表完成，矢量要素表简单地保存空间要素的几何及属性信息，矢量要素表结构如下：

（1）HBase 矢量对象表的行键由矢量要素所在图层名以及矢量要素的唯一标识（ID）结合构成。图层名限制为五位字符长度，ID 限制为八位字符长度，不足的左边补零，如 Shapefile 文件中 Railway 图层中 ID 为 1 000 的矢量要素在 HBase 表中的行键为 railw00001000。

（2）矢量要素的属性字段存储在单独的列族（Attribute），并将各属性列依照顺序排列在列族中。

（3）矢量要素的几何信息存为另一个列族，里面只有一个要素列（feature），将要素的位置信息以二进制字符串方式保存在该列中。

（二）基于 GeoHash 的索引表设计

索引表以地球表面的 GeoHash 网格为表的记录，地球投影将被划分为连续的 GeoHash 矩形网格存入索引表中，其有以下两个特点。

（1）以覆盖地球表面的矩形网格的 GeoHash 编码作为行键。

（2）该行记录内部，按顺序保存着该网格所涉及（相交、包含）的矢量要素在矢量表中的 ID。

（三）空间数据存储与查询的流程设计

基于 GeoHash 算法的空间数据存储与查询流程包括以下几部分。

（1）生成空间数据表。

（2）以空间数据表为数据源，对保存的矢量数据格网化，构建基于 GeoHash 的空间索引表。

（3）查询区域格网化，确定要查询的索引表，并得到 GeoHash 编码集合。

（4）使用编码集中的 GeoHash 编码作为行键查询的条件，查询索引表，根据索引表中的矢量线 ID 取出矢量数据表对应的记录，完成初步查询。

（5）将矢量数据集与查询区域进行拓扑判断，实现精确查询。

第四节　空间大数据存储和索引表构建

基于空间数据特点以及系统应用目的，分析系统设计方案的实施步骤，给出关键问题的具体解决办法，最后展示系统原型的整体架构。

一、Shapefile 矢量大数据处理

以 HBase 分布式数据库为基础，设计适合空间数据读取的系统模型，利用分布式数据库的高效查询分析能力提高空间数据的查询性能。

（一）Shapefile 文件解析

Shapefile 是美国 ESRI 公司出品的 ArcGIS 中保存矢量数据的常用格式。ArcGIS 为地理算法分析提供了强大的支持，许多 GIS 公司都在其基础上进行二次开发来完成空间数据的分析和管理。该产品目前已经成为工业标准，国内各 GIS 软件的产品可以与其自由进行格式转换，选用 ArcGIS 的 Shapefile 作为数据源的文件格式。

Shapefile 由四个文件构成：保存矢量数据空间信息的坐标文件（＊.shp）、索引文件（＊.shx）、保存属性信息的 dBase 表（＊.dbf）以及投影坐标系文件（＊.prj）。shp 文件中的数据按照记录存储，每条记录描述一个空间矢量对象，并保存这个矢量对象的各拐点（vertices）坐标值；shx 文件用来快速查找 shp 文件中保存的矢量对象，其保存着对应的 shp 文件中每个矢量对象所在记录行与 shp 文件头的偏移量，dbf 文件保存的是矢量对象的属性信息，也是按记录存储的，其存储顺序和 shp 文件中矢量对象的存储顺序一一对应，根据行偏移量来匹配，取数据的时候同时在 shp 文件和 dbf 文件中读取同一行数的记录，然后拼接成完整的矢量要素。

（二）GeoTools 读取 Shapefile 数据

GeoTools 提供了 Geometry 类作为所有矢量要素类的基类，使用的矢量要素类都要继承 Geometry，并由 GeometryFactory 实例化为类对象。空间检索过程涉及大量的矢量要素拓扑运算，Geometry 类中提供了很多这方面的方法，几乎涵盖所有的拓扑运算类型。

矢量要素的几何信息与属性信息分别被保存在 shp 文件以及 dbf 文件中，需要分别读取几何信息与属性信息，然后拼接保存在数据库中。

（三）Shapefile 数据导入 HBase 矢量数据表算法

HBase 为了减少存储空间，所有类型的数据都转为字节数组（byte[]）的格式存储在表中，因此在存储之前需要将空间对象字符串转为字节数组，查询时需要将字节数组转换为字符串，再进行其他操作。

以 shp 和 dbf 文件为数据源，将数据读取后存入 HBase 数据库，具体流程如下。

输入：Shapefile 文件。

输出：HBase 矢量数据表中的记录。

（四）基于 GeoHash 的索引表构建算法

使用 MapReduce 计算引擎批量构建空间索引，采用 HBase 内置的 MapReduce 扩展类，以矢量数据表作为数据源，构建空间索引表，具体流程如下。

输入：HBase 矢量数据表记录。

输出：将矢量数据格网化结果存储到索引表中。

二、实验环境及大数据

大数据研究与开发应用平台的搭建相较于单服务器环境，需要做大量运维工作。多节点组成的集群经常出现某一台节点异常的问题，需要配置很多软件与技术来保证集群的可靠性与稳定性。

（一）实验环境

使用八台阿里云服务器搭建实验环境，硬件选择 4 核的 Intel Haswell CPU、16 G DDR4 内存，160 GB 硬盘，并安装 64 位的 CentOS 6.5 操作系统，带宽为 10 Mbps，并为其配置了 I/O 优化。八台服务器都配置了内外网静态 IP，主机名依次为 cloud1 ~ cloud8，通过阿里云控制台可以看到配置参数。

客户端开发环境为 CentOS 6.5，开发工具为 Eclipse（Linux 系统上 luna 版本），并使用 Hadoop 插件对其进行 MapReduce 开发。

（二）实验数据

实验数据为 2017 年全国的高速路和铁路，各直辖市、地级市中的城市地铁和城市快速通道以及全国所有的国道、省道、县道、乡道、村道等数据，每种数据都包含坐标文件（*.shp）、索引文件（*.shx）、非几何属性文件（*.dbf），数据总计 3.2 GB。

（三）Shapefile 数据导入 HBase 实验

在 Eclipse 开发工具中使用 HBase 客户端 API 导入数据，首先定义矢量数据表，然后使用 Shapefile 数据导入算法，将 Shapefile 数据导入 HBase 矢量数据表。

1. 矢量数据表前缀设计

在导入数据前，需要确定 Shapefile 各图层数据在 HBase 矢量数据表中的行键前缀，图层名缩写（五位字符长度）和矢量数据在本图层中的 Object（七位字符长度，不足左侧补零）共同构成该矢量数据的行键（十二位字符长度），通过这种设计将所有图层数据保存在一个 HBase 矢量数据表中，本实验设计的 Shapefile 各图层与矢量数据表中行键前缀的对应关系如表 9-1 所示。

表 9-1　Shapefile 各图层与矢量数据表行键前缀对应关系

Shapefile 图层名	HBase 矢量数据表行键前缀（五个字符长度）
高速路 / 铁路	Highw/Railw
城市地铁 / 城市快速路	Subwy/fastt
国道 / 省道	Natrd/Prord
县道 / 乡道 / 其他道路	Courd/Towrd/Resrd

2. 数据导入结果

将 Shapefile 空间数据导入 HBase 矢量数据表，实验结果如表 9-2 所示。

表 9-2　Shapefile 数据录入实验结果

Shapefile 图层数	Shapefile 文件大小	HBase 数据表记录数	录入时间
9 个	3.19 GB	6 338 201 条	31.074 21 分

（四）空间索引表构建实验

根据瓦块地图的特点，当查询区域过大时，将不显示一些空间尺度较小的数据，本实验综合考虑了 HBase 数据存储大小限制以及 GeoHash 编码的空间分辨率，在此基础上设计各空间分辨率的索引表所包含的图层数据，具体的分配方式如表 9-3 所示。

表9-3 各空间分辨率索引表包含的图层数据

索引表	划分次数	横向精度 /km	包含图层
IndexTable1	6	312.19	铁路、高速路、国道、省道
IndexTable2	9	39.02	铁路、高速路、国道、省道、县道
IndexTable3	16	0.30	全部数据

使用基于 GeoHash 的索引表构建算法生成三个不同空间分辨率的索引表，各项实验结果如表 9-4 所示。

表9-4 GeoHash 索引表实验结果

索引表	格网划分次数	矢量数据表记录数 / 条	索引表记录数 / 条	录入时间 / 分
IndexTable1	6	1 125 437	3 657	1.530 74
IndexTable2	9	1 706 711	29 258	3.485 62
IndexTable3	16	6 338 205	3 745 011	9.702 30

第五节 空间查询实验及结果分析

一、多边形区域查询

（一）客户端区域查询

多边形区域查询的主要思想是先将查询区域进行格网化，得到恰好覆盖查询区域的格网集，以该集合中格网的 GeoHash 编码为行键查询条件，查询 HBase 中的索引表，得到与格网集有交集的矢量要素标识，并再次访问 HBase 读取数据表里的矢量要素，此时仍是粗查，得到的矢量要素中某些要素和查询区域不相关，要进一步使用矢量要素与查询区域的拓扑运算筛选出真正与查询区域包含、重叠或交叉的矢量数据。

算法：客户端区域查询。

输入：查询区域的 WKT 格式字符串，如"POLYGON（x_1y_1, x_2y_2, x_3y_3,…, x_ny_n, x_1y_1）"，该字符串可以直接从 Shapefile 文件中读取。

输出：与查询区域相交（至少有一个公共点）的所有矢量线。

（二）并行化区域查询

并行化查询结合使用 MapReduce 以及 HBase 过滤器的分布式计算特性，在 MapReduce 采用如下步骤将查询区域格网化，矢量线与查询区域的拓扑运算放在服务器端的自定义过滤器中执行，这样做不仅能充分利用分布式集群的计算性能，还能减少返回客户端的数据量，节省网络 I/O。

算法：并行化区域查询。

输入：查询区域的 WKT 格式字符串，如"POLYGON（x_1y_1, x_2y_2, x_3y_3,…, x_ny_n, x_1y_1）"。

输出：取出与查询区域相交（至少有一个公共点）的所有矢量线，并存入 HBase 结果表中。

（三）多边形区域查询实验及性能分析

1. 实验目的

为了测试提出的基于 GeoHash 的空间索引的效率，实验使用第四节导入的全国道路交通数据作为测试数据，进行性能检测。选择规则的矩形窗口作为查询区域，分别用 3、5、7 个从节点做测试分析，检测并行化区域查询算法的性能曲线。

2. 实验方案

根据空间数据集坐标范围，近似估算出整个地理空间的中心坐标 P（108.953, 34.276），将 P 点设置为窗口的中心点，指定查询窗口的经度和纬度范围，确定窗口的面积，求出窗口所占整个地图面积的近似比例。实验设置了 7 组实验窗口以及它们与整个地图面积的近似比例。

3. 实验结果及分析

在设置相同查询窗口的条件下，分别测试客户端区域查询与 3、5、7 个从节点的并行化查询，得到一组运行时间数据。窗口区域的变化、算法运行的时间关系如表 9-5 示。同时，为了直观比较，将各窗口区域下查询单条记录消耗的时间用折线图展示出来。

278

表 9-5　多边形区域查询实验结果

窗口占整张地图面积近似比例 / %	窗口包含的空间对象数 / 个	客户端区域查询 / 秒	7 节点并行化区域查询算法 / 秒
1%	48 207	23.349	27.281
5%	266 664	129.134	32.083
10%	482 519	233.655	41.863
15%	605 691	293.312	47.444
20%	631 647	305.881	48.620
25%	822 840	368.468	57.287
30%	867 650	374.160	59.314

随着查询窗口的增大，窗口所包含的空间对象个数也相应增加，对应的查询时间也相应增加。不同的是，对于查询单条记录消耗的时间，随着查询数量的扩大，客户端区域查询较稳定，而并行化算法查询则呈现逐步减少的趋势，即随着查询对象数量的增大，查询单条记录所消耗时间逐步减少。

基于 MapReduce 的并行化区域查询的实际运行时间包括创建框架实例时间和查询运算时间，创建框架实例需要花费一定的时间。当查询对象数据量小的时候，在并行化算法执行过程中，创建框架实例时间可能大于数据查询时间，这会导致比客户端查询消耗更多的时间。随着查询数据量的增大，创建框架实例的时间在运行时间中所占的比重减小，再加上分布式计算框架将计算任务分散在服务器集群中并行执行，并行化算法在效率上的优势就凸显出来。

并行化区域查询通过将计算任务提交给服务器集群来提高查询响应速度，因此集群的节点数会对响应效率产生较大影响。在互联网环境中，通过分布式计算的方式处理空间查询，是应对海量查询请求的可靠方法。表 9-6 为分别使用 3、5、7 个从节点时查询响应情况，随着查询区域的扩大，参与计算的节点增多，单次查询所消耗的时间呈线性递减。

表 9-6　并行化区域查询实验结果

窗口占整张地图 面积近似比例 / %	3 个节点 并行 / 秒	5 个节点 并行 / 秒	7 个节点 并行 / 秒
1%	73.702	43.421	27.281
5%	87.705	50.624	32.083
10%	112.157	65.293	41.863
15%	126.110	73.666	47.444
20%	129.050	75.430	48.620
25%	140.717	88.432	57.287
30%	146.785	91.471	59.314

在并行化区域查询中，随着参与计算的从节点数目的增多，并行开启的 map 和 reduce 任务数量增加，查询结果的响应也会更快。在实际应用中，可以通过增大集群中服务器数目并设置合适的 map 与 reduce 任务数来提升空间数据的查询性能。

二、线相交查询

线相交查询在 GIS 应用中使用的场景比较多，如查找与某条国道相交的县道、穿过某条河流的铁路等。本节在矢量线 GeoHash 格网化算法基础上，分别进行了客户端和服务器端的并行化线相交检索实验，并对比了两者性能上的差异。图 9-3 为使用格网进行线相交查询的示意图，颜色深的是作为查询条件的矢量线，颜色浅的是要查询的目标，该矢量线与作为查询条件的矢量线至少有一个公共点。

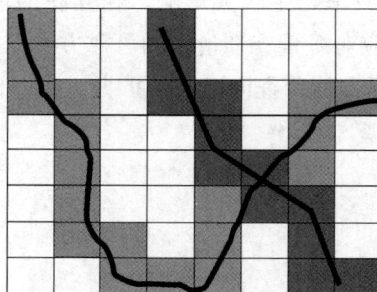

图 9-3　线相交查询示意图

第十章　Hadoop 多用户作业调度器

Hadoop 最初是为批处理作业而设计的，当时仅采用了一个简单的 FIFO 调度机制分配任务。但随着 Hadoop 的普及，单个 Hadoop 集群中的用户量和应用程序种类不断增加，适用于批处理场景的 FIFO 调度机制不能很好地利用集群资源，也不能够满足不同应用程序的服务质量要求，因此设计适用于多用户的作业调度器势在必行。

第一节　多用户调度器产生背景与 HOD 作业调度

一、多用户调度器产生背景

Hadoop 最初的设计目的是支持大数据批处理作业，如日志挖掘、Web 索引等。为此，Hadoop 提供了一个非常简单的调度机制：FIFO，即先来先服务。在该调度机制下，所有作业被统一提交到一个队列中，Hadoop 按照提交顺序依次运行这些作业。

但随着 Hadoop 的普及，单个 Hadoop 集群的用户量越来越大，不同用户提交的应用程序往往具有不同的服务质量要求（QOS），典型的应用有以下几种。

（1）批处理作业：这种作业往往耗时较长，对完成时间一般没有严格要求，如数据挖掘、机器学习等方面的应用程序。

（2）交互式作业：这种作业期望能及时返回结果，如 SQL 查询等。

（3）生产性作业：这种作业要求有一定量的资源保证，如统计值计算、垃圾数据分析等。

此外，这些应用程序对硬件资源的需求量也是不同的，如过滤、统计类作业一般为 CPU 密集型作业，而数据挖掘、机器学习作业一般为 I/O 密集型作业。因此，传统的 FIFO 调度策略既不能满足多样化需求，又不能充分利用硬件资源。

为了克服单队列 FIFO 调度器的不足，多种类型的多用户多队列调度器诞生了。这种调度器允许管理员按照应用需求对用户或者应用程序分组，并为不同的分组分配不同的资源量，同时通过添加各种约束防止单个用户或者应用程序独占资源，进而满足各种 QOS 需求。当前主要有两种多用户作业调度器的设计思路：第一种是在一个物理集群上虚拟多个 Hadoop 集群，这些集群各自拥有全套独立的 Hadoop 服务，如 JobTracker、TaskTracker 等，典型的代表是 HOD 调度器；另一种是扩展 Hadoop 调度器，使之支持多个队列多个用户。这样，不同的队列拥有不同的资源量，可以运行不同的应用程序，典型的代表是 Yahoo! 的 Capacity Scheduler 和 Facebook 的 Fair Scheduler。接下来，将分别介绍这两种多用户作业调度器。

二、Torque 资源管理器

HOD 调度器是一个在共享物理集群上管理若干个 Hadoop 集群的工具。用户可通过 HOD 调度器在一个共享物理集群上快速搭建若干个独立的虚拟 Hadoop 集群，以满足不同的用途，如不同集群运行不同类型的应用程序及不同的 Hadoop 版本进行测试等。HOD 调度器可使管理员和用户轻松地搭建和使用 Hadoop。

HOD 调度器使用 Torque 资源管理器为一个虚拟 Hadoop 集群分配节点，然后在分配的节点上启动 MapReduce 和 HDFS 中的各个守护进程，并自动为 Hadoop 守护进程和客户端生成合适的配置文件（包括 mapred–site.xml、core–site.xml 和 hdfs–site.xml 等）。接下来将分别介绍 Torque 资源管理器和 HOD 调度器的基本工作原理。

HOD 调度器的工作过程实现中依赖一个资源管理器来为它分配、回收节点和管理各节点上的作业运行情况，如监控作业的运行、维护作业的运行状态等。而 HOD 只需要在资源管理器所分配的节点上运行 Hadoop 守护进程和 MapReduce 作业即可。当前，HOD 采用的资源管理器是开源的 Torque 资源管理器。

一个 Torque 集群由一个头节点和若干个计算节点组成。头节点上运行一个名为 pbs_server 的守护进程，主要用于管理计算节点和监控各个作业的运行状态。每个计算节点上运行一个名为 pbs_mom 的守护进程，用于执行主节点分配的作业。此外，用户可将任何节点作为客户端，用于提交和管理作业。

头节点内部还运行了一个调度器守护进程。该守护进程会与 pbs_server 进行通信，以决定对资源使用和作业分配的本地策略。默认情况下，调度器守护进程采用了 FIFO 调度机制，它将所有作业存放到一个队列中，并按照到达时间依次对它们进行调度。需要注意的是，Torque 中的调度机制是可插拔的，Torque 还提供许多其他可选的作业调度器。

用户可通过 qsub 命令向物理集群中提交作业，而 Torque 内部执行步骤如下：

步骤 1：当 pbs_server 收到新作业后，会进一步通知调度器。

步骤 2：调度器采用一定的策略为该作业分配节点，并将节点列表与节点对应的作业执行命令返回给 pbs_server。

步骤 3：pbs_server 将作业发送给第一个节点。

步骤 4：第一个节点启动作业，作业开始运行（该作业会通知其他节点执行相应命令）。

三、HOD 作业调度

了解了 Torque 的工作原理后，HOD 调度器工作原理便一目了然：先利用 Torque 向物理集群申请一个虚拟机群，然后将 Hadoop 守护进程包装成一个 Torque 作业，并在申请的节点上启动，最后由用户直接向启动的 Hadoop 集群中提交作业。通过 HOD 调度器申请集群和运行作业的主要步骤如下：

步骤 1：用户向 HOD 调度器申请一个包含一定数目节点的集群，并要求该集群中运行一个 Hadoop 实例。

步骤 2：HOD 客户端利用资源管理器接口 qsub 提交一个被称为 RingMaster 的进程作为 Torque 作业，同时申请一定数目的节点。这个作业被提交到 pbs_server 上。

步骤 3：在各个计算节点上，守护进程 pbs_mom 接受并处理 pbs_server 分配的作业。RingMaster 进程在其中一个计算节点上开始运行。

步骤 4：RingMaster 通过 Torque 的另外一个接口 pbsdsh 在所有分配到的计算节点上运行第二个 HOD 组件 HodRing，即运行于各个计算节点上的分布式任务。

步骤 5：HodRing 初始化之后会与 RingMaster 通信，以获取 Hadoop 指令，并根据指令启动 Hadoop 服务进程。一旦服务进程开始启动，它们会向 RingMaster 登记，提供关于守护进程的信息。

注意：Hadoop 实例所需要的配置文件全部由 HOD 自己生成。HOD 客户端保持和 RingMaster 的通信，可以获取 MapReduce 和 HDFS 守护进程所在的位置。

步骤 6：Hadoop 实例启动之后，用户可以向集群中提交 MapReduce 作业。

步骤 7：如果一段时间内 Hadoop 集群上没有作业运行，Torque 会回收该虚拟 Hadoop 集群的资源。

管理员将一个物理集群划分成若干个 Hadoop 集群后，用户可将不同类型的应用程序提交到不同 Hadoop 集群上，这样就避免了不同用户或者不同应用程序之间争夺资源，达到了多用户共享集群的目的。

从集群管理和资源利用率两方面看，这种基于完全隔离的集群划分方法存在诸多问题。

（1）从集群管理角度看，多个 Hadoop 集群会给运维人员造成管理上的诸多不便。

（2）多个 Hadoop 集群会导致集群整体利用率低下，这主要是负载不均衡造成的，如某个集群非常忙碌时另外一些集群可能空闲，也就是说，多个 Hadoop 集群无法实现资源共享。

考虑到虚拟集群回收后数据可能丢失，用户通常将虚拟集群中的数据写到外部的 HDFS 上。用户通常仅在虚拟集群上安装 MapReduce，至于 HDFS，则使用一个外部全局共享的 HDFS。很明显，这种部署方法会导致丧失部分数据的本地特性。为了解决该问题，一种更好的方法是在整个集群中只保留一个 Hadoop 实例，而通过 Hadoop 调度器将整个集群中的资源划分给若干个队列，并让这些队列共享所有节点上的资源，当前 Yahoo! 的 Capacity Scheduler 和 Facebook 的 Fair Scheduler 正是采用了这个设计思路。

四、Hadoop 队列管理机制

在学习 Capacity Scheduler 和 Fair Scheduler 之前，我们先要了解 Hadoop 的用户和作业管理机制，这是任何 Hadoop 可插拔调度器的基础。

Hadoop 以队列为单位管理作业、用户和资源，整个 Hadoop 集群被划分成若干个队列，每个队列被分配一定的资源，且用户只能向对应的一个或者几个队列中提交作业。Hadoop 队列管理机制由用户权限管理和系统资源管理两部分组成，下面依次进行介绍。

（一）用户权限管理

Hadoop 的用户管理模块构建在操作系统用户管理之上，增加了队列这一用户组织单元，并通过队列建立了操作系统用户和用户组之间的映射关系。管理员可配置每个队列对应的操作系统用户和用户组（需要注意的是，Hadoop 允许一个操作系统用户或者用户组对应一个或者多个队列），也可以配置每个队列的管理员。他可以杀死该队列中任何一个作业，改变任何作业的优先级等。

Hadoop 集群中所有队列需在配置文件 mapred-site.xml 中设置，这意味着该配置信息不可以动态加载。

【实例】如果一个集群中有四个队列，分别是 queueA、queueB、queueC 和 default，那么可以在 mapred-site.xml 中配置如下：

```
<property>
    <name >mapred queue.names </name >
    <value>queueA,queueB,queueC,default</value>
    <description>Hadoop 中所有队列名称 </description>
</property>
<property>
    <name>mapred.acls.enabled</name>
    <value>true</value>
    <description> 是否启用权限管理功能 </description>
</property>
```

队列权限相关的配置选项在配置文件 mapred-queue-acls.xml 中设置，这些信息可以动态加载。

【实例】如果规定用户 linux_userA 和用户组 linux_groupA 可以向队列 queueA 中提交作业，用户 linux_groupA_admin 可以管理（如杀死任何一个作业或者改变任何作业的优先级）队列 queueA，那么可以在 mapred-queue-acls.xml 中配置如下：

```
<configuration>
<property>
    <name>mapred.queue.queueA.acl-submit-job</name>
    <value>linux_userA linux_groupA</value>
</property>
<property>
    <name>mapred.queue.queueA.acl-administer-jobs</name>
<value >1inux_groupA_admin </value >
</property>
<!-- 配置其他队列 .-->
< / configuration >
```

（二）系统资源管理

Hadoop 资源管理由调度器完成。管理员可在调度器中设置各个队列的资源容量、各个用户可用资源量等信息，调度器则按照相应的资源约束对作业进行调度。考虑到系统中的队列信息是在 mapred-site.xml 中设置的，而队列资源分配信息在各个调度器的配置文件中设置，因此这两个配置文件中的队列信息应保持一致。如果调度器中的某个队列在 mapred-site.xml 中没有设置，则意味着该队列中的资源无法得到使用。

通常而言，不同的调度器对资源管理的方式是不同的。接下来将介绍 Capacity Scheduler 和 Fair Scheduler 两个调度器的工作原理。

第二节　Capacity Scheduler 实现

Capacity Scheduler 是 Yahoo! 开发的多用户调度器。它以队列为单位划分资源，每个队列可设定一定比例的资源最低保证和使用上限。同时，每个用户可设定一定的资源使用上限以防止资源滥用。当一个队列的资源有剩余时，可暂时将剩余资源共享给其他队列。概括而言，Capacity Scheduler 主要有以下几个特点。

第一，容量保证。管理员可为每个队列设置资源最低保证和资源使用上限，而所有提交到该队列的作业都共享这些资源。

第二，灵活性。如果一个队列中的资源有剩余，可以暂时共享给那些需要资源的队列，一旦该队列有新的作业提交，则其他队列释放资源后会归还给该队列。相较于 HOD 调度器，这种资源灵活分配的方式可明显提高资源利用率。

第三，多重租赁。支持多用户共享集群和多作业同时运行。为防止单个作业、用户或者队列独占集群中的资源，管理员可为之增加多重约束（如单个作业同时运行的任务数等）。

第四，支持资源密集型作业。当一个作业的单个任务需要的资源高于默认设置时，可同时为其分配多个 slot。需要注意的是，当前仅支持内存密集型作业。

第五，支持作业优先级：默认情况下，在每个队列中，空闲资源优先分配给最早提交的作业，但也可让其支持作业优先级，这样优先级高的作业将优先获取资源（两个作业优先级相同时，按照提交时间优先的原则分配资源）。需要注意的是，当前 Capacity Scheduler 还不支持资源抢占。也就是说，如果优先级高的作业提交时间晚于优先级低的作业，则高优先级作业需要等待低优先级作业释放资源。

一、Capacity Scheduler 功能介绍

Capacity Scheduler 是一个多用户调度器。它设计了多层级别的资源限制条件以更好地让多用户共享一个 Hadoop 集群，如队列资源限制、用户资源限制、用户作业数目限制等。为了能够更详尽地了解 Capacity Scheduler 的功能，我们从它的配置文件讲起。Capacity Scheduler 有自己的配置文件，即存放在 conf 目录下的 capacity-scheduler.xml。

在 Capacity Scheduler 的配置文件中，队列 queueX 的参数 Y 的配置名称为 mapred. capacity-scheduler.queue.queueX.Y，为了简单起见，我们记为 Y，则每个队列可以配置的参数如下。

第一，capacity：队列的资源容量（百分比）。当系统非常繁忙时，应保证每个队列的容量得到满足，如果每个队列作业较少，则可将剩余资源共享给其他队列。注意，所有队列的容量之和应小于 100。

第二，maximum-capacity：队列的资源使用上限（百分比）。由于存在资源共享，因此一个队列使用的资源量可能超过其容量，而最多使用资源量可通过该参数限制。

第三，supports-priority：是否支持作业优先级。默认情况下，每个队列内部提交时间早的作业优先获得资源。如果支持优先级，则优先级高的作业优先获得资源，如果两个作业优先级相同，则再进一步考虑提交时间。

第四，minimum-user-limit-percent：每个用户最低资源保障（百分比）。任何时刻，一个队列中每个用户可使用的资源量均有一定的限制。当一个队列中同时运行多个用户的作业时，每个用户的可使用资源量在一个最小值和最大值之间浮动，最小值一般取决于正在运行的作业数目，最大值则由 minimum-user-limit-percent 决定。例如，假设 minimum-user-limit-percent 为 25。当两个用户向该队列提交作业时，每个用户可使用资源量不能超过 50%；如果三个用户提交作业，则每个用户可使用资源量不能超过 33%；如果四个或者更多用户提交作业，则每个用户可使用资源量不能超过 25%。

第五，user-limit-factor：每个用户最多可使用的资源量（百分比）。例如，假设该值为 30, 则任何时刻，每个用户使用的资源量不能超过该队列容量的 30%。

第六，maximum-initialized-active-tasks：队列中同时被初始化的任务数目上限。通过设置该参数可防止因过多的任务被初始化而占用大量内存。

第七，maximum-initialized-active-tasks-per-user：每个用户可同时被初始化的任务数目上限。

第八，init-accept-jobs-factor：用于计算队列中可同时被初始化的作业数目上限，即（init-accept-jobs-factor）× (maximum-system-jobs)×capacity/100，其中maximum-system-jobs 为系统中最多可被初始化的作业数目。

一个配置文件实例如下：

```
<configuration>
  <property>
    <name>mapred,capacity-scheduler.maximum-system-jobs</name>
    <value>3 000</value>
      <description> 系统中最多可被初始化的作业数目 </description>
  </property>
<property>
    <name>mapred.capacity-scheduler.maximum-system-jobs</name>
    cvalue >3 000</values*
    <description>Hadoop 集群中最多同时被初始化的作业 </description>
</property>
  <property>
    <name>mapred.capacity-scheduler.queue.myQueue.capacity</name>
    <value>30</value>
    <description>default 队列的可用资源（百分比）</description>
  </property〉
<! – – 配置 myQueue P 队列 .-->
<property>
    <name>mapred.capacity-scheduler.queue.myQueue.maximum-capacity</name>
    <value>40</value>
    <description>default 队列的资源使用上限（百分比）</description>
  </property>
<property>
    <name>mapred.capacity-scheduler.queue.myQueue.supports-priority</name>
    <value>false</value>
```

```
        <description> 是否考虑作业优先级 </description>
    </property>
    <property>
     <name>mapred. capacity-scheduler,
queue .myQueue .minimum-user-limit-percent</name> <value>100</value>
        <description> 每个用户最低资源保障（百分比）</description>
     </property>
     <property>
        <name>mapred.capacity-scheduler.queue.myQueue.user-limit-factor</name>
        <value>l</value>
        <description> 每个用户最多可使用的资源占队列总资源的比例 </description>
    </property>
     <property>
        <name>mapred. capacity-scheduler.
queue .myQueue.maximam-initialized-active-tasks</name> <value>200000 </value>
    <description>default 队列可同时被初始化的任务数目 </description>
    </property>
    <property>
    <name>mapred.capacity-scheduler, queue.myQueue.maximum-initialized-active-tasks-per-user</name>
    <value>100 000</value>
    <description>default 队列中每个用户可同时被初始化的任务数目 </description>
    </property>
     <property>
        <name>tnapred.capacity-scheduler.queue•myQueue.init-accept-jobs-factor</name>
    <value>10</value>
     <description>default 队列中可同时被初始化的作业数目，即该值与
（ maximum-system-jobs * queue-capacity) 的乘积 </description>
    </property>
    <!-- 配置 myQueue 队列 .-->
```

</ configuration>

从上面这些参数可以看出，Capacity Scheduler 将整个系统资源分成若干个队列，且每个队列有较为严格的资源使用限制，包括每个队列的资源容量限制、每个用户的资源量限制等。通过这些限制，Capacity Scheduler 将整个 Hadoop 集群从逻辑上划分为若干个拥有相对独立资源的子集群，而由于这些子集群实际上共用大集群中的资源，因此可以共享资源，相对于 HOD 而言，提高了资源利用率且降低了运维成本。

二、Capacity Scheduler 实现

（一）Capacity Scheduler 整体架构

对于 Capacity Scheduler 而言，JobTracker 启动时，会自动加载调度器类 org.apache.hadoop.mapred.CapacityTaskScheduler（管理员需要在参数 mapred. jobtracker.taskScheduler 中指定），而 CapacityTaskScheduler 启动时会加载自己的配置文件 capacity-scheduler.xml，并向 JobTracker 注册监听器，以随时获取作业变动信息。待调度器启动完成后，用户可以提交作业。一个作业从提交到开始调度所经历的步骤大致如下。

步骤1：用户通过 Shell 命令提交作业后，JobClient 会将作业提交到 JobTracker 端。

步骤2：JobTracker 通过监听器机制将新提交的作业同步给 CapacityScheduler 中的监听器 JobQueuesManager；JobQueuesManager 收到新作业后将作业添加到等待队列中，由 JobinitializationPoller 线程按照一定的策略对作业进行初始化。

步骤3：某一时刻，一个 TaskTracker 向 JobTracker 汇报心跳，且它心跳信息中要求 JobTracker 为其分配新的任务。

步骤4：JobTracker 检测到 TaskTracker 可以接收新的任务后，调用 CapacityTask Scheduler. assignTasks() 函数为其分配任务。

步骤5：JobTracker 将分配到的新任务返回给对应的 TaskTracker。

接下来将重点介绍作业初始化和作业调度相关实现。

（二）作业初始化

一个作业经初始化后才能够进一步得到调度器的调度而获取计算资源，因此作业初始化是作业开始获取资源的前提。一个初始化的作业会占用 JobTracker 内存，因此需要防止大量不能立刻得到调度的作业被初始化而造成内存浪费。Capacity Scheduler 通过优先初始化那些最可能被调度器调度的作业和限制用户初

始化作业数目来限制内存使用量。

由于作业经初始化后才能得到调度，所以如果任务初始化的速度慢于被调度速度，则可能会产生空闲资源等待任务的现象。为了避免该问题，Capacity Scheduler 总会过量初始化一些任务，从而让一部分任务处于等待资源的状态。

Capacity Scheduler 中作业初始化由线程 JobinitializationPoller 完成。该线程由若干个（可通过参数 mapred.capacity-scheduler.init-worker-threads 指定，默认是 5）工作线程 JobinitializationThread 组成，每个工作线程负责一个或者多个队列的作业初始化工作。作业初始化流程如下。

步骤 1：用户将作业提交到 JobTracker 端后，JobTracker 会向所有注册的监听器广播该作业信息；Capacity Scheduler 中的监听器 JobQueuesManager 收到新作业添加的信息后，检查是否能够满足以下三个约束，如果不满足，则提示作业初始化失败，否则将该作业添加到对应队列的等待作业列表中：

（1）该作业的任务数目不超过 maximum-initialized-active-tasks-per-user。

（2）队列中等待初始化和已经初始化的作业数目不超过 (init-accept-jobs-factor) × (maximum- system-jos) × capacity/100。

（3）该用户等待初始化和已经初始化的作业数目不超过 [(maximum-system-jobs) × capacity100.0 × (minimum-user-limit-percent) 100.0] × (init-accept-jobs-factor)。

步骤 2：在每个队列中，按照以下策略对未初始化的作业进行排序：如果支持作业优先级（supports-priority 为 true），则按照 FIFO 策略（先按照作业优先级排序，再按照到达时间排序）排序，否则按照作业到达时间排序。每个工作线程每隔一段时间（可通过参数 mapred.capacity-scheduler.init-poll-interval 设定，默认是 3 000 ms）遍历其对应的作业队列，并选出满足以下几个条件的作业：

（1）队列已初始化作业数目（正运行的作业数目与已初始化但未运行作业数目之和）不超过 [(maximum-system-jobs) × capaity/100.0]。

（2）队列中已初始化任务数目不超过 maximum-initialized-active-tasks。

（3）该用户已经初始化作业数目不超过 [(maximum-system-jobs) × capacity100.0 × (minimiim-user-limit-percent)100.0]。

（4）该用户已经初始化的任务数目不超过 maximum-initialized-active-tasks-Per-user。

步骤 3：调用 JobTracker. initJob() 函数对筛选出来的作业进行初始化。

（三）任务调度

每个 TaskTracker 周期性向 JobTracker 发送心跳汇报任务进度和资源使用情况，并在出现空闲资源时请求分配新任务。当需要为某个 TaskTracker 分配任务时，JobTracker 会调用调度器的 assignTasks 函数为其返回一个待运行的任务列表。对于 Capacity Scheduler 而言，该 assignTasks 函数由类 CapacityTaskScheduler 实现。其主要工作流程分为以下三个步骤。

步骤 1：更新队列资源使用量。在选择任务之前，需要更新各个队列的资源使用信息，以便根据最新的信息进行调度。更新的信息包括队列资源容量、资源使用上限、正在运行的任务和已经使用的资源量等。

步骤 2：选择 Map Task。Hadoop 调度器通常采用三级调度策略，即依次选择一个队列、该队列中的一个作业和该作业中的一个任务，Capacity Scheduler 也是如此。下面分别介绍 Capacity Scheduler 采用的调度策略。

第一步，选择队列。Capacity Scheduler 总是优先将资源分配给资源使用率最低的队列，即 numSlotsOccupied/capacity 最小的队列，其中 numSlotsOccupied 表示队列当前已经使用的 slot 数目，capacity 为队列的资源容量。

队列的资源容量和资源使用上限是在配置文件中配置的百分比。在一个运行的 Hadoop 集群中，节点的数目是不断变化的，因此通过该百分比求出来的资源量也是变化的。

第二步，选择作业。在队列内部，待调度作业排序策略与待初始化作业排序策略一样，即如果支持作业优先级（supports-priority 为 true)，则按照 FIFO 策略排序，否则按照作业到达时间排序。当选择任务时，调度器会依次遍历排好序的作业，并检查当前 Capacity Scheduler 调度过用到了以下哪几个机制。

机制 1：大内存任务调度。Capacity Scheduler 提供了对大内存任务的调度机制。默认情况下，Hadoop 假设所有任务是同质的，任何一个任务只能使用一个 slot，考虑到一个 slot 代表的内存是一定的，因此这并没有考虑那些内存密集型的任务。为解决该问题，Capacity Scheduler 可根据任务的内存需求量为其分配一个或者多个 slot。如果当前 TaskTracker 空闲 slot 数目小于作业的单个任务的需求量，调度器会让 TaskTracker 为该作业预留当前空闲的 slot，直到累计预留的 slot 数目满足当前作业的单个任务需求，此时才会真正地将该任务分配给 TaskTracker 执行。

默认情况下，大内存任务调度机制是关闭的，只有当管理员配置了 mapred-cluster.map.memory.mb、mapred.cluster.reduce.memory.mb、mapred.cluster.max.map.memory.mb、mapred.cluster.max.reduce.memory.mb 四个参数后，才会支持

大内存任务调度，此时调度器会按照以下公式计算每个 Map Task 需要的 slot 数（Reduce Task 计算方法类似）：

$$\lceil \${mapred.job.map.memory.mb}/\${mapred.cluster.map.memory.mb}" \rfloor$$

机制 2：通过任务延迟调度以提高数据本地性。当任务的输入数据与分配到的 slot 位于同一个节点或者机架时，称该任务具有数据本地性。数据本地性包含三个级别，分别是 node-local（输入数据和空闲 slot 位于同一个节点）、rack-local（输入数据和空闲 slot 位于同一个机架）和 off-switch（输入数据和空闲 slot 位于不同机架）。由于为空闲 slot 选择具有本地性的任务可避免通过网络远程读取数据进而提高数据读取效率，所以 Hadoop 会优先选择 node-local 的任务，然后是 rack-local，最后是 off-switch。

为了提高任务的数据本地性，Capacity Scheduler 采用了作业延迟调度的策略：当选中一个作业后，如果在该作业中未找到满足数据本地性的任务，则调度器会让该作业跳过一定数目的调度机会，直到找到一个满足本地性（node-local 或 rack-local) 的任务或者达到跳过次数上限（requiredSlots × localiyWaitFactor），其中 localityWaitFactor 可通过参数 mapreduce.job.locality.wait.factor 配置，默认情况下，计算方法如下：

$$localityWaitFactor=min\{jobNodes/clusterNodes, 1\}$$

其中，jobNodes 表示该作业输入数据所在的节点总数；clusterNodes 表示整个集群中节点总数。

requiredSlots 计算方法如下：

$$requiredSlots=min\{(numMapTasks-finishedMapTask), numTaskTrackers\}$$

其中，numMapTasks、finishedMapTasks 分别表示该作业总的 Map Task 数目和已经运行完成的 Map Task 数目；numTaskTrackers 表示整个集群中的 TaskTracker 数目（注意，由于一个节点上可能用于多个 TaskTracker，因此 numTaskTrackers 与 clusterNodes 可能不相等）。

预留：暂时占下 slot，尽管没有实际使用，但可防止被其他任务占用。

机制 3：批量任务分配。为了加快任务分配速度，Capacity Scheduler 支持批量任务分配，管理员可通过参数 mapred.capacity-scheduler.maximum-tasks-per-heartbeat（默认是 Short.MAX VALUE）指定一次性为一个 TaskTracker 分配的最多任务数。需要注意的是，该机制倾向于将任务分配给优先发送心跳的 TaskTracker。也就是说，当系统 slot 数目大于任务需要的数目时，会使任务集中运行在少数几个节点上，且同一个作业的任务也可能会集中分配到几个节点上，这不利于负载均衡。

步骤 3：选择 Reduce Task。相比于 Map Task，Reduce Task 选择机制就简单多了。它仅采用了大内存任务调度策略，至于其他策略，如任务延迟调度（Reduce Task 没有数据本地性）和批量任务分配等，不再采用。调度器只要找到一个合适的 Reduce Task 便可以返回。

三、多层队列调度

在 Hadoop 1.0 中，队列以平级结构组织在一起，且每个队列不能再进一步划分。但在实际应用中，每个队列可能代表一个部门，该部门可能又进一步划分成若干个子部门或者将自己的资源按照应用类型划分到不同队列中，最终形成一个树形组织结构。

为了支持这种多层队列组织方式，在 Hadoop 2.0 中，Capacity Scheduler 在现有实现基础上添加了对多层队列的支持，主要特性如下：

第一，整个组织结构由中间队列和叶子队列组成，其中中间队列包含若干子队列，而叶子队列没有再分解的队列。

第二，任何队列可划分成若干子队列，但子队列容量之和不能超过父队列总容量。

第三，用户作业只能将作业提交到某个叶子队列中。

第四，当某个队列出现空闲资源时，优先共享给同父亲的其他子队列。当队列 C11 中有剩余资源时，首先共享给 C12，其次是 C2，再次是 Al、A2 和 B1。

第五，进行任务调度时，仅考虑叶子队列，且采用的调度机制与现有的调度机制一致。

第三节　Fair Scheduler 实现

Fair Scheduler 是 Facebook 开发的多用户调度器。与 Capacity Scheduler 类似，它以资源池（与队列一个概念）为单位划分资源，每个资源池可设定一定比例的资源最低保证和使用上限。同时，每个用户可设定一定的资源使用上限以防止资源滥用。当一个资源池的资源有剩余时，可暂时将剩余资源共享给其他资源池。当然，Fair Scheduler 也存在很多与 Capacity Scheduler 的不同之处，主要体现在以下几个方面。

第一，资源公平共享。在每个资源池中，Fair Scheduler 可选择按照 FIFO 或者 Fair 策略为作业分配资源，其中 Fair 策略是一种基于最大最小公平算法实现的资源多路复用方式，默认情况下，每个队列内部采用该方式分配资源。这意味着，如果一个队列中有两个作业同时运行，则每个作业可得到 1/2 的资源；如果三个作业同时运行，则每个作业可得到 1/3 的资源。

第二，支持资源抢占。当某个资源池中有剩余资源时，调度器会将这些资源共享给其他资源池；而当该资源池中有新的作业提交时，调度器要为它回收资源。为了尽可能降低不必要的计算浪费，调度器采用了先等待再强制回收的策略，即如果等待一段时间后尚有未归还的资源，则会进行资源抢占：从那些超额使用资源的队列中杀死一部分任务，进而释放资源。

第三，负载均衡。Fair Scheduler 提供了一个基于任务数目的负载均衡机制。该机制尽可能将系统中的任务均匀分配到各个节点上。此外，用户也可以根据自己的需要设计负载均衡机制。

第四，任务延时调度。Fair Scheduler 提供了一种基于延时等待的调度机制以提高任务的数据本地性。该机制通过暂时减少个别作业的资源量而提高系统整体吞吐率。

第五，降低小作业调度延迟。由于采用了最大最小公平算法，小作业可以优化所获取的资源并运行完成。

一、Fair Scheduler 功能介绍

与 Capacity Scheduler 类似，Fair Scheduler 也是一个多用户调度器，它同样添加了多层级别的资源限制条件以更好地让多用户共享一个 Hadoop 集群，如队列资源限制、用户作业数目限制等。然而，由于 Fair Scheduler 增加了很多新的特性，因此它的配置选项更多。为了能够更详尽地了解 Fair Scheduler 的功能，我们从它的配置文件讲起。Fair Scheduler 的配置选项包括两部分，一部分在 mapred-site.xml 中，另外一部分在自己的配置文件中，默认情况下为存放在 conf 目录下的 fair-scheduler.xml。

（一）配置文件 mapred-site.xml

启用 Fair Scheduler 时，可在配置文件 mapred-site.xml 中增加以下几个配置选项（其中，mapredjobtracker.taskScheduler 是必填的，其他为自选）。

（1）mapred.jobtracker.taskScheduler：采用的调度器所在的类，即为 org.apache.hadoop. mapred.FairScheduler。

（2）mapred.fairscheduler.poolnameproperty：资源池命名方式，包含以下三种命名方式。

Quser.name：默认值，一个 UNIX 用户对应一个资源池。

Ogroup.name：一个 UNIX 用户组对应一个资源池。

Omapred.job.queue.name：一个队列对应一个资源池。如果设置为该值，则与 Capacity Scheduler 一样。

（3）mapred.fairscheduler.allocation.file：Fair Scheduler 配置文件所在位置，默认是 $HADOOP_HOME/conf/ fair-scheduler.xml。

（4）mapred.fairscheduler.preemption：是否支持资源抢占，默认为 false。

（5）mapred.fairscheduler.preemption.only.log：是否只打印资源抢占日志，并不真正进行资源抢占。打开该选项可用于调试。

（6）mapred.fairscheduler.assignmultiple：是否在一次心跳中同时分配 Map Task 和 Reduce Task，默认为 true。

（7）mapred.fairscheduler.assignmultiple.maps：一次心跳最多分配的 Map Task 数目，默认是 –1，表示不限制。

（8）mapred.fairscheduler.assignmultiple.reduces：一次心跳最多分配的 Reduce Task 数目，默认是 –1，表示不限制。

（9）mapred.fairscheduler.sizebasedweight：是否按作业大小调整作业权重。将该参数置为 true 后，调度器会根据作业长度（任务数目）调整作业权重，以让长作业获取更多资源，默认是 false。

（10）mapred.fairscheduler.locality_delay.node：为了等待一个满足 node-local 的 slot，作业可最长等待时间。

（11）mapred.fairscheduler.locality.delay.rack：为了等待一个满足 rack-local 的 slot，作业可最长等待时间。

（12）mapred.fairscheduler.loadmanager：可插拔负载均衡器。用户可通过继承抽象类 LoadManager 实现一个负载均衡器，以决定每个 TaskTracker 上运行的 Map Task 和 Reduce Task 数目，默认实现是 CapBasedLoadManager，它将集群中所有 Task 按照数量平均分配到各个 TaskTracker 上。

（13）mapred.fairscheduler.taskselector：可插拔任务选择器。用户可通过继承 TaskSelector 抽象类实现一个任务选择器，以决定对给定一个 TaskTracker，为其选择作业中的哪个任务。具体实现时可考虑数据本地性、推测执行等机制。默认实现是 DefaultTaskSelector，它使用了 JobInProgress 中提供的算法。

（14）mapred.fairscheduler.weightadjuster：可插拔权重调整器。用户可通过实现 WeightAdjuster 接口编写一个权重调整器，以动态调整运行作业的权重。

（二）配置文件 fair-scheduler.xml

fair-scheduler.xml 是 Fair Scheduler 的配置文件，管理员可为每个 pool 添加一些资源约束以限制资源使用。对于每个 Pool，用户可配置以下几个选项。

（1）minMaps：最少保证的 Map slot 数目，即最小资源量。

（2）maxMaps：最多可以使用的 Map slot 数目。

（3）minReduces：最少保证的 Reduce slot 数目，即最小资源量。

（4）maxReduces：最多可以使用的 Reduce slot 数目。

（5）maxRunniigJobs：最多同时运行的作业数目。通过限制该数目，可防止超量 Map Task 同时运行时产生的中间输出结果撑爆磁盘。

（6）minSharePreemptionTimeout：最小共享量抢占时间。如果一个资源池在该时间内使用的资源量一直低于最小资源量，则开始抢占资源。

（7）schedulingMode：队列采用的调度模式，可以是 FIFO 或者 Fair。

管理员也可为单个用户添加 maxRunningJobs 属性，限制其最多同时运行的作业数目。此外，管理员也可通过以下参数设置以上属性的默认值。

（1）poolMaxJobsDefault：资源池的 maxRunningJobs 属性的默认值。

（2）userMaxJobsDefault：用户的 maxRunningJobs 属性的默认值。

（3）defaultMinSharePreemptionTimeout：资源池的 minSharePreemptionTimeout 属性的默认值。

（4）defaultPoolSchedulingMode：资源池的 schedulingMode 属性的默认值。

（5）fairSharePreemptionTimeout：公平共享量抢占时间。如果一个资源池在该时间内使用资源量一直低于公平共享量的一半，则开始抢占资源。

（6）defaultPoolSchedulingMode：Pool 的 schedulingMode 属性的默认值。

【实例】假设要为一个 Hadoop 集群增加三个资源池 poolA、poolB 和 default，且规定普通用户最多可同时运行 40 个作业，但用户 userA 最多可同时运行 400 个作业，那么可在 fair-scheduler.xml 中进行如下配置：

```
<allocations>
  <pool name="poolA">
    <minMaps >100 </minMaps >
    <maxMaps >150 </maxMaps >
    <minReduces > 50 </minReduces > cmaxReduces>100</maxReduces>
    <maxRunningJobs >200 </maxRunningJobs >
    <minSharePreemptionTimeout>300</minSharePreemptionTimeout>
```

```
    <weight>l.0</weight>
  </pool>
  <pool name="poolB">
    <minMaps > 80 </minMaps >
    <maxMaps > 80 </maxMaps >
    <minReduces >50 </minReduces >
    <maxReduces>50</maxReduces>
    <maxRunningJobs>30</maxRunningJobs >
    <minSharePreemptionTimeout>500</minSharePreemptionTimeout>
    <weight>l.0</weight>
  </pool>
  <pool name = n defaultH > cminMaps >0
    </minMaps >
    <maxMaps >10 </maxMaps >
    <minReduces>0</minReduces>
    <maxReduces >10 </maxReduces >
    <maxRunningJobs > 50 </maxRunningJobs >
    <minSharePreemptionTimeout >500</minSharePreemptionTimeout >
    <weight>l.0</weight>
  </pool>
  <user name="userA">
    <maxRunningJobs >400</maxRunningJobs >
   </user>
  <userMaxJobsDefault>40</userMaxJobsDefault>
  <fairSharePreemptionTimeout>6 000</fairSharePreemptionTimeout>
  </allocations>
```

二、Fair Scheduler 实现

（一）Fair Scheduler *基本设计思想*

Fair Scheduler 核心设计思想是基于资源池的最小资源量和公平共享量进行任务调度。其中，最小资源量是管理员配置的，而公平共享量是根据队列或作业权重计算得到的。资源分配具体过程如下。

步骤 1：根据最小资源量将系统中所有 slot 分配给各个资源池。如果某个资源池实际需要的资源量小于它的最小资源量，则只需要将实际资源需求量分配给它即可。

步骤 2：根据资源池的权重将剩余的资源分配给各个资源池。

步骤 3：在各个资源池中，按照作业权重将资源分配给各个作业，最终每个作业可以分到的资源量即为作业的公平共享量。其中，作业权重是由作业优先级转换而来的，它们的映射关系如表 10-1 所示。

表 10-1　作业优先级与作业权重映射关系

作业优先级	作业权重
VERY_HIGH	4.0
HIGH	2.0
NORMAL	1.0
LOW	0.5
VERY_LOW	0.25

用户也可以通过打开 mapred.fairscheduler.sizebasedweigh 参数以根据作业长度调整权重或者编写权重调整器动态调整作业权重。

【实例】如图 10-1 所示，假设一个 Hadoop 集群中共有 100 个 slot（为了简单，不区分 Map 或者 Reduce slot）和四个资源池（依次为 P1、P2、P3 和 P4），它们的最小资源量依次为 25、19、26 和 28。如图 10-1（a）所示，在某一时刻，四个资源池实际需要的资源量（与未运行的任务数目相关）依次为 20、26、37 和 30，则资源分配步骤如下：

步骤 1：根据最小资源量将资源分配给各个资源池。对于资源池 P1 而言，由于它实际需要的资源量少于其最小资源量，因此只需要将它实际需要的资源分配给它即可，如图 10-1（b）和图 10-1（c）所示。经过这一轮分配，四个资源池获得的 slot 数目依次为 20、19、26 和 28。

步骤 2：经过第一轮分配后，尚剩余 7 个 slot，此时需要按照权重将剩余资源分配给尚需资源的资源池 P2、P3 和 P4。假设这三个资源池的权重依次为 2.0、3.0 和 2.0，则它们额外分得的 slot 数目依次为 2、3 和 2。这样，如图 10-1（d）所示，三个资源池最终获得的资源总量依次为 21、29 和 30。

步骤3：在各个资源池内部，按照作业的权重将资源分配给各个作业。假设 P4 中有三个作业，优先级依次为 VERY_HIGH，NORMAL 和 NORMAL，则它们可能获得的 slot 数目依次为 $\frac{4}{4+1+1} \times 30 = 20$，$\frac{1}{4+1+1} \times 30 = 5$ 和 $\frac{1}{4+1+1} \times 30 = 5$，这三个值即为对应作业的公平共享量。

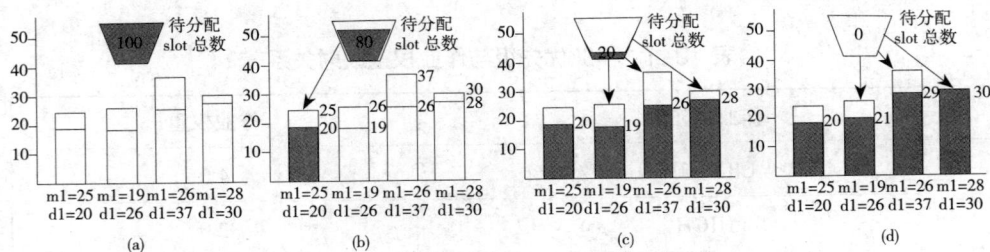

图 10-1　Fair Scheduler 中的任务分配过程

注意：公平共享量只是理论上的资源分配量（理想值），在实际资源分配时，调度器应尽量将与公平共享量相等的资源分配给作业。

（二）Fair Scheduler 实现

Fair Scheduler 内部组织结构包括的模块有配置文件加载模块、作业监听模块、状态更新模块和调度模块。下面分别介绍这几个模块。

第一，配置文件加载模块：由类 PoolManager 完成，负责将配置文件 fair-scheduler.xml 中的信息加载到内存中。

第二，作业监听模块：Fair Scheduler 启动时会向 JobTracker 注册作业监听器 JobListener，以便能够随时获取作业变化信息。

第三，状态更新模块：由线程 UpdateThread 完成，该线程每隔 mapred.fairscheduler.update.interval（默认是 500 ms）时间更新一次队列和作业的信息，以便将最新的信息提供给调度模块进行任务调度。

第四，调度模块：当某个 TaskTmcker 通过心跳请求任务时，该模块根据最新的队列和作业的信息为该 TaskTracker 选择一个或多个任务。

在不同的 Hadoop 版本中，Fair Scheduler 调度算法实现方式不同。这里介绍两个版本的实现：0.20.X 版本和 0.21.X/0.22.X/1.X 版本。

1. 0.20.X 版本

前面提到了作业公平共享量的计算方法，而调度器的任务就是将与公平共享量相等的资源分配给作业。在实际的 Hadoop 集群中，由于资源使用情况是动态变化的，且任务运行的时间长短不一，因此时刻保证每个作业实际分到的资源量与公平共享量一致是不可能的。为此，0.20.X 版本采用了基于缺额的调度策略。该策略采用了贪心算法以保证尽可能公平地将资源分配给各个作业。

缺额（jobDeficit)是作业的公平共享量与实际分配到的资源量之间的差值。它反映了资源分配过程中产生的理想与现实的差距。调度器在实际资源分配时应保证所有作业的缺额尽可能小。缺额的基本计算公式：

$$jobDeficit=jobDeflcit+(jobFairShare-runningTasks) \times timeDelta$$

其中，jobFairShare 为作业的公平共享量，runningTasks 为作业正在运行的任务数目（对应实际分配到的资源量），timeDelta 为缺额更新时间间隔。

从上面公式可以看出，作业缺额是随着时间累积的。在进行资源分配时，调度器总是优先将空闲资源分配给当前缺额最大的作业。如果在一段时间内一个作业一直没有获得资源，则它的缺额会越来越大，最终缺额达到最大，从而可以获得资源。这种基于缺额的调度机制并不能保证作业时时刻刻均能获得与其公平共享量对应的资源，但如果所有作业的运行时间足够长，则该机制能够保证每个作业实际平均分配到的资源量接近它的公平共享量。

2. 0.21.X/0.22.X/1.X 版本

在 0.21.X/0.22.X/1. X 版本中，同 Capacity Scheduler 一样，Fair Scheduler 也采用了三级调度策略，即依次选择一个资源池，该资源池中的一个作业和该作业中的一个任务，但具体采用的策略稍有不同。

Fair Scheduler 选择队列时，在不同的条件下采用不同的策略，具体如下：

当存在资源使用量小于最小资源量的资源池时，优先选择资源使用率最低的资源池，即 runningTasks/minShare 为最小的资源池，其中 runningTasks 是资源池当前正在运行的 Task 数目（也就是正在使用的 slot 数目），minShare 为资源池的最小资源量。

否则，选择任务权重比最小的资源池，其中资源池的任务权重比（tasksToWeightRatio）公式如下：

$$tasksToWeightRatio=runningTasks/poolWeight$$

其中，runningTasks 为资源池中正在运行的任务数目，poolWeight 是管理员配置的资源池权重。

选定一个资源池后，Fair Scheduler 总是优先将资源分配给资源池中任务权重比最小的作业，其中作业的任务权重比的计算方法与资源池的一致，即为该作业正在运行的任务数目与作业权重的比值。需要注意的是，作业权重比是从作业优先级转换而来的。此外，Fair Scheduler 为管理员提供了另外两种改变作业权重的方法：

将参数 mapred.fairscheduler.sizebasedweight 置为 true，则计算作业权重时会考虑作业长度，具体计算方法如下：

$$jobWeight=jobWeightByPriority \times \log_2（runnableTasks）$$

其中，jobWeightByPriority 是通过优先级转化来的权重，runnableTasks 是作业正在运行和尚未运行的任务之和。

通过实现 WeightAdjuster 接口，编写一个权重调整器，并通过参数 mapred.fairscheduler.weightadjuster 使之生效。此时，作业权重即为 WeightAdjuster 中方法 adjustWeight 的返回值。

（三）Fair Scheduler 优化机制

机制1：延时调度。我们知道，提高 Map Task 的数据本地性可提高作业运行效率。为了提高数据本地性，Fair Scheduler 采用了延时调度机制。当出现一个空闲 slot 时，如果选中的作业没有 node-local 或者 rack-local 的任务，则暂时把资源让给其他作业，直到找到一个满足数据本地性的任务或者达到一个时间阈值，此时不得不为之选择一个非本地性的任务。

为了实现延时调度，Fair Scheduler 为每个作业 j 维护三个变量：level、wait 和 skipped，分别表示最近一次调度时作业的本地性级别（0、1、2 分别对应 node-local、rack-local 和 off-switch）、已等待时间和是否延时调度，并依次初始化为：j.leveH、j.wailK 和 j.skippe=false。此外，当不存在任务时，为了尽可能选择一个本地性较好的任务，FairScheduler 采用了双层延迟调度算法。为了找到一个 node-local 任务，最长可等待 W1 或者进一步等待 W2，从而找到一个 rack-local 任务。

总之，当 JobTracker 从 TaskTracker 上收到心跳后，Fair Scheduler 按照以下算法选择 Map Task：

unction List<Task> assignTasks(TaskTracker tt) taskList — null
  for each job j in allJobs do if j.skipped=true do
      j .updateLocalityWaitTimes() ; // 更新等待时间
      j . skipped — false
      done
      end for
while n. availableSlots () > 0 then // 如果可用 slot 数目大于 0
sort jobs using hierarchical scheduling policy

```
for j in jobs do // 遍历排序后的所有作业
    // 查找该作业中是否包含符合 node-local 的 Map Task
    if (t = j.obtainNewNodeLocalMapTask())!= null then j.wait 和 0, j.level — 0
    taskList.add(t); break;
        // 查找该作业中是否包含符合 rack-local 的 Map Task
else if (t = j.obtainNewNodeOrRackLocalMapTask())            != null and
    (j.level >= 1 or j.wait >= Wl) then
    j.wait — 0, j.level — 1 taskList.add(t)
    break;
  else if j.level = 2 or ( j.level = 1 and j.wait >= W2) or (j.level
    = 0 and j.wait>=Wl+W2) then j . wait — 0, j . level *•— 2
    // 依次查找该作业中符合 node-local, rack-local, off-switch 的
Map
Task t = j.obtainNewMapTask() taskList.add(t); break; else
j . skipped — true
end if end for
end while return
taskList; end
function
```

机制 2: 负载均衡。Fair Scheduler 为用户提供了一个可扩展的负载均衡器：CapBasedLoadManager。它会将系统中所有任务按照数量平均分配到各个节点上。当然，用户也可通过继承抽象类 LoadManager 实现自己的负载均衡器。

机制 3：资源抢占。当一个资源池有剩余资源时，Fair Scheduler 会将这些资源暂时共享给其他资源池，一旦该资源池有新作业提交，调度器则会为它回收资源。如果在一段时间后该资源池仍得不到本属于自己的资源，则调度器会通过杀死任务的方式抢占资源。Fair Scheduler 同时采用了两种资源抢占方式：最小资源量抢占和公平共享量抢占。如果一个资源池的最小资源量在一定时间内得不到满足，则会从其他超额使用资源的资源池中抢占资源，这就是最小资源量抢占；如果一定时间内一个资源池的公平共享量的一半得不到满足，则该资源池会从其他资源池中抢占，这称为公平共享量抢占。

进行资源抢占时，调度器会选出超额使用资源的资源池，并从中找出启动时间最早的任务，再将其杀掉，进而释放资源。

三、其他 Hadoop 调度器介绍

（一）自适应调度器

自适应调度器（adaptive scheduler）是一种以用户期望运行时间为目标的调度器。该调度器根据每个作业会被分解成多个任务的事实，通过已经运行完成的任务的运行时间估算剩余任务的运行时间，进而使该调度器能够根据作业的进度和剩余时间动态地为作业分配资源，以期望作业在规定时间内运行完成。

（二）自学习调度器

自学习调度器（learning scheduler）是一种基于贝叶斯分类算法的资源感知调度器。与现有的调度器不同，它更适用于异构 Hadoop 集群。该调度器的创新之处是将贝叶斯分类算法应用到 MapReduce 调度器设计中。

该调度器选取了若干个作业特征（用向量表示）作为分类属性，主要有作业平均 CPU 利用率、平均网络利用率、平均磁盘 I/O 利用率和平均内存利用率等。这些属性值可通过一个离线系统获取。调度器通过用户标注好的一些作业可训练得到一个分类器。这样，当某个 TaskTracker 出现剩余资源时，会通过心跳向 JobTracker 请求新的任务，同时汇报所在节点的资源使用信息。调度器收到该信息后，会将所有作业的特征向量作为贝叶斯分类器的输入，判断出当前哪些作业可在该 TaskTracker 上运行（good 作业），哪些不可以在该 TaskTracker 上运行（bad 作业），最后通过一个效用函数从所有 good 作业中选出一个最合适的作业。

（三）动态优先级调度器

在 0.21.X/0.22.X 版本中，Hadoop 引入了一个新的调度器——动态优先级调度器（dynamic priority scheduler）。该调度器允许用户动态调整自己获取的资源量，以满足其服务质量要求。

该调度器试图把 Hadoop 集群看作一个提供商品的买卖市场，每个消费者有一定的预算购买自己所需要的东西，且消费者需要为购买某件商品竞标。其中，出价高的人可获得较多的商品，反之，出价少的人获得的商品也少。由于市场中商品价格是不断上下波动的，因此消费者可结合自己的需要调整自己的价位，以买入更多或者更少的商品。对应到 Hadoop 集群中，slot 是进行买卖的商品，Hadoop 用户是消费者，每个用户分配有一定的预算，在任何一个阶段，可能有多个用户同时向 Hadoop 集群申请资源，其中出价高的用户获得的资源多，且申请资源的用户越多，单个 slot 的价位也就越高。

动态优先级调度器的核心思想是在一定的预算约束下，根据用户提供的消费

率按比例分配资源。管理员可根据集群资源总量为每个用户分配一定的预算和一个时间单元的长度（通常为 10 s ～ 1 min），而用户可根据自己的需要动态调整自己的消费率，即每个时间单元内单个 slot 的价钱。在每个时间单元内，调度器按照以下步骤计算每个用户获得的资源量。

第一步：计算所有用户的消费率之和 p。

第二步：对于每个用户 i，分配 $Si/p \times C$。其中，Si 为用户 i 的消费率，c 为 Hadoop 集群中 slot 总数。

第三步：对于每个用户 i，从其预算中扣除 3，其中 Ui 为用户正在使用的 slot 数目。

动态优先级调度器也可作为一个元调度器集成到其他调度器（如 FIFO、FairScheduler 等）中。这样，每个队列或者用户的可用资源量直接由动态优先级调度器动态计算得到，而其他调度器只需要负责分配资源即可。相较于其他调度器，动态优先级调度器允许用户根据需要（如完成时间）动态调整资源，进而对作业运行质量进行精细的控制。

第十一章　Hadoop 安全机制

　　Hadoop 多用户任务调度器包括 Fair Scheduler、Capacity Scheduler 等。多用户任务调度器使不同需求的用户可以共享一个 Hadoop 集群中的计算资源和存储资源，大大降低了运维成本，提高了系统资源利用率，但同时引出了一个亟待解决的问题——安全问题。由于 Hadoop 缺乏安全机制，当大量用户共享一个 Hadoop 集群时，可能会带来各种安全隐患，如普通用户访问机密数据、用户杀死他人的作业等。为了更好地管理 Hadoop 集群，从 1.0 版本开始，Hadoop 引入了安全机制。本章将从 Hadoop 安全设计动机出发，依次介绍 Hadoop RPC、HDFS 和 MapReduce 中的安全机制设计方法。

第一节　Hadoop 安全机制概述

　　由于所有的 Hadoop 集群都部署在有防火墙保护的局域网中且只允许公司内部人员访问，因此为 Hadoop 添加安全机制的动机并不像传统的安全概念那样是为了防御外部黑客的攻击，而是为了更好地让多用户在共享 Hadoop 集群环境下安全高效地使用集群资源。

一、Hadoop 面临的安全问题

　　在 1.0 版本之前，Hadoop 几乎没有任何安全机制，因此面临着各方面的安全威胁，主要包括以下几个方面。

（一）缺乏用户与服务之间的认证机制

1.NameNode 或者 JobTracker 缺少用户认证机制

由于用户可以在应用程序中设置自己的用户名和所在的用户组，这使任意用

户可以很容易伪装成其他用户，给用户管理造成了极大不便。

2.DataNode 上缺少用户授权机制

DataNode 上的 Block 读写无任何访问控制机制，以至于用户只要知道 Block ID，就能够获取对应 Block 的内容，并且用户也可以随便往一个 DataNode 上直接写入 Block。

3.JobTracker 上缺少用户授权机制

（1）任何一个用户均可以修改或者杀死其他用户的作业。

（2）任何一个用户均可以修改 JobTracker 的持久化状态。

（二）缺乏服务与服务之间的认证机制

DataNode 与 NameNode、TaskTracker 与 JobTracker 之间缺少认证机制，以至于用户可以任意启动 DataNode 或者 TaskTracker。

（三）缺乏传输以及存储加密措施

客户端与服务器之间、Slave 与 Master 之间的数据传输采用 TCP/IP 协议，以 Socket 方式实现，但在传输和存储过程中没有加 / 解密处理。Hadoop 各节点间的数据采用明文传输，使其极易在传输的过程中被窃取。

此外，数据服务器对内存和存储器中的数据没有任何存储保护，在恶意入侵、介质丢失、维修等情况下，数据容易泄露。

二、Hadoop 对安全方面的需求

从 2009 年开始，Yahoo! 专门抽出一个团队来解决 Hadoop 安全问题。对于前面介绍的几种问题，最终期望能够满足以下几个需求。

（一）功能需求

第一，引入授权机制，只有经授权的用户才可以访问 Hadoop。

第二，任何用户只能访问那些有权限访问的文件或者目录。

第三，任何用户只能修改或者杀死自己的作业。

第四，服务与服务之间引入权限认证机制，防止未经授权的服务接入 Hadoop 集群。

第五，新引入的安全机制应对用户透明，且用户可放弃使用该机制以保证向后兼容。

（二）性能需求

引入安全机制后带来的开销应在可接受范围内。

三、Hadoop 安全设计基本原则

（一）作为一种可选方案

考虑到引入 Hadoop 安全机制会给运维人员带来一定的麻烦，且并不是所有 Hadoop 集群都需要安全机制，因此 Hadoop 中的安全机制应是可配置的，并在默认情况下与现有方案（简单基于操作系统的认证机制）保持一致。

（二）无须显式地输入密码

为了保证 Hadoop 的易用性，Hadoop 的安全机制不应让用户显式地输入密码。

（三）保持向后兼容

当前，很多应用程序运行于不同版本的 Hadoop 集群中，引入 Hadoop 安全机制后应不影响它们的功能，如 HFTP 应可以在带和不带安全机制的集群中复制数据。

为了增强 Hadoop 的安全性，Apache 专门抽出一个团队，为 Hadoop 增加安全认证和授权机制，如在 Apache Hadoop 1.0 版本中加入了 Kerberos 身份认证和基于 ACL（Access Control List）的服务访问控制机制。

第二节　Hadoop 安全机制基础知识

Hadoop RPC 中采用了简单认证和安全层（SASL）进行安全认证，具体认证方法包括 DIGEST–MD5 和 Kerberos 两种。下面详细介绍 SASL、DIGEST–MD5 和 Kerberos 的基本概念和原理。

一、安全认证机制

（一）SASL

SASL 是一种用来扩充 C/S 模式验证能力的认证机制。它的核心思想是把用户认证和安全传输从应用程序中隔离出来。例如，简单邮件传输协议（SMTP）在定义之初没有考虑到用户认证等问题，现在 SMTP 可以使用 SASL 来完成这方面的工作。

SASL 支持多种认证方法，主要包括以下几种。

第一，ANONYMOUS：无须认证。

第二，PLAIN：最简单的机制，但也是最危险的机制，因为信息采用明文密码方式传输。

第三，DIGEST-MD5：HTTP Digest STMD5 的安全传输层。这是方便性和安全性结合得最好的一种方式，也是 SASL 默认采用的方式。使用这种机制时，客户端与服务器端共享同一个密钥，而且该密钥不通过网络传输。验证过程是从服务器端先提出质询（实际上是一组信息）开始，客户端使用此质询与密钥计算出一个应答。不同的质询，不可能计算出相同的应答，且任何拥有密钥的一方都可以用相同的质询算出相同的应答。因此，服务器端只要比较客户端返回的应答与自己算出的应答是否相同，就可以知道客户端所拥有的密钥是否正确。由于真正的密钥并没有通过网络进行传输，所以不怕网络窃取。

第四，GSSAPI：通用安全服务应用程序接口。GSSAPI 本身是一套 API，由互联网工程任务组（IETF）标准化。由于其最主要的实现是基于 Kerberos 的，所以一般说到 GSSAPI 都暗指 Kerberos 实现。我们将在下一部分对 Kerberos 进行详细介绍。

（二）JAAS

JAAS 是 SUN 公司为了增强 Java 2 安全框架中的功能而提供的编程接口。Java 2 安全框架提供的是基于代码源的存取控制方式，而 JAAS 还提供了基于代码运行者的存取控制能力，因此 JAAS 是 Java 安全编程的一个重要补充。随着 Internet 安全问题越来越受到重视，JAAS 在 Java 应用编程中得到了越来越广泛的应用。

JAAS 主要由认证和授权两大部分构成。认证就是简单地对一个实体的身份进行判断，而授权是向实体授予对数据资源和信息访问权限的决策过程。从 1.4 版本开始，JDK 已经开始集成 JAAS。

JAAS 认证通过插件的形式工作，这使 Java 应用程序独立于底层的认证技术，应用程序可以使用新的或经过修改的认证技术，而不需要修改应用程序本身。应用程序通过实例化为一个登录上下文对象来开始认证过程，这个对象根据配置决定采用哪个登录模块，而登录模块决定了认证技术和登录方式。一个比较典型的登录方式是提示输入用户名和口令，其他登录方式还有读入并核实声音或指纹样本。

JAAS 的核心类可以分为公共类、认证类和授权类三部分：公共类包括 Subject、Principal、Credential 三个类；认证类包括 LoginContext、LoginModule、CallbackHandler 和 Callback 四个类；授权类包括 Policy、AuthPermission 和 PrivateCnea]entialPermission 三个类。在 Hadoop 中仅用到了公共类和认证类，接下来我们分别对其进行介绍。

1. 公共类

公共类是由 JAAS 认证和授权的部分共同使用的类。其中 Subject 类最关键，它代表某个整体的一组相关信息，这个整体可以是一个人或其他对象，相关信息则包括这个整体的标识、公有凭据、私有凭据等。JAAS 的标识类必须实现 java.security.Principal 接口，但凭据类可以是任何对象。

应用程序先要对请求的来源进行认证，然后才能对该请求源访问的资源进行授权。JAAS 框架定义主题这个术语代表请求源。主题可以是任何实体，如一个人或一项服务。一旦通过了认证，主题就和相关的标识联系在一起。标识可以使不同主题之间相互区别。一个主题可以具有多个标识，如一个人可以有一个名字标识和一个身份证号标识。主题也可以拥有与安全相关的属性，这些属性被称为凭据。需要特殊保护的凭据，如私钥，储存在私有凭据集合中；可以公开的凭据，如公共证书，则储存在公共的凭据集合中。

主题类有以下几个比较重要的方法：

public Set getPrincipals ()；// 返回所有标识；

public static Object doAs (final Subject subject, final PrivilegedAction action)；// 以某一主题身份执行 action 实例的 run 方法，如果正常执行，返回从 run 方法所返回的对象。

一个 Principal 对象可以和一个 Subject 对象关联，用于区别不同的主题（subject）。用户自定义的 Principal 类必须实现 Principal 和 Serializable 接口。我们可以用 Principal 类提供的 getPrincipals 方法得到和更新与一个主题相联系的标识。

Credential 类通常用于实现一个凭据。凭据通常分为两种，分别是公共凭据和私有凭据。核心 JAAS 类库没有对公共和私有凭据类做出规定，所以任何 Java 类都能代表凭据。但一般情况下，建议作为凭据的类应该实现 Refreshable 和 Destroyable 两个接口。Refreshable 接口可以使凭据能够自我刷新，而 Destroyable 接口提供了销毁凭据中内容的功能。

2. 认证类

对一个主题进行认证需要以下步骤。

步骤 1：应用程序实例化登录上下文。

步骤 2：登录上下文按照输入参数及配置装入所有相关的登录模块。

步骤 3：应用程序调用登录上下文的 Login 方法。

步骤 4：Login 方法调用所有被装入的登录模块。每个模块都试图认证主题。如果认证成功，登录模块就把相关的标识和凭据关联到所认证的主题中。

步骤 5：登录上下文返回认证状态给应用程序。

步骤 6：如果认证成功，应用程序可以从登录上下文中获得被认证的主题。

LoginContext，即登录上下文类，给应用程序提供了认证主题的基本方法，并提供了一种独立于底层认证技术的应用程序开发方法。登录上下文依照配置决定应用程序采用哪些认证模块，这样认证模块就以插件的形式工作于应用程序的底层，认证技术的改变则不需要修改应用程序本身。

LoginModule 类使开发者能够把不同类型的认证技术以插件的形式加到应用程序中。该类中最重要的方法是 login()，定义如下：

boolean login()throws LoginException;

Login 方法将由登录上下文自动调用，此时登录模块开始认证过程。

登录过程的身份验证方式由用户所编写的 CallbackHandler 类决定。该类的实现既可以是提示用户输入用户名和密码，又可以是从智能卡或生物特征鉴别设备那里得到数据，或者简单地从底层的操作系统中抽取用户信息。

在某些情况下，登录模块必须和用户通信以获得认证信息，其间涉及的通信过程如下。

步骤 1：应用程序提供一个实现 CallbackHandler 接口的类，并把该类实例的引用作为创建登录上下文对象时的参数。

步骤 2：登录上下文接着把 CallbackHandler 类传给底层的登录模块。

步骤 3：登录模块通过这个引用调用它的 Handle 方法，这样就可以从用户那里获取认证信息，也可以把信息送给用户。

由此可见，底层的登录模块与用户交互的方式完全是由应用程序决定的。

JAAS 库中自带了一些认证机制，包括 Windows NT、LDAP (Lightweight Directory Access Protocol，轻量目录访问协议)、Kerberos 等，而 Hadoop 主要采用了 Kerberos。

二、Kerberos 介绍

Kerberos 是一种网络认证协议，主要用于计算机网络的身份鉴别。其特点是用户只需要输入一次身份验证信息就可以凭借此验证获得的票据访问多个服务。Kerberos 认证过程的实现不依赖主机操作系统的认证。它不基于主机地址的信任，也不要求网络上所有主机的物理安全。Kerberos 作为一种可信任的第三方认证服务，是通过传统的密码技术（如共享密钥）执行认证服务的。

（一）Kerberos 协议中的基本概念

第一，客户端：客户端就是用户，也就是请求服务的用户。

第二，服务器：向用户提供服务的一方。

第三，密钥分发中心（KDC）：KDC存储了所有客户端的密码和其他账户信息，它接收来自客户端的票据请求，验证其身份并对其授予服务票据。KDC中包含认证服务和票据授权服务。

第四，认证服务（AS）：负责检验用户的身份。如果通过了验证，则向用户提供访问票据准许服务器的服务许可票据。

第五，票据授权服务（TGS）：负责验证用户的服务许可票据。如果通过验证，则为用户提供访问服务器的服务许可票据。

第六，票据：用于在认证服务器和用户请求的服务之间安全地传递用户的身份，同时传递一些附加信息。

第七，票据授权票据（TGT）：客户访问 TGS 服务器需要提供的票据，目的是为了申请某一个应用服务器的服务许可票据。

第八，服务许可票据：客户请求服务时需要提供的票据。

（二）Kerberos 认证过程介绍

Kerberos 协议使用了对称加密机制，因此必然存在类似于口令的密钥。为了避免口令在网络中不必要的传递，Kerberos 将服务认证功能交由认证服务和票据授权服务完成。为了阐述 Kerberos 中蕴含的设计思想，我们以多次出示信用卡消费密码购买电影票将提高泄露消费密码的概率为例进行类比。

用户 Dong 经常到电影院看电影。为了方便，他通常使用带有消费密码的信用卡购买电影票。为此，Dong 需要向电影院售票处出示自己的信用卡，并输入自己的信用卡密码才能购买所需的电影票，从而持票入场。检票员会验证 Dong 所持有的票的有效性，以决定是否允许 Dong 进电影院观看电影。如果 Dong 多次观看电影，则需要多次出示自己的信用卡及密码购票。从概率学上讲，随着 Dong 观看电影次数的增多，其信用卡和密码被窃取的概率也会增加。因此，为了减少信用卡及密码被窃取的概率，Dong 应该减少出示信用卡和密码的次数。

那么，如何才能减少出示信用卡和密码的次数呢？解决方法之一就是在各个电影院之间引入专门销售"通用电影票"的售票机构。这样，Dong 希望观看某场电影时，不再需要出示自己的信用卡和密码，而只要出示自己的通用电影票即可。

例如，通用电影票可能是 Dong 花费了 500 元购买的可换取 20 场具体电影票的一个凭证。因此，他的通用电影票并不是作为进入电影院的凭证，而是作为置换具体电影院对应电影票的凭证，即 Dong 只需要向该电影院售票处出示该凭证，即可获取一张进入该电影院的电影票。使用通用电影票可避免多次出示信用卡及密码，从而减少了机密信息被窃取的可能性。在该解决方案中，存在两个核心机构，即"通用电影票"售票机构和电影票售票处。

根据以上实例，我们可以引出 Kerberos 中的两个核心服务器：认证服务器和票据许可服务器。其中，认证服务器类似于通用电影票售票机构，而票据许可服务器类似于电影票售票处。如同通用电影票售票机构不直接销售电影票一样，认证服务器也不直接颁发认证标识，而是只颁发可以购买认证标识的票据（TGT）。如同电影票售票处真正售票一样，票据许可服务器才真正地颁发认证标识。

在 Kerberos 中，当客户端请求一个服务时，Kerberos 协议认证过程具体如下。

步骤 1：客户端向 KDC 中的认证系统发送服务许可票据请求。

步骤 2：KDC 中的认证服务器接收到来自客户端的票据请求后，查找对应的数据，如果该用户合法，则为其返回服务许可票据。

步骤 3：客户端向 KDC 中的票据许可服务器发送服务票据请求。

步骤 4：票据许可服务器检查客户端的服务许可票据是否合法，如果合法，则为之返回服务票据。

步骤 5：客户端获取服务许可票据后，向对应的服务器提出请求服务。

步骤 6：服务器检查客户端的服务票据是否合法，如果合法，则为之返回服务器认证，从而可以安全地访问服务器。

Hadoop 选用了 Kerberos 作为安全认证机制。相比较另外一种常用机制 SSL，Kerberos 具有以下两个优点。

第一，性能高：Kerberos 采用了对称密钥，相比于 SSL 中自带的基于公钥的算法要高效得多。

第二，用户管理简单：Kerberos 依赖第三方的统一管理中心——KDC，管理员对用户的操作直接作用在 KDC 上，相较于 SSL 中基于广播的更新机制要简单得多。例如，撤销用户权限时只需要将用户从 KDC 的数据库上删除即可，而在 SSL 中，需要重新生成一个证书撤销列表，并广播给各个服务器。

第三节 Hadoop 安全机制实现

在 1.0.0 之后的版本中，Hadoop 在 RPC、HDFS 和 MapReduce 等方面引入了安全机制。下面我们将分别介绍 RPC、HDFS 和 MapReduce 中涉及的安全机制实现方法。

一、RPC

Hadoop RPC 安全机制包括基于 Kerberos 和令牌的身份认证机制和基于 ACL 的服务访问控制机制。

（一）身份认证机制

为了保证网络通信的安全性，Hadoop 中所有 RPC 连接均采用了 SASL。前面我们已经介绍了 SASL 的原理。SASL 本身不包含认证机制，需要由用户指定一个第三方实现，而 Hadoop 正是将 Kerberos 和 DIGEST-MD5 两种认证机制添加到 SASL 中实现了 RPC 安全认证。在 Hadoop 中，除了 NameNode，其他服务仅支持 Kerberos 认证方法。下面简要介绍这两种认证机制。

Kerberos：客户端（如 JobClient）获取一个服务票据，然后才可以访问对应的服务器。

Kerberos+DIGEST-MD5：在这种机制中，Kerberos 用于在客户端和服务器端之间建立一条安全的网络连接，之后客户端可通过该连接从服务器端获取一个密钥。由于该密钥仅有客户端和服务器端知道，因此接下来客户端可使用该共享密钥获取服务的认证。

使用共享密钥进行安全认证（使用 DIGEST-MD5 协议）有两方面的好处：第一，由于它只涉及认证双方而不必涉及第三方应用（如 Kerberos 中的 KDC），因此安全且高效；第二，客户端也可以很方便地将该密钥授权给其他客户端，以让其他客户端安全访问该服务。我们将基于共享密钥生成的安全认证凭证称为令牌。在 Hadoop 中，所有令牌主要由 identifier 和 password 两部分组成，其中 identifier 包含了该令牌中的基本信息，而 password 是通过 HMAC-SHA1 作用在 identifier 和一个密钥上生成的，该密钥长度为 20 个字节并由 Java 的 SecureRamdom 类生成。Hadoop 中共有三种令牌，分别如下。

1. 授权令牌

授权令牌主要用于 NameNode 为客户端进行认证。当客户端初始访问 NameNode 时，如果通过 Kerberos 认证，则 NameNode 会为它返回一个密钥，之后客户端只需要借助该密钥便可进行 NameNode 认证。为了防止重启后密钥丢失，NameNode 将各个客户端对应的密钥持久化保存到镜像文件中。默认情况下，所有密钥每隔 24 小时更新一次，且 NameNode 总会保存前 7 个小时的密钥，以保证之前的密钥可用。

2. 数据块访问令牌

数据块访问令牌主要用于 DataNode、SecondaryNameNode 和 Balancer 为客户端存取数据块进行认证。当客户端向 NameNode 发送文件访问请求时，如果通过 NameNode 认证以及文件访问权限检查，则 NameNode 会将该文件对应的数据块位置信息和数据块访问密钥发送给客户端，客户端需要凭借数据块访问密钥才可以读取一个 DataNode 上的数据块。NameNode 会通过心跳将各个数据块访问密钥分发给 DataNode、SecondaryNameNode 和 Balancer。需要注意的是，数据块访问密钥并不会持久化地保存到磁盘上，默认情况下，它们每隔 10 小时更新一次，并通过心跳通知各个相关组件。

3. 作业令牌

作业令牌主要用于 TaskTracker 对任务进行认证。用户提交作业到 JobTracker 后，JobTracker 会为该作业生成一个作业令牌，并写到该作业对应的 HDFS 系统目录下。当该作业的任务调度到各个 TaskTracker 上后，将从 HDFS 上获取作业令牌。该令牌可用于任务与 TaskTracker 之间进行相互认证（如 Shuffle 阶段的安全认证）。与数据块访问令牌一样，作业令牌也不会持久化地保存到内存中，一旦 JobTracker 重新启动，就会生成新的令牌。由于每个作业对应的令牌已经写入 HDFS，所以之前的仍然可用。

相较于单纯使用 Kerberos，基于令牌的安全认证机制有很多优势，具体如下。

（1）性能。在 Hadoop 集群中，同一时刻可能有成千上万的任务正在运行。如果我们使用 Kerberos 进行服务认证，则所有任务均需要 KDC 中的 AS 提供 TGT，这可能使 KDC 成为一个性能"瓶颈"，而采用令牌机制则可避免该问题。

（2）凭证更新。在 Kerberos 中，为了保证 TGT 或者服务票据的安全，通常为它们设置一个有效期，一旦它们到期，会对其进行更新。如果直接采用 Kerberos 验证，则需要将更新之后的 TGT 或者服务票据快速推送给各个 Task，这必将带来实现上的烦琐。如果采用令牌，当令牌到期时，只需要延长它的有效期而不必重新生成令牌。此外，Hadoop 允许令牌在过期一段时间后仍可用，从而为过期令牌更新留下足够时间。

（3）安全性。用户从 Kerberos 端获取 TGT 后，可凭借该 TGT 访问多个 Hadoop 服务，因此泄露 TGT 造成的危害远比泄露令牌大。

（4）灵活性。在 Hadoop 中，令牌与 Kerberos 之间没有任何依赖关系，Kerberos 仅是进行用户身份验证的第一道防线，用户完全可以采用其他安全认证机制替换 Kerberos。因此，基于令牌的安全机制具有更好的灵活性和扩展性。

（二）服务访问控制机制

服务访问控制机制是 Hadoop 提供的最原始的授权机制，用于确保只有那些经过授权的客户端才能访问对应的服务。例如，管理员可限制只允许若干用户/用户组向 Hadoop 提交作业。

服务访问控制是通过控制各个服务之间的通信协议实现的。它通常发生在其他访问控制机制之前，如文件权限检查、队列权限检查等。

为了启用读功能，管理员需要在 core-site.xml 中将参数 hadoop.security.authorization 置为 true，并在 hadoop-policy.xml 中为各个通信协议指定具有访问权限的用户或者用户组。我们将具有访问权限的用户或者用户组称为访问控制列表（ACL）。管理员可为 9 个协议添加访问控制列表。

这 9 个 ACL 的配置方法相同，即每个 ACL 可配置多个用户和用户组，用户之间和用户组之间都用","分割，而用户和用户组之间用空格分割。注意，如果只有用户组，前面必须保留一个空格，例如：

```
<property>
    <name>security.job.submission.protocol.acl</name>
    <value>alice,bob groupl,group2</value>
</property>
```

上述代码表示用户 alice 和 bob、用户组 groupl 和 group2 可向 Hadoop 集群中提交作业。又如：

```
<property>
    <name> security.client.protocol.acl </name> <value> group3</value>
    </property>
```

上述代码表示只有用户组 group3 可访问 HDFS。再如：

```
<property>
    <name>security.client.protocol.acl</name>
```

```
    <value>*</value>
</property>
```

二、HDFS

客户端与 HDFS 之间的通信连接由两部分组成，它们均采用了 Kerberos 与令牌相结合的方法进行身份认证。

（一）客户端向 NameNode 发起的 RPC 连接

由于 NameNode 存储了系统中所有文件的元数据信息，因此如果客户端（如 Task）需要读写一个文件，先要向 NameNode 发起 RPC 连接，以获取文件所属的数据块列表。为了对客户端进行安全认证，Hadoop 采用了 Kerberos 与授权令牌相结合的认证方法。

（二）客户端向 DataNode 发起的 Block 传输连接

为了防止客户端随意从 DataNode 上读写数据，NameNode 收到客户端发送的文件读写请求后，除了为返回文件对应的 Block 列表之外，还会为每个 Block 分配一个数据块访问令牌。这样，当客户端从 DataNode 读写 Block 时，先要出示待读写 Block 对应的访问令牌，只有通过 DataNode 验证后，才可以读写该 Block。

下面重点介绍授权令牌和数据块访问令牌的身份认证过程。

1.授权令牌

当客户端初始访问 NameNode 时，需要出示 Kerberos 票据获取 NameNode 认证。客户端通过认证后将收到一个授权令牌，之后便可以凭借该授权令牌访问 NameNode。授权令牌可看作客户端与 NameNode 之间的共享密钥，当在不安全的链路上进行传输时应该将其保护好，任何人获取了该密钥都能够伪装成 NameNode。需要注意的是，只有通过 Kerberos 认证才可以获取授权令牌。

考虑到令牌的安全性，每个授权令牌均被赋予一定的有效期。当用户从 NameNode 上获取到一个授权令牌后，应告诉它谁是令牌的重新申请者。令牌的重新申请者应以自己的身份从 NameNode 端取得认证进而为用户更新令牌。更新令牌实际上就是延长令牌的 NameNode 上的有效期。在 Hadoop 中，所有令牌的重新申请者是 JobTracker，它负责更新令牌直到作业运行完成。

当一个客户端使用授权令牌向 NameNode 获取认证时，步骤如下。

步骤 1：客户端将 TokenID 发送给 NameNode。其中，TokenID 定义如下：

TokenID= {ownerID, renewerID, issueDate, maxDate, sequenceNumber}

步骤 2：NameNodes 使用 TokenID 和 masterKey（NameNode 和客户端共享

masterKey），重新计算 TokenAuthenticator 和 Token。其中，TokenAuthenticator 的计算方法如下：

$$TokenAuthenticator=HMAC-SHA1（masterKey, TokenID）$$

步骤3：NameNode 检查新的 Token 是否合法。一个 Token 是合法的，当且仅当 Token 在内存中存在，且当前时间仍在有效期内。其中，Token 计算方法如下：

$$DelegationToken=\{TokenID, TokenAuthenticator\}$$

步骤4：如果 Token 是合法的，客户端和 NameNode 分别将 TokenAuthenticator 作为密钥、将 DIGEST−MD5 作为认证协议进行双方认证。

考虑到令牌的安全性，Hadoop 为每个授权令牌赋予一定的有效期，当令牌到期后，需要指定一个令牌重新申请者。在 Hadoop 中，JobTracker 是授权令牌的重新申请者。当 JobTracker 为客户端重新申请令牌时，它将旧令牌发送给 NameNode，NameNode 将检查 TokenID 中的信息，判断该令牌是否满足以下几个条件：

第一，JobTracker 为该令牌的重新申请者。

第一，TokenAuthenticator 正确。

第三，当前时间 currentTime 小于最长有效期 maxDate。

如果验证成功，则 NameNode 会延长该令牌的有效期。设延长时间为 renewPeriod，则新的有效期为 ttiax{currentTime+renewPeriod，maxDate}。如果该 Token 不在内存中，说明 NameNode 可能因刚刚启动丢失了之前内存中所有的 Token，则 NameNode 会将该 Token 重新添加到内存中。

NameNode 会定期更新 masterKey 并保存到磁盘上，而 Token 仅保存在内存中。

2. 数据块访问令牌

在原始 Hadoop 中，DataNode 上没有任何针对 Data Block 的访问权限控制，这使任何用户只要能够提供一个合法的 Block ID 便可以直接从 DataNode 上读取 Data Block，用户也可以向 DataNode 上写入任意的 Data Block。这主要是 HDFS 缺乏相关的安全机制造成的。当用户需要读取某个文件时，先将请求发送给 NameNode，NameNode 检查该用户是否有该文件的访问权限，如果有，则将该文件对应的 Block 元信息发送给用户，这样用户再依次从对应的 TaskTracker 上读取所有 Block 便获取整个文件内容。由于 DataNode 上没有任何文件或者文件访问权限相关的概念，所以它不会对客户端的 Block 访问请求进行任何验证。

为了提供安全的数据读写机制，HDFS 增加了基于块访问令牌的安全认证机制。块访问令牌由 NameNode 生成，并在 DataNode 端进行合法性验证。一个典型的应用场景如下：一个客户端向 NameNode 发送文件读请求，NameNode 验证该用户具有文件读权限后，将文件对应的所有数据块的 ID、位置以及数据块访问令牌发送给客户端；当客户端需要读取某个数据块时，将数据块 ID 和数据块访问令牌发送给对应的 DataNode。由于 NameNode 已经通过心跳将密钥发送给各个 DataNode，因此 DataNode 可以对数据块进行安全验证，而只有通过安全验证的访问请求才可以获取数据块。

客户端可以缓存来自 NameNode 的数据块访问令牌，且仅当令牌失效或令牌不存在时才从 NameNode 端重新获取。

三、MapReduce

MapReduce 权限管理和身份认证包括作业提交、作业控制、任务启动、任务运行和 Shuffle 五个阶段。接下来分别对以上五个阶段进行介绍。

（一）作业提交

用户提交作业后，JobClient 需要与 NameNode 和 JobTracker 等服务进行通信，以进行身份认证和获取相关令牌，具体过程如下。

步骤 1：JobClient 与 NameNode 通信，通过 Kerberos 验证后可获取授权令牌。使用该令牌，作业和任务可以读写 HDFS 上的文件。

步骤 2：JobClient 将作业运行相关的文件，如作业配置文件 job.xml、输入分片相关文件 job.split 和 job.splitmetainfo、程序 jar 包等，上传到 HDFS 的目录 ${mapreduce.jobtracker.staging.root. dir}/${user}/.staging/${jobid} 下（其中 ${mapreduce_jobtracker.staging.root.dir} 为 ${hadoop.tmp.dir}/ mapred/staging）。为了保证该目录中的文件不会被其他用户窃取，Hadoop 将其访问权限设置为 700。

步骤 3：JobClient 通过 RPC 将作业文件目录和授权令牌发送给 JobTracker。

步骤 4：JobTracker 为作业生成作业令牌，连同 HDFS 的授权令牌一并写入 ${mapred. system.dir} /${jobid}/job-info/jobToken 中（${mapred.system.dir} 默认值为 ${hadoop.tmp_dir} / mapred/system），同时将其访问权限设置为 700。

注意：JobTracker 对作业进行初始化时，需要从 HDFS 上读取 job.splitmetainfo 文件，此时它是借用作业的授权令牌完成的。

（二）作业控制

用户提交作业时，可通过参数 miapreduce.job.acl-view-job 指定哪些用户或者用户组可以查看作业状态，也可以通过参数 mapreduce.job.acl-modify-job 指定哪些用户或者用户组可以修改或者杀掉 job。

（三）任务启动

TaskTracker 收到 JobTracker 分配的任务后，如果读任务来自某个作业的第一个任务，则会进行作业本地化：将任务运行相关的文件下载到本地目录下，其中作业令牌文件会被写到 ${mapred.local.dir} /ttprivate/taskTracker/${user}/jobcache/${jobid}/jobToken 目录下。由于只有该作业的拥有者可以访问该目录，因此令牌文件是安全的。此外，Task 要使用作业令牌向 TaskTracker 进行安全认证，以请求新的任务或者汇报任务状态。

（四）任务运行

增加安全机制之前，Hadoop 中所有用户的任务均是以启动 Hadoop 的用户的身份启动的。也就是说，虽然各个用户以不同身份提交作业，但最终在各个节点上是以同一个用户运行身份运行的。很显然，这是不安全的，如任何一个用户可以很容易杀掉另外一个用户的任务。

为了解决该问题，Hadoop 应以实际提交作业的那个用户身份运行相应的任务。为此，Hadoop 用 C 程序实现了一个 setuid 程序以修改每个任务所在 JVM 的有效用户 ID。若要启用该功能，管理员先编译 setuid 程序，并将生成的可执行程序存放到 $HADOOP_ HOME/bin 目录下，然后在配置文件中将 mapred.task.tracker.task-controller 设置为 org. apache.hadoop.mapred.LinuxTaskController，同时修改配置文件 task-controller.cfg。

（五）Shuffle

在 MapReduce 中，一个作业的 Map Task 将结果直接写到 TaskTracker 的本地磁盘上，而 Reduce Task 通过 HTTP 从 TaskTracker 上获取数据。在添加安全机制之前，任何用户只要通过 URL 即可获取任意一个 Map Task 的中间输出结果，如可使用以下 URL 获取节点 nodel00 上作业 job_201211011150_10219 的第 0 个 Map Task 的第 0 片数据：

http : //nodel00 : 33580/map0utput?job=job_201211011150_10219&map=attempt_201211011150_10219_m_00000—0&reduce=attempt −201211011150−10219−r−00000−0

为了解决该问题，Hadoop 在 Reduce Task 与 TaskTracker 之间的通信机制上添加了双向认证机制，以保证有且仅有同作业的 Reduce Task 才能够读取 Map Task 的中间结果。该双向认证是以它们之间共享的作业令牌为基础的。

Reduce Task 从 TaskTracker 上获取数据之前，先要将 HMAC–SHA1（URL，JobToken）发送给 TaskTracker，TaskTracker 利用自己保存的作业令牌计算 HMAC–

SHA1，然后比较该值与 Reduce Task 发送过来的是否一致。如果一致，则通过身份认证。

为了防止伪装的 TaskTracker 向 Reduce Task 发送数据，Reduce Task 也需要对 TaskTracker 进行认证。TaskTracker 对 Reduce Task 认证成功后，需要使用 Reduce Task 发送过来的 HMAC-SHAl 值与作业令牌计算一个新的 HMAC-SHAl 值，经 ReduceTask 验证后，双方认证才算通过，此时才可以正式传送数据。

（六）WebUI

在 Hadoop 中，任何用户均可以通过 Web 界面观察整个集群的资源使用情况和每个作业的运行状态，这很显然缺乏必要的安全认证机制。考虑到 Hadoop 中的界面是基于 Jetty 实现的，因此为了实现安全认证机制，需要在 Jetty 中添加相应的模块。Kerberos 中已经自带了 Web 浏览器访问认证机制 SPNEGO。

四、上层服务

在 Hadoop 中，很多上层服务充当 Hadoop 服务的请求代理，如 Oozie、Hive 等。Hadoop 添加安全认证机制后，所有访问 Hadoop 的代理服务均需要拥有服务凭证。为此，Hadoop 引入了超级用户的概念，这些用户可以其他人的身份访问 Hadoop 的各个服务（类似于 Linux 中的 sudo 命令）。这些超级用户访问 Hadoop 服务时，先要自己经过 Kerberos 认证，然后才能以其他用户的身份访问 Hadoop 服务。当超级用户希望与 Hadoop 的某个服务建立 RPC 链接时，先要使用 doAs 方法设置该链接；如果满足以下条件，Hadoop 将接受链接请求：

第一，请求用户属于超级用户。

第二，用户所在的机器 IP 在安全 IP 列表内。

下面以 Oozie 为例说明上层服务安全访问 Hadoop 服务的方法。假设 Hadoop 中包含两个用户：超级用户 Oozie 和普通用户 Dong。其中，Oozie 有 Kerberos 凭证，而 Dong 没有。当用户将作业提交到 Oozie 上后，Oozie 将以超级用户 Oozie 的身份进一步将作业提交到 Hadoop 上。而实际运行作业时，Oozie 想以普通用户 Dong 的身份访问 HDFS 和 MapReduce，也就是说，所有任务需要以用户 Dong 的身份启动，且以 Dong 的身份访问 HDFS 上的文件，即用户 Oozie 伪装成了用户 Dong。

（一）代码

为了让超级用户 Oozie 安全地伪装成普通用户 Dong，需要使用 Oozie 的 Kerberos 凭证登录系统并为 Dong 创建一个代理 ugi，真正的 Hadoop 服务访问操作则放在代理 ugi 的 doAs 方法中，具体如下：

```
UserGroupInformation ugi =
    UserGroupInformation.createProxyUser(user,
                    UserGroupInformation.getLoginUser());
ugi.doAs(new PrivilegedExceptionAction<Void>()    {
    public Void run() throws Exception {
        // 提交作业
        JobClient jc = new JobClient(conf) ; j c.submitJob(conf);
        // 访问 HDFS
        FileSystem fs = FileSystem.get(conf);
        fs.mkdir(someFilePath);
    }
}
```

（二）配置

管理员需要在配置文件中指定超级用户 Oozie 可伪装成的所有用户，同时限制 Oozie 所在的 IP，具体如下：

```
<property>
<name>hadoop. proxyuser. oozie. groups</name>
<value>groupl,group2</value>
<description> 允许超级用户 oozie 冒充用户组 groupl 和 group2 中的所有用户 </description></property>
<property>
<name>hadoop.proxyuser.oozie.hosts</name>
<value>hostl ,host2</value>
<description>oozie 只能从 hostl 和 host2 上发起连接以冒充其他用户 </description> </property>
```

如果管理员不进行以上配置，则认为不允许任何用户伪装成其他用户。

第四节　Hadoop 安全机制应用场景总结

当管理员配置一个安全的 Hadoop 集群时，一般会创建两个用户：hdfs 和 mapreduce，并为其添加 Kerberos 认证，以使其分别安全地启动 HDFS 服务和

MapReduce 服务。在一个安全的 Hadoop 集群中，各种应用场景涉及的安全认证过程如下。

一、文件存取

管理员需要在 NameNode 和 DataNode 所在节点上为用户 hdfs 添加 Kerberos 认证，这样管理员就可以 hdfs 身份启动 NameNode 和 DataNode，可避免非法 NameNode 或者 DataNode 接入 Hadoop 集群。

一个应用程序从 HDFS 上存取文件涉及的安全认证如图 11-1 所示。整个过程涉及 Kerberos 认证及 Delegation Token 和 Block Access Token 两种令牌。其中，Kerberos 认证用于应用程序第一次访问 NameNode 时进行身份认证，通过认证之后，NameNode 会为之分配 Delegation Token 或者 Block Access Token，今后只需要使用令牌访问 NameNode 或者从 DataNode 上存取数据即可。

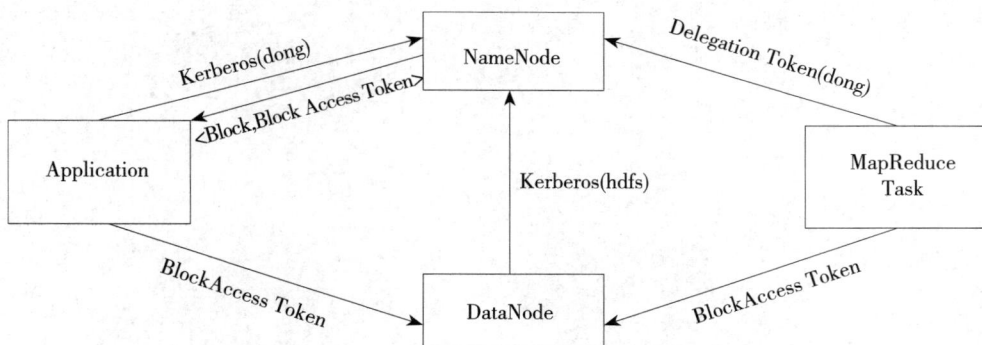

图 11-1　文件存取过程中涉及的安全认证

二、作业提交与运行

管理员需要在 JobTracker 和 TaskTracker 所在节点上为用户 mapreduce 添加 Kerberos 认证，这样管理员以 mapreduce 的身份启动 JobTracker 和 TaskTracker，可避免非法 JobTracker 或者 TaskTracker 接入 Hadoop 集群。

一个应用程序从作业提交到运行涉及的安全认证。整个过程涉及 Kerberos 认证及 Delegation Token、Block Access Token、Job Token 三种令牌。Job Token 创建于 JobTracker 端，并分发到各个 TaskTracker 以用于 Task 与 TaskTracker 之间的安全认证。

三、上层中间件访问 Hadoop

Hadoop 有很多上层中间件，如 Oozie、Hive 等。它们通常采用伪装成其他用户的方式访问 Hadoop。以 Oozie 为例，超级用户 Oozie 向 Oozie 提交作业，并要求伪装成普通用户 Dong 在 Hadoop 上运行，Oozie 则进一步直接以超级用户 Oozie 的身份将作业提交到 Hadoop 上，并要求以用户 Dong 的身份运行作业，但使用 Oozie 的 Kerberos 凭证进行身份认证。

参考文献

[1] 刘鹏 . 云计算 [M]. 北京 : 电子工业出版社 , 2010.

[2] 周敏 . Anthill: 一种基于 MapReduce 的分布式 DBMS[D]. 广州 : 暨南大学 , 2010.

[3] 周一可 . 云计算下 MapReduce 编程模型可用性的研究与优化 [D]. 上海 : 上海交通大学 , 2011.

[4] 刘鹏 . 云计算 [M]. 2 版 . 北京 : 电子工业出版社 , 2011.

[5] 陆嘉恒 . Hadoop 实战 [M]. 北京 : 机械工业出版社 , 2011.

[6] 姚宏宇 , 田溯宁 . 云计算大数据时代的系统工程 [M]. 北京 : 电子工业出版社 , 2012.

[7] 徐子沛 . 大数据 [M]. 桂林 : 广西师范大学出版社 , 2012.

[8] 鲍亮 , 陈荣 . 深入浅出云计算 [M]. 北京 : 清华大学出版社 , 2012.

[9] 王宏志 . 大数据算法 [M]. 哈尔滨 : 哈尔滨工业大学出版社 , 2012.

[10] 董西成 . Hadoop 技术内幕深入解析 MapReduce 架构设计与实现原理 [M]. 北京 : 机械工业出版社 , 2013

[11] 吕明育 . Hadoop 架构下数据挖掘与数据迁移系统的设计与实现 [D]. 上海 : 上海交通大学 , 2013.

[12] 王曾 . 基于 HTML5 移动开发技术的跨平台应用商店的设计与实现 [D]. 上海 : 上海交通大学 , 2013.

[13] 王寅田 . 基于 Hadoop 的交通物流大数据处理系统设计与实现 [D]. 上海 : 上海交通大学 , 2014.

[14] 李小龙 . 基于 MapReduce 的电子商务个性化推荐研究 [D]. 北京 : 北京交通大学 , 2014.

[15] 徐晋 . 大数据平台 [M]. 上海 : 上海交通大学出版社 , 2014.

[16] 李熙文 . Hadoop 应用快速开发平台的设计与实现 [D]. 北京 : 北京邮电大学 , 2015.

[17] 赵守香 . 大数据分析与应用 [M]. 北京 : 航空工业出版社 , 2015.

[18] 刘博宇 . 基于 Hadoop 平台的分布式推荐系统设计与实现 [D]. 南京 : 东南大学 , 2015.

[19] 张东霞 , 苗新 , 刘丽平 , 等 . 智能电网大数据技术发展研究 [J]. 中国电机工程学报 , 2015, 35(1): 2–12.

[20] 梁红波 . 大数据技术引领物流业智慧营销 [J]. 中国流通经济 , 2015, 29(2): 85–89.

[21] 黄欣荣 . 大数据技术的伦理反思 [J]. 新疆师范大学学报 (哲学社会科学版), 2015, 36(3): 6–53.

[22] 杜栋 , 刘乐 , 苏乐天 . 面向政府统计的大数据技术价值体系构建 [J]. 电子政务 , 2015(6): 99–103.

[23] 赵婧 . 基于大数据的课程资源建设 : 趋势、价值及路向 [J]. 课程·教材·教法 , 2015, 35(4): 18–23.

[24] 段秋丹 . 基于 MapReduce 的文献发现系统研究与设计 [D]. 济南 : 山东大学 , 2016.

[25] 王华慈 . MapReduce 型海量数据处理平台中数据放置技术研究 [D]. 北京 : 北京工业大学 , 2016.

[26] 陈梦飞 . 基于 Hadoop 的大数据处理云平台的研究与实现 [D]. 北京 : 北京邮电大学 , 2016.

[27] 陈仕伟 . 大数据技术异化的伦理治理 [J]. 自然辩证法研究 , 2016, 32(1): 46–50.

[28] 吴伟光 . 大数据技术下个人数据信息私权保护论批判 [J]. 政治与法律 , 2016(7): 116–132.

[29] 李天目 . 大数据云服务技术架构与实践 [M]. 北京 : 清华大学出版社 , 2016.

[30] 刘鹏 . 大数据 [M]. 北京 : 电子工业出版社 , 2017.

[31] 林子雨 . 大数据技术原理与应用 [M]. 北京 : 人民邮电出版社 , 2017.

[32] 周品 . 云时代大数据库 [M]. 北京 : 电子工业出版社 , 2017.

[33] 李庆君 . Hadoop 架构下海量空间数据存储与管理 [D]. 武汉 : 武汉大学 , 2017.